Kosmochemie

W. Kiesl

Springer-Verlag Wien GmbH

Doz. Dr. Wolfgang Kiesl
Institut für Analytische Chemie
Universität Wien, Österreich

© 1979 by Springer-Verlag Wien
Ursprünglich erschienen bei Springer Vienna 1979.
ISBN 978-3-211-81527-4   ISBN 978-3-7091-2294-5 (eBook)
DOI 10.1007/978-3-7091-2294-5

Mit 23 Abbildungen

CIP-Kurztitelaufnahme der Deutschen Bibliothek

Kiesl, Wolfgang:
Kosmochemie / Wolfgang Kiesl. — Wien, New York:
Springer, 1979.

Meinem verehrten Lehrer und Freund
Univ.-Prof.Dr.Friedrich Hecht
in Dankbarkeit gewidmet

VORWORT

Das vorliegende Buch enthält eine zusammenfassende Darstellung der neuesten Erkenntnisse der kosmochemischen Forschung. Es soll einem großen Kreis von Lesern, die über eine naturwissenschaftliche Vorbildung verfügen, einen Überblick über den chemischen Aufbau der Mitglieder unseres Sonnensystems und darüber hinaus der Galaxis selbst vermitteln. Außerdem werden jene chemischen Vorgänge beschrieben, die bei der Entstehung unseres Planetensystems sehr wahrscheinlich abliefen.

Die Thematik wurde vom Verfasser in 2 Teile aufgespalten. Der umfangreichere I. Teil behandelt den Chemismus und die chemische Genetik der Mitglieder unseres Sonnensystems nach deren Bildung. In diesem Teil wird auch die Besprechung neuer Forschungsergebnisse von Sternen und Staubwolken unserer Galaxis vorgenommen. Im Kapitel über die Erde werden jedoch nur jene Fakten berücksichtigt, die zur Beschreibung der Genetik des Erde—Mond—Systems unbedingt erforderlich sind, denn das Studium der chemischen Elemente sowie ihrer genetischen Wechselbeziehungen auf unserem Planeten ist das Aufgabengebiet der Geochemie. In das Kapitel Asteroiden wurde die Besprechung der Meteorite miteinbezogen, obwohl offensichtlich eine Reihe von Meteoriten nicht in der Region des Asteroidengürtels entstanden sein dürfte.

Im II. Teil wird schließlich ein Ausblick auf die frühe chemische Evolution unseres Sonnensystems und darüber hinaus der Galaxis gegeben.

In den letzten Jahren wurde auch durch die radioastronomische Forschung eine große Anzahl mehratomiger, organischer Moleküle im interstellaren Raum entdeckt. Das hat der Frage nach ihrer Entstehung neue Impulse gegeben. Im II. Teil des Buches ist diesem Fragenkomplex entsprechend Raum gewidmet.

Im Interesse des Lesers habe ich mich um eine möglichst konzentrierte Darstellung der kosmochemischen Genetik bemüht. Aus diesem Grunde konnte nicht auf alle Details eingegangen werden, doch glaube ich, dies um des Vorteils der Kürze und Übersicht willen verantworten zu können.

Der interessierte Leser findet eine Reihe von Literaturhinweisen angeführt. Neben sehr spezieller ist auch allgemeine und einführende Fachliteratur enthalten. Dieses Literaturverzeichnis erhebt im übrigen keinen Anspruch auf Vollständigkeit.

An dieser Stelle darf ich einer großen Anzahl von Personen meinen herzlichen Dank für ihre tatkräftige Hilfe aussprechen, ohne die dieses Buch sicherlich nicht innerhalb der vom Verlag festgesetzten Zeit von einem Jahr fertiggestellt hätte werden können.

So wurde das Manuskript von Frau Christiana Malissa druckfertig geschrieben. Die Textabbildungen hat Frau Christa Kluger angefertigt. Für die rasche Erstellung des Manuskriptes sorgten Frau Helga Dokoupil, Frau Erika Hofer und Frau Helga Schauer.

Die Korrektur wurde von Frau Dina Däubl und Herrn Univ.-Prof.Dr.Friedrich Hecht vorgenommen. Ihnen und meinem Kollegen Dr. Hans Malissa jr. verdanke ich zahlreiche fachliche Anregungen und Vorschläge zur Gestaltung des Buches.

Wolfgang Kiesl
Institut für Analytische Chemie
der Universität Wien

Wien, im Januar 1979

INHALTSVERZEICHNIS

EINLEITUNG

In den letzten Jahren wurde der Wirkungsbereich der Geochemie in steigendem Maße vom irdischen Bereich auf den außerirdischen, oder extraterrestrischen, ausgedehnt. Die Kosmochemie ging also faktisch aus der Geochemie hervor. Dementsprechend kann eine Definition der Kosmochemie in Anlehnung an die Geochemie vorgenommen werden.

Danach studiert die Kosmochemie die Geschichte der chemischen Elemente, ihre Verteilung und Bewegung in Raum und Zeit sowie ihre genetischen Wechselwirkungen im Kosmos. Eine Diskussion darüber setzt Kenntnisse über die chemische Zusammensetzung kosmischer Körper voraus. Dabei muß extraterrestrische Materie dem Kosmochemiker zur Analyse nicht unbedingt direkt zugänglich sein, wie dies zum Beispiel bei einigen Objekten (Meteorite und Mond) der Fall ist. So wird für die meisten kosmischen Körper die Zusammensetzung mit Hilfe spektroskopischer Verfahren ermittelt. Um den störenden Einflüssen der Erdatmosphäre auszuweichen, wurden daher schon vor etlichen Jahren unbemannte Raumsonden gestartet, deren Ergebnisse die Kenntnis über die chemische Zusammensetzung extraterrestrischer Objekte bereichert haben. Neben Geräten zur Spektroskopie wurden auch entsprechend adaptierte Gaschromatographen, Massenspektrometer und Röntgenfluoreszenzgeräte auf die Reise geschickt, womit insbesondere Auskunft über die Zusammensetzung von Planetenatmosphären beziehungsweise Planetenoberflächen erhalten werden konnte.

In vielen Fällen ist man jedoch auf die Kenntnis der Oberflächenzusammensetzung eines Himmelskörpers beschränkt. Selbst das Innere unserer Erde entzieht sich einer eingehenden chemischen Untersuchung. Durch Einsatz geeigneter physikalischer Methoden — wie Ausbreitung seismischer Wellen beziehungsweise Ermittlung der Gesamtdichte — kann aber mit hoher Wahrscheinlichkeit auf den inneren Aufbau und dessen chemische Beschaffenheit rückgeschlossen werden. Darüber hinaus ergeben sich Anhaltspunkte von seiten der Meteorite, von denen wir heute wissen, daß zumindest einige von ihnen Bestandteile aus Zentralregionen ehemals größerer Himmelskörper gewesen sein müßten, wenn deren Dimensionen auch nicht planetare Ausmaße angenommen haben dürften.

Damit habe ich schon angedeutet, daß die Kosmochemie zur Lösung der ihr gestellten Aufgaben das Wissen und die Arbeitsmethodik zahlreicher Nachbardisziplinen benötigt. In erster Linie ist hier die Chemie zu nennen. Insbesondere sind dabei die modernen Hilfsmittel der analytischen Chemie für den Kosmochemiker unerläßlich. Von großer Bedeutung sind die beiden Nachbardisziplinen Astrophysik und planetare Geologie, wobei letztere so wie die Kosmochemie eine junge Wissenschaft ist, deren Geburtsstunde um die Mitte des 20. Jahrhunderts schlug. Dies gilt auch für die wichtige Nachbardisziplin Exobiologie, deren Geburtsstunde in die Zeit jener genialen Experimente in Chicago fiel, als es gelang, unter den Bedingungen, die in kosmischen Gasnebeln herrschen, höhermolekulare organische Verbindungen zu synthetisieren, nachdem deren Ausgangskomponenten spektroskopisch im interstellaren Gas nachgewiesen waren.

Aufgrund dieser Experimente hat die Frage nach der Entstehung des Lebens neue, ungeahnte Impulse erhalten.

Schließlich sei noch auf die Nachbardisziplinen Geophysik, Kristallographie, Mineralogie und Petrologie hingewiesen, die in vielen Fällen genetische Interpretationen des zur Verfügung stehenden Datenmaterials ermöglichen.

I. Teil   CHEMIE DES SONNENSYSTEMS UND DER GALAXIS

1.   *Die Sonne und Sterne unserer Galaxis*

1.1.   *Die Sonne*

Die chemische Zusammensetzung unseres Zentralsterns wird mit Hilfe spektroskopischer Verfahren ermittelt. Ein chemisches Element ist durch seine Ordnungszahl Z charakterisiert, die identisch ist mit der Anzahl der Protonen, die der Kern enthält. Bei kernchemischen Reaktionen, wie sie in diesem Kapitel diskutiert werden, wird die Ordnungszahl links unten, also vor dem Elementsymbol, angegeben. Darüber hinaus ist auch noch die Massenzahl A zu vermerken, die die Summe der Kernteilchen, Neutronen plus Protonen, darstellt. Sie steht üblicherweise links oben vor dem Elementsymbol. (Beispiel : $^4_2$He). Die Massenzahl kann für eine bestimmte Ordnungszahl sehr verschiedene Werte annehmen. Eine große Anzahl von chemischen Elementen tritt in der Natur mit mehreren stabilen Isotopen auf, wie zum Beispiel der Sauerstoff, der ein Isotopengemisch aus $^{16}_8$O, $^{17}_8$O und $^{18}_8$O darstellt, in dem allerdings das $^{16}_8$O-Isotop mit 99,76 % Häufigkeit vertreten ist. Der Anteil an $^{17}_8$O beträgt 0,04 %, der von $^{18}_8$O 0,20 %. Diese sogenannte Isotopenhäufigkeit darf nicht verwechselt werden mit der nun zu definierenden Elementhäufigkeit.

Als Häufigkeit eines chemischen Elements n(Z) wird die Anzahl der Kerne (n) der Ordnungszahl Z in einem Volumen definiert, wobei es gleichgültig ist, ob die Atomkerne in atomarer, ionisierter oder molekular gebundener Form vorliegen.

Für die Elementhäufigkeiten in der Sonne erfolgt meist eine Normierung in der Art, daß der dekadische Logarithmus der Häufigkeit von Wasserstoff gleich 12 gesetzt wird, d.h. also log n(H) = 12. Es sind aber auch, wie später noch gezeigt wird, andere Normierungen üblich.

Man kennt heute 4 verschiedene Verfahren, um die solaren Häufigkeiten zu ermitteln. Das sind zunächst die photosphärischen Häufigkeiten, die aus den Fraunhofer-Absorptionslinien erhalten werden. Diese Linien werden von neutralen Atomen, einfach geladenen Ionen oder auch diatomaren Molekülen hervorgebracht. Die koronalen Häufigkeiten ermittelt man aus den sichtbaren, verbotenen Emissionslinien sehr stark ionisierter Atome bei Sonnenfinsternissen.

Sodann werden koronale und chromosphärische Häufigkeiten aus erlaubten Emissionslinien im extremen UV-Bereich bestimmt. Schließlich erhält man die Verteilung der Elemente auch aus der solaren kosmischen Strahlung.

Von den genannten Verfahren ist das photosphärische das wichtigste, es wurde im Jahre 1960 von Goldberg, Müller und Aller ausführlich beschrieben. Wenn sich ein kühleres Gas vor einer Quelle kontinuierlicher Strahlung befindet, so erhält man ein kontinuierliches Spektrum, dem in bestimmten Wellenlängen, die für die Ionen oder Atome des kühleren Gases charakteristisch sind, Energie entzogen ist. Ein solches Spektrum nennt man ein Absorptionsspektrum. Die Schichten der Sonnenatmosphäre, die die kontinuierliche Strahlung liefern, nennt man Photosphäre. Die darüberliegenden, kühleren Schichten der Photosphäre sind für die Fraunhofer-Linien verantwortlich.

Ein großes Hindernis bei der Auswertung des Absorptionsspektrums stellt allerdings die Erdatmosphäre dar. Das Licht aller kosmischen Lichtquellen muß ja durch die Erdatmosphäre hindurchgehen, bevor es den Beobachter erreicht. Alle astronomischen Spektren zeigen daher nicht nur die Absorptionslinien der zu untersuchenden Objekte, sondern auch solche, die durch die Moleküle der Luft entstehen und die dem kontinuierlichen Spektrum überlagert sind. Diese sogenannten "tellurischen Linien" ändern ihre Intensität natürlich in Abhängigkeit von der Länge des Weges, den die Strahlen in der Erdatmosphäre zurücklegen. Zwischen dem Meeresniveau und 20 km Höhe wird die Sonnenstrahlung unterhalb einer Wellenlänge von 2300Å durch Sauerstoff und Stickstoff absorbiert. Der Spektralbereich zwischen 2000 und 2900Å wird durch Ozonmoleküle absorbiert. Zwischen 7000 und 10000Å liegen die Absorptionslinien der Wassermoleküle und von Sauerstoff. Es bleibt ein relativ schmales Fenster im Bereich von 3000 bis 7000Å, in dem keine tellurischen Linien auftreten.

Mit Raketen in größeren Höhen aufgenommene Spektren zeigen zwar sehr schön die Abnahme des störenden Einflusses der Erdatmosphäre, sind aber noch keineswegs dazu geeignet, die Ermittlung von Elementhäufigkeiten zu unterstützen.

Eine weitere große Schwierigkeit, der man sich bei der Auswertung der Absorptionslinien gegenübersieht, liegt in der Methode der spektrochemischen Analyse selbst. Diese beruht nämlich auf dem Vergleich der Probe mit einem Standard, dessen Spektrum unter gleichwertigen Anregungsbedingungen erzeugt wird. Im Labor ist also die Bestimmung der wahren quantitativen Beziehung zwischen der Linienintensität und der Anzahl der Atome nicht erforderlich.

Bei Sternspektren liegen die Verhältnisse grundsätzlich anders. Um die Häufigkeit eines Elements zu ermitteln, braucht man qualitativ hochwertiges Beobachtungsmaterial sowie ein gutes Modell der thermischen Struktur der Photosphäre, denn das Auftreten einer Spektrallinie wird neben der Schwerebeschleunigung an der Sonnenoberfläche auch vom Temperaturverlauf in der Photosphäre abhängig. Darüber hinaus wird eine vernünftige Theorie, die den Strahlungstransfer und das Anregungs-Ionisationsgleichgewicht beschreibt, unentbehrlich. Schließlich steht und fällt die quantitative Auswertung der Linien mit der Kenntnis der Übergangswahrscheinlichkeiten von Elektronen zwischen bestimmten Energieniveaus eines Atoms oder auch Ions. Diese Übergangswahrscheinlichkeiten oder Oszillatorstärken, vielfach auch kurz f-Werte genannt, sind für Wasserstoff und He II (das ist das einfach positiv geladene He - Ion He$^+$) quantentheoretisch zu berechnen. Für einigermaßen wasserstoffähnliche Spektren wurden bisher von Bates und Damgaard sehr zweckmäßige quantentheoretische Näherungsverfahren entwickelt, doch sind Oszillatorstärken in komplizierten Spektren mit Mehrelektronensprüngen fast nur experimentell zugänglich. Ihre experimentelle Bestimmung wird aus der Dispersion und der Magnetorotation (dem sogenannten Faraday-Effekt) in der Nähe der Spektrallinie möglich. Heftig umstritten ist auch eine gute Theorie der Linienbildung.

Man nimmt normalerweise an, daß die Linien unter den Bedingungen lokalen thermodynamischen Gleichgewichtes entstehen. Es wird häufig darauf verwiesen, daß die Fehler in den Häufigkeitswerten, die aufgrund der Abweichungen vom lokalen thermodynamischen Gleichgewichtszustand resultieren, relativ klein sind.

Schließlich sind noch Aussagen über die Mechanismen der Linienverbreiterung erforderlich. Im allgemeinen führen nämlich Stöße zwischen Atomen oder Ionen zu einer Druckverbreiterung einer Spektrallinie. Darüber hinaus absorbieren die einzelnen Teilchen infolge ihrer Bewegung (Doppler-Effekt) bei verschiedenen Frequenzen, was zu thermischer oder Turbulenzverbreiterung der Linie führt.

Die Schwierigkeiten bei der Auswertung sind also vielfältig, sodaß kaum auf eher harmlosere Hindernisse, wie Überlappungseffekte von Linien verschiedener Elemente oder Schwierigkeiten bei der Festlegung des kontinuierlichen Spektrums, eingegangen werden soll. In Tabelle 1 sind jedenfalls die bis 1976 ermittelten Häufigkeiten enthalten. Sie basieren hauptsächlich auf einer Zusammenstellung von Pagel (1973) und wurden von mir aus Literaturdaten der Jahre 1973–78 ergänzt.

Eine eingehende Besprechung der tabellarischen Werte ist im Rahmen dieses Buches nicht möglich; dazu darf auf die entsprechenden Literaturstellen verwiesen werden. Für einige Elemente jedoch ist eine Diskussion — besonders im Hinblick auf spätere Kapitel — unerläßlich.

Helium: Die Häufigkeit dieses Elements erhält man aus der Messung der solaren kosmischen Strahlung beziehungsweise aus Analysen des UV-Spektrums der Korona, in dem Linien von He in Emission auftreten. Die einzige Absorptionslinie hat ihren Ursprung in der Chromosphäre, deren physikalische Bedingungen bis heute nicht exakt verstanden werden, sodaß die Auswertung der Linie nicht sinnvoll erscheint.

Lithium, Beryllium, Bor: Diese Elemente haben nur sehr geringe Häufigkeiten. Dementsprechend schwierig ist das Auffinden der schwachen Absorptionslinien. In den letzten Jahren ist ein ziemlich guter Wert für Beryllium ermittelt worden, hauptsächlich durch Auswertung von Spektren hochauflösender Spektralgeräte des Kitt-Peak Observatoriums. Nach wie vor gibt es bei Bor nur Angaben über Obergrenzen des Gehalts, selbst nach Auswertung eines geräuscharmen Infrarotspektrums. Die Absorptionslinie des elektrisch neutralen Boratoms (BI) bei 16244,66Å konnte aber von Wöhl nicht aufgefunden werden.

Natrium, Kalium: Die Alkalimetalle sind interessante Elemente bei der Diskussion von Differentiationsvorgängen in Planeten. Während für Natrium ziemlich übereinstimmende Angaben vorliegen, zeigt die Häufigkeit von Kalium bis zum Jahre 1975 einen leichten Anstieg. Der Wert von 5,14 für Kalium wurde aus Kitt-Peak Daten unter Berücksichtigung eines nicht lokalen Temperaturgleichgewichtes erhalten.

Tabelle 1: Häufigkeiten der Elemente in der Sonne normalisiert auf log n(H) = 12 *

Element	Photosphärische H.	Koronale H.	Solare kosmische Strahlung
He			10,86[2]
Li	0,96[1] 0,7[4,5]		
Be	2,36[1] 1,1[4,6] 1,08[7] 1,15[8]		
B	2,8[4] 2,3[9]		
C	8,72[1] 8,55[3] 8,6[3] 8,6[11]	8,6[15]	8,60[2]
N	7,98[1] 7,93[3] 7,88[12]	8,2[15]	8,1[2]
O	8,96[1] 8,77[3] 8,9[13] 8,9[12,14]	8,8[15]	8,85[2]
Ne		7,5[15]	8,05[2]
Na	6,30[1] 6,18[3] 6,30[16]		
Mg	7,40[1] 7,48[3]	7,5[15]	7,60[2]
Al	6,20[1] 6,40[3]		
Si	7,50[1] 7,55[3] 7,5[17] 7,65[10]	7,55[15]	7,3[2]
P	5,34[1] 5,43[3]		
S	7,30[1] 7,21[3] 7,2[18]	7,3[15]	
Cl	5,5[3]		
Ar	—	—	
K	4,70[1] 5,05[3] 5,14[19]		
Ca	6,15[1] 6,33[3] 6,36[20]	6,4[21]	
Sc	2,82[1] 3,04[22]		
Ti	4,68[1] 4,82[23] 4,87[44]		
V	3,70[1] 3,87[44]		
Cr	5,36[1] 5,85[24] 5,69[44]		
Mn	4,90[1] 5,42[25] 5,40[44]		
Fe	6,57[1] 7,60[26] 7,5[27] 7,28[28] 7,57[29]	8,0[21]	
Co	4,64[1] 4,95[44]		
Ni	5,91[1] 6,25[30] 6,3[31] 6,21[44]	6,6[21]	

* Literatur zu Tabelle 1 siehe S. 17.

Tabelle 1: (Fortsetzung)

Element	Photosphärische H.	Element	Photosphärische H.
Ga *	2,36[1] 2,84[3] 2,80[33]	Ba	2,10[1] 1,90[3]
Cu	5,04[1] 4,16[32]	La	1,80[39]
Zn	4,40[1] 4,42[3]	Ce	1,9[39]
Ge	3,29[1] 3,3[3] 3,50[37]	Pr	1,6[39]
Rb	2,48[1] 2,63[3] 2,60[34]	Nd	1,8[39]
Sr	2,60[1] 2,82[3] 2,80[34]	Sm	1,7[39]
Y	2,25[1] 2,0[38]	Eu	0,5[39]
Zr	2,23[1]	Gd	1,1[39]
Nb	1,95[1] 2,13[36]	Dy	1,1[39]
Mo	1,90[1]	Tm	0,4[39] 0,8[41]
Ru	1,43[1]	Yb	1,53[1] 0,8[39]
Rh	0,78[1]	Au	0,7[40]
Pd	1,21[1]	Hg	3,0[3] 2,1[39]
Ag	0,14[1] 0,85[35]	Tl	0,2[3]
Cd	1,46[1] 2,1[3]	Pb	1,33[1] 1,90[3] 1,83[39]
In	1,16[1] 1,71[3]	Bi	0,8[39] 2,1[43]
Sn	1,54[1] 1,7[3]	Th	0,8[39] 0,2[42]
Sb	1,94[1]	U	0,6[39]

* ab dem Element Ga nur noch photosphärische Häufigkeiten.

Silizium: Für Silizium liegen bis heute ziemlich einheitliche Daten vor.
Das Element ist insbesondere für Häufigkeiten in silikatischen Gesteinen wichtig, da bei diesen üblicherweise die Häufigkeiten der Elemente auf log n(Si) = 6,
also auf Atome eines Elements pro 10^6 Si-Atome, normiert werden.

Elemente der Eisengruppe: Speziell für die Elemente der Eisengruppe ist
die Kenntnis der Oszillatorstärken von eminenter Bedeutung. So sind die noch
vor 10 Jahren gefundenen Resultate bedeutend niedriger als jene, die in den
letzten Jahren publiziert wurden. Erst nach der neuerlichen Ermittlung der
Oszillatorstärken in wandstabilisierten Bögen von Garz und Kock sowie
Bridges und Wiese, aber auch aus Forschungen von Wolnick ergaben sich Häufigkeiten, die mit den meteoritischen in Einklang waren. Damit entfielen auch

Erklärungsversuche für die unterabundante Häufigkeit des Elements Eisen in der Sonne. Die Elemente der Eisengruppe sind auch für Theorien der Nukleosynthese von Bedeutung, tritt doch bei Eisen ein ausgeprägtes Maximum der Häufigkeitskurve auf, welches offensichtlich mit der Geschichte der Entstehung dieser Elemente und mit ihrer Umwandlung durch Kernprozesse im Laufe der Sternentwicklung zusammenhängt (Abb. 1).

Abgesehen von den existierenden Unsicherheiten kann zusammenfassend gesagt werden, daß keine bedeutenden Unterschiede zwischen den photosphärischen und anderen solaren Häufigkeiten existieren. Wie später noch gezeigt wird, bestehen nun auch keine wesentlichen Abweichungen mehr zu den Häufigkeiten aus den Kohlechondriten vom Typ I, wenn man von flüchtigen oder instabilen Elementen, wie beispielsweise Kohlenstoff, Stickstoff oder Lithium, absieht.

Dies gilt im wesentlichen auch für die wenigen bisher spektroskopisch ermittelten Isotopenverhältnisse, die nur in einigen günstigen Fällen, wie zum Beispiel ^{6}Li/^{7}Li, ^{12}C/^{13}C, ^{24}Mg/^{26}Mg und ^{85}Rb/^{87}Rb, erhalten werden konnten.

Wir wissen heute, daß in der Sonne die Umwandlung von Wasserstoff in Helium über 3 verschiedene Mechanismen verläuft, die wir als Proton-Proton-Ketten folgendermaßen beschreiben können.

Der sogenannte ppI-Mechanismus dominiert bei Temperaturen von $< 8 \cdot 10^6$ °K (8 Millionen Grad Kelvin) und führt über Deuterium ($^2_1$H) und das leichtere Isotop von Helium ($^3_2$He) zu $^4_2$He.

$$^1_1\text{H} + {}^1_1\text{H} \rightarrow {}^2_1\text{H} + e^+ + \nu$$

$$^2_1\text{H} + {}^1_1\text{H} \rightarrow {}^3_2\text{He} + \gamma$$

$$^3_2\text{He} + {}^3_2\text{He} \rightarrow {}^4_2\text{He} + 2\,{}^1_1\text{H}$$

Dabei wird ein Positron (e^+), ein Neutrino (ν) beziehungsweise ein Photon (γ) emittiert.

Zu etwa 86 % reagieren 2 gebildete leichte Heliumkerne unter Bildung von $^4_2$He und 2 Protonen. Es kann aber auch der leichte He-Kern mit einem $^4_2$He-Kern zu einem $^7_4$Be-Kern verschmelzen, wobei ein Photon emittiert wird. Wir erhalten den ppII-Mechanismus, der bei T $<20 \cdot 10^6$ °K abläuft.

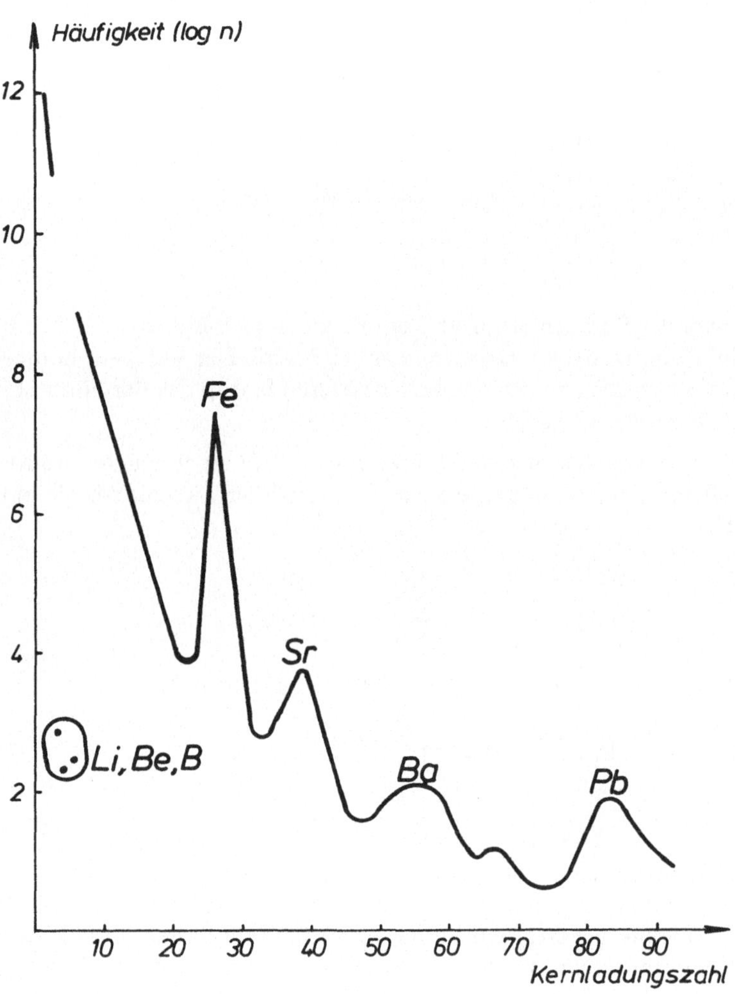

Abb. 1: Normale Häufigkeit der chemischen Elemente

$$\ce{^3_2He} + \ce{^4_2He} \rightarrow \ce{^7_4Be} + \gamma$$

$$\ce{^7_4Be} + e^- \rightarrow \ce{^7_3Li} + \nu$$

$$\ce{^7_3Li} + \ce{^1_1H} \rightarrow \ce{^8_4Be} + \gamma$$

$$\ce{^8_4Be} \rightarrow 2\,\ce{^4_2He}$$

Der gebildete $\ce{^7_4Be}$-Kern absorbiert ein Elektron (e⁻) und wandelt sich in einen $\ce{^7_3Li}$-Kern um, wobei ein Neutrino emittiert wird. Der $\ce{^7_3Li}$-Kern kombiniert anschließend mit einem Proton zum schweren Isotop des Berylliums ($\ce{^8_4Be}$), welches in 2 Heliumkerne zerfällt.

Es kann, wenn auch sehr selten, vorkommen, daß der gebildete $\ce{^7_4Be}$-Kern anstatt mit einem Elektron mit einem Proton kombiniert, womit wir die ppIII-Kette erhalten:

$$\ce{^7_4Be} + \ce{^1_1H} \rightarrow \ce{^8_5B} + \gamma$$

$$\ce{^8_5B} \rightarrow \ce{^8_4Be} + e^+ + \nu$$

$$\ce{^8_4Be} \rightarrow 2\,\ce{^4_2He}$$

Der auf diese Weise gebildete Borkern ist instabil und zerfällt unter Emission eines Positrons und eines Neutrinos zu $\ce{^8_4Be}$, welches wieder in 2 Helium-Kerne zerfällt. Die Zentraltemperatur der Sonne wird mit 10 Millionen Grad Kelvin ($10 \cdot 10^6$ °K) angenommen, womit ersichtlich wird, daß der Mechanismus ppIV, auch bekannt als CNO-(Kohlenstoff-Stickstoff-Sauerstoff-)Zyklus, in dem die Isotope ^{14}N, ^{13}C beziehungsweise ^{12}C aufgebaut werden, in der Sonne noch nicht abläuft, da hiefür Temperaturen von $>30 \cdot 10^6$ °K nötig sind.

Wenn wir die Häufigkeiten der chemischen Elemente in Abb. 1 als normale Häufigkeit bezeichnen, so geschieht dies deshalb, weil die Häufigkeiten anderer Objekte im Kosmos auf sie bezogen werden. Man sollte nicht mehr die früher übliche Bezeichnung "Kosmische Häufigkeit" verwenden, da inzwischen feststeht, daß der Kosmos keine einheitliche Zusammensetzung aufweist.

Aus der Tatsache nun, daß die Sonne im gegenwärtigen Stadium nicht befähigt ist, schwerere Elemente als Helium aufzubauen, folgt, daß die chemische Zusammensetzung der Sonne im wesentlichen (abgesehen von dem Zuwachs an Helium) schon vor 4,5 Milliarden Jahren ($4,5 \cdot 10^9$ a), dem Zeitpunkt ihrer Bildung aus einer kosmischen Gas- und Staubwolke, festgelegt war. Das bedeutet aber auch, daß die Planeten und deren Trabanten aus einem solaren Restnebel gleicher Zusammensetzung entstanden sein mußten. Diese Aussage wird im Kapitel 6 (Asteroide und Meteorite) durch die analytische Forschung an Meteoriten erhärtet, wonach es dem Kosmochemiker möglich wird, Rückschlüsse auf chemische Vorgänge in der sich zu den Planeten und zur Sonne kontrahierenden kosmischen Gaswolke zu ziehen.

1.2. Sterne unserer Galaxis

Wie im Kapitel 1.1. gezeigt wurde, entspricht die Zusammensetzung unserer Sonne in etwa jener der kosmischen Gaswolke, aus der sich unser Zentralstern vor mehr als 4,5 Milliarden Jahren gebildet hat. Diese Häufigkeitsverteilung der chemischen Elemente haben wir normale Häufigkeitsverteilung genannt und diskutieren im gegenständlichen Kapitel jene Beobachtungsdaten, die von dieser Normverteilung abweichen. Wir greifen daher nur jene Sterne unserer Galaxis heraus, die meßbare Abweichungen aufweisen und für die ausreichend ausgewertetes spektroskopisches Material vorliegt.

Einleitend soll dazu gesagt werden, daß man die Sterne unserer Galaxis in 2 sogenannte Populationen unterteilt. Diese Populationen — der Begriff wurde 1944 von W.Baade eingeführt — umfassen Gruppen von Objekten, die nicht nur Ähnlichkeiten hinsichtlich ihres Alters, der Bewegungsverhältnisse und der räumlichen Verteilung aufweisen, sondern — und das soll hier besonders interessieren — auch ähnliche chemische Zusammensetzung aufweisen.

Die Sterne der Population I, das sind zum Beispiel Mitglieder offener Sternhaufen bis zu jungen heißen Sternen sowie auch das interstellare Gas, haben Alter von 0,1 bis 10 Milliarden Jahre. Es sind Sterne, die vorwiegend in den Spiralarmen auftreten.

Die Sterne der Population II, deren Mitglieder hauptsächlich in Kugelhaufen vorkommen, oder Sterne des galaktischen Kerns, aber auch sogenannte Schnellläufer mit hohen Geschwindigkeitskomponenten von über 30 km/sec senkrecht zur galaktischen Ebene, weisen Alter von über 10 Milliarden Jahre auf.

In beiden Populationen gibt es Sterngruppen mit anomalen Häufigkeiten einzelner Elemente beziehungsweise Elementgruppen, wie etwa die Helium- oder Kohlenstoffsterne, die wir hier aber nicht näher besprechen wollen.

Diese Anomalitäten resultieren aus der Entwicklungsgeschichte eines Sterns. Da wir ja nur die Oberfläche der Sterne einer spektroskopischen Analyse unterziehen können, kann im Falle einer anomalen Häufigkeit nicht mehr auf die ursprüngliche Zusammensetzung des interstellaren Gases rückgeschlossen werden, aus dem der betreffende Stern sich gebildet hat. Denn offenbar werden diese Anomalien nach Abstoßen der äußersten Sternhüllen, in späten Sternentwicklungsstadien also, sichtbar. Außerdem können Vorgänge, wie das Überströmen von Materie von einem nahen Begleiter oder Kernreaktionen durch die in den Magnetfeldern beschleunigten Teilchen, die Zusammensetzung der Oberflächen stark beeinflussen.

Greifen wir also vorerst Populationseffekte hinsichtlich der chemischen Zusammensetzung heraus, wie sie in gewöhnlichen oder normalen Sternen auftreten, worunter wir nun solche Sterne verstehen wollen, die sich noch nicht in einem Maße weiterentwickelt haben, daß ihr chemischer Aufbau durch thermonukleare Vorgänge wesentlich beeinflußt wurde. Diese Populationseffekte können dann der Anreicherung des interstellaren Mediums zugeschrieben werden, aus dem diese Sterne gebildet wurden.

Wie schon angedeutet, weisen die meisten Sterne dieser Art, das sind also Sterne der Population I oder Scheibenpopulation mit einem Alter von 0,1 bis 10^{10} a, eine chemische Zusammensetzung auf, die der unseres Zentralsterns sehr ähnlich ist. Die Abweichungen des hiefür charakteristischen Fe/H-Verhältnisses reichen von -0,7 bis +0,4, womit die logarithmische Abweichung des Fe/H-Verhältnisses der Sternatmosphäre zur gleichen Größe bezogen auf unsere Sonne gemeint wird. Man drückt dies üblicherweise in der Form

$$-0,7 \; < \; [\,Fe/H\,] \; < \; +0,4$$

aus. Heute stellt man sich vor, daß diese Sterne unmittelbar nach der Geburt unserer Galaxis in den Gas- und Staubwolken entstanden sind, die die Galaxis aufgrund ihres Drehmoments bei ihrer Bildung scheibenförmig um ihren Kern herum ausgebildet hat.

Die Sterne der Population II dagegen, mit Altern von über 10^{10} Jahren, zeigen starke Abweichungen bezüglich des Auftretens schwerer Elemente. Wieder auf das Fe/H-Verhältnis bezogen, erhält man

$$-3 \; < \; [\,Fe/H\,] \; \leqslant \; -0,6.$$

Das bedeutet eine Abreicherung der schweren Elemente bis zum 1000fachen gegenüber unserer Sonne.

In Tabelle 2 sind die Daten für unsere Sonne und den Subzwerg HD 140.283, einen Stern der Halopopulation, wiedergegeben.

Dieser Stern ist unmittelbar mit unserer Sonne zu vergleichen, wie schon die sehr ähnliche effektive Temperatur und die Größe der Schwerebeschleunigung zeigt. Der Metallreduktionsfaktor dürfte bei ~210 liegen, entsprechend dem $\Delta \log n$ von 2,32. Der um den Faktor 10 höhere Reduktionsfaktor bei Fe (auch bei Cr und Mn) ist dem Umstand zuzuschreiben, daß die Häufigkeit des Elements in HD 140.283 noch mit den alten Oszillatorenstärken berechnet wurde. Nach einer entsprechenden Korrektur sollte die Eisenhäufigkeit etwa 5,34 betragen.

Tabelle 2: Vergleich der Häufigkeiten in der Sonne mit jenen des Subzwerges HD 140.283

	Sonne	Subzwerg HD 140.283	
T_{eff} ($^\circ$K)	5780	5940	
log g *	4,44	4,6	
H	12,00	12,00	Δlog n.
C	8,60	6,4	2,2
Na	6,26	3,5	2,7
Mg	7,46	4,96	2,5
Al	6,30	3,48	2,8
Si	7,50	5,18	2,3
Ca	6,30	3,88	2,4
Sc	3,04	1,41	1,6
Ti	4,82	2,51	2,3
Cr	5,85	2,98	2,9
Mn	5,42	2,57	2,9
Fe	7,50	4,34	3,2
Co	4,64	2,44	2,2
Ni	6,25	4,23	2,0

* g = Schwerebeschleunigung an der Sternoberfläche.

Jedenfalls sind in den ältesten Sternen unserer Galaxis die Häufigkeiten aller schweren Elemente um denselben Faktor reduziert, natürlich innerhalb der derzeitigen Genauigkeit der Analysen.

Nach Kodeira beträgt das Mittel der Metallabreicherung in den Sternen HD 86.986, 109.995 und 161.817 rund 50. HD 161.817 ist zum Beispiel der als Albitzkys Stern bekannte Schnelläufer mit einer Radialgeschwindigkeit von - 363,4 km/sec.

Man nimmt heute an, daß sich diese Sterne während des Gravitationskollapses unserer Galaxis gebildet haben, zu einer Zeit also, wo das interstellare Medium durch schwere Elemente erst angereichert wurde. Ursache der Elementanreicherung dürften die Ereignisse in den Supernovae gewesen sein, wo schwere Elemente während des explosiven Stadiums aufgebaut wurden. Aber auch andere Kernprozesse in kurzlebigen, massereichen Sternen dürften für die Anreicherung der schweren Elemente verantwortlich gewesen sein. Für die Erzeugung der schweren Elemente in massereichen Sternen gibt es heute ganz gute Modelle.

Wenn wir von kleinen Sternmassen ausgehen, so kann man sagen, daß Sterne mit einer Masse unter 0,1 Sonnenmassen ($<0,1$ $M_\odot$) nie das Stadium der Wasserstoffverbrennung erreichen werden.

Die He-Verbrennung, die durch die Kernreaktion

$$3 \ {}^{4}_{2}\text{He} \quad \rightarrow \quad {}^{12}_{6}\text{C}$$

charakterisiert werden kann, wird nicht wirksam, wenn die Masse des Sterns $<0,4$ $M_\odot$ ist. Schließlich wird bei Sternen $<0,7$ $M_\odot$ die Kohlenstoffverbrennung unmöglich. Diese baut in den Reaktionen

$$
{}^{12}_{6}\text{C} + {}^{12}_{6}\text{C} \quad
\begin{cases}
{}^{20}_{10}\text{Ne} + {}^{4}_{2}\text{He} \\[4pt]
{}^{23}_{11}\text{Na} + {}^{1}_{1}\text{H} \\[4pt]
{}^{24}_{12}\text{Mg} + \gamma \\[4pt]
{}^{23}_{12}\text{Mg} + n
\end{cases}
$$

${}^{20}_{10}\text{Ne}$, ${}^{23}_{11}\text{Na}$, ${}^{24}_{12}\text{Mg}$ und ${}^{23}_{12}\text{Mg}$ auf, wobei ${}^{4}_{2}\text{He}$ und ${}^{1}_{1}\text{H}$ mit den gebildeten Isotopen zu schwereren Mg-Isotopen sowie Al und Si weiterreagieren können.

Die Grenzmasse für den Einsatz der Sauerstoffverbrennung dürfte bei $\simeq 0,9$ $M_\odot$ liegen. Der Sauerstoff entsteht im Zuge des Heliumbrennens aus ${}^{12}_{6}\text{C}$ nach der Reaktion

$$
{}^{12}_{6}\text{C} + {}^{4}_{2}\text{He} \quad \rightarrow \quad {}^{16}_{8}\text{O} + \gamma
$$

und beginnt bei Temperaturen im Sternzentrum von $\sim 1,4 \cdot 10^{9}$ °K, wobei die Elemente Si, P, S, eventuell auch Cl und Ar aufgebaut werden.

$$
{}^{16}_{8}\text{O} + {}^{16}_{8}\text{O} \quad
\begin{cases}
{}^{28}_{14}\text{Si} + {}^{4}_{2}\text{He} \\[4pt]
{}^{31}_{15}\text{P} + {}^{1}_{1}\text{H} \\[4pt]
{}^{32}_{16}\text{S} + \gamma \\[4pt]
{}^{31}_{16}\text{S} + n
\end{cases}
$$

In Sternen mit Massen >1 $M_\odot$ kommt es dann zu jenen Kernreaktionen, die die Elemente des Eisenpeaks der Häufigkeitskurve aufbauen und im Gefolge zu jenen dramatischen Ereignissen, die wir als Supernovae kennen, d.h. zum Aufbau von schweren Elementen mit Ordnungszahlen >60.

Je massereicher der Stern bei der Bildung war, umso schneller durchläuft er seine Entwicklungsphase, umso eher erreicht er Zentraltemperaturen, die die Bildung der schweren Elemente begünstigen. Supernovae mit einer Masse von ~1 $M_\odot$ geben während ihres explosiven Stadiums $\simeq0,1$ $M_\odot$ an das interstellare Gas ab. Bei Sternmassen von ~20 $M_\odot$ werden mehrere Sonnenmassen bei der Explosion an das interstellare Medium abgegeben, welches sich dann, entsprechend den heutigen Modellvorstellungen, mit den während dieser gigantischen kosmischen Katastrophe gebildeten schweren Elementen anreichert. Die Zentraltemperaturen liegen dann bei $4{-}5 \cdot 10^9$ °K.

Eine Zusammenfassung jener Kernreaktionen, die für den Aufbau der chemischen Elemente in Sternen verantwortlich sind, wird im Detail bei Reeves gegeben.

Wenn das interstellare Gas allerdings erst durch Supernovaeereignisse mit den schweren Elementen angereichert wird, und das wird mit ungefähr konstanter Zuwachsrate nach einer anfänglichen prompten Anreicherung von Truran und Cameron für möglich erachtet, dann bleibt noch abschließend die Frage zu diskutieren, wie die Zusammensetzung des Universums am Beginn seiner Expansion ausgesehen hat. Wenn man das von Wagoner, Fowler und Hoyle postulierte Modell des Urknalls diskutiert, das ist die sogenannte Big-Bang-Theorie, die auf Gamow, Alpher und Herman zurückgeht und die in den letzten Jahren von bedeutenden Wissenschaftern aufgrund der Expansion des Weltalls und der kosmischen Hintergrundstrahlung favorisiert wird, so liegt der Schluß nahe, daß es am "Anfang" nur Wasserstoff und Helium gegeben habe.

In den letzten Jahren verstärkten sich die Hinweise auf die Bildung von Helium vor seiner Synthese in Sternen immer mehr. Diese Hinweise werden bei Pagel zusammengefaßt und diskutiert.

Die Ereignisse, die zur Bildung von Helium in den Anfangsstadien des expandierenden Weltalls ablaufen, sind in sehr anschaulicher Weise von Weinberg dargestellt worden. Danach beträgt das Alter des Universums etwas weniger als 20 Milliarden Jahre. In den Anfangsstadien dieses Universums werden, nachdem die Temperatur auf <900 Millionen Grad gefallen ist, Deuterium-Kerne stabil; es kann He durch eine Kette von Kernreaktionen aufgebaut werden.

$$^1_1\text{H} + ^1_0\text{n} \;\rightarrow\; ^2_1\text{D} + \gamma$$

Dies ist eine wichtige Reaktion, sie führt durch Reaktion eines Protons und eines Neutrons ($^1_0$n) zu Deuterium, welches aber oberhalb 900 Millionen Grad instabil ist und so zum Aufbau höherer Elemente nicht beitragen kann. Unterhalb von $0,9 \cdot 10^9$ °K wird die Kernreaktion mit einem Proton oder Neutron möglich, wobei entweder das leichte Isotop des Heliums oder das schwerste Isotop des Wasserstoffs, Tritium, gebildet wird:

$$^2_1D \ + \ ^1_1H \ \rightarrow \ ^3_2He$$

$$^2_1D \ + \ ^1_0n \ \rightarrow \ ^3_1T$$

Die beiden Isotope reagieren schließlich weiter:

$$^3_2He \ + \ ^1_0n \ \rightarrow \ ^4_2He$$

$$^3_1T \ + \ ^1_1H \ \rightarrow \ ^4_2He$$

Schwerere Kerne können wegen entscheidender Engpässe nicht gebildet werden. Es gibt nämlich keine stabilen Kerne mit 5 bzw. 8 Kernteilchen. 5 Kernteilchen weisen die extrem kurzlebigen Kerne ^5_2He (Halbwertszeit $\sim 10^{-21}$ sec) sowie ^5_3Li (Halbwertszeit $\sim 10^{-21}$ sec) auf, 8 Kernteilchen die Isotope ^8_3Li (Halbwertszeit 0,8 sec), der bereits bekannte ^8_4Be-Kern (Halbwertszeit $< 4 \cdot 10^{15}$ sec), sowie das ^8_5B (Halbwertszeit 0,77 sec).

Sobald also obige Reaktionen eintreten, werden nahezu alle vorhandenen Neutronen in He-Kerne umgewandelt. Es kann jedenfalls gezeigt werden, daß dann der gewichtsmäßige Anteil des Heliums an dem kosmischen Urgas etwa 26 % beträgt.

Das stimmt mit den Befunden an Sternbeobachtungen zahlreicher junger Sterne überein, die zu einem 28 %-Anteil führen, mit einem Fehler von ± 15 % relativ.

Zusammenfassend ist festzustellen, daß die chemische Zusammensetzung der Umgebung unserer Sonne und insbesondere die Zusammensetzung der kosmischen Gaswolke, aus der unser Planetensystem gebildet wurde, mit der unseres Zentralsterns identisch ist. Diese wurde in den Frühstadien der Bildung unseres galaktischen Systems festgelegt und wird seitdem durch eine annährend konstante Zuwachsrate an schweren Elementen vorerst nur lokal verändert, wozu die uns bekannten Supernovae-Ereignisse beitragen.

Literatur zu Kapitel 1.1. und 1.2.

Bates, D.R., and Damgaard, A.: Phil.Trans.Roy.Soc.London **242A**, 101 (1949)
Bridges, J.M., and Wiese, W.L.: Astrophys.Journ. **161**, L71 (1970)
Garz, T., and Kock, M.: Astron.Astrophys. **2**, 274 (1969)
Goldberg, L., Müller, E.A., and Aller, L.H.: Astrophys.Journ.Suppl. **5**, 1 (1960)

Kodeira, K.: Astron.Astrophys. **22**, 273 (1973)

Müller, E.A.: in: Origin and Distribution of the Elements. Ed.: L.H. Ahrens, Pergamon Press, Oxford (1968)

Pagel, B.E.J.: Stellar and Solar Abundances, in: Cosmochemistry. Ed.: A.G.W. Cameron, Astrophysics and Space Sci.Lib. **40**. D. Reidel Publ.Comp. Dordrecht (1973)

Reeves, H.: Stellar Evolution and Nucleosynthesis, Gordon and Breach Sci.Publ., New York (1968)

Unsöld, A.: Der neue Kosmos, Springer, Berlin-Heidelberg-New York (1974)

Wagoner, R.V., Fowler, W.A., and Hoyle, F.: Astrophys.Journ. **148**, 3 (1967)

Weinberg, S.: Die ersten drei Minuten, Piper-Verlag, München (1977)

Wolnick, S.J., Berthel, R.O., and Wares, G.W.: Astrophys.Journ. **162**, 1037 (1970)

Wolnick, S.J., Berthel, R.O., and Wares, G.W.: ibid **166**, L31 (1971)

Literatur zu Tabelle 1

1) Goldberg, L., Müller, E.A., and Aller, L.H.: Astrophys.Journ., Suppl. **5**, 1 (1960)

2) Bertsch, D.L., Fichtel, C.E., and Reames, D.V.: ibid **171**, 169 (1972)

3) Lambert, D.L., et al.: Monthly Notices **138**, 143 (1968); ibid **139**, 35 (1968); ibid **140**, 13 (1968); ibid **140**, 197 (1968); ibid **142**, 71 (1969); Solar Phys. **2**, 34 (1967); ibid **10**, 311 (1969); ibid **19**, 289 (1971)

4) Grevesse, N.: Solar Phys. **5**, 159 (1968)

5) Engvold, O., Kjeldseth, Moe, O., and Maltby, P.: Astron.Astrophys. **9**, 79 (1970)

6) Hauge, O., and Engvold, O.: Astrophys.Letters **2**, 235 (1968)

7) Ross, J.E., and Aller, L.H.: Solar Phys. **36**, 11 (1974)

8) Chmielewski, Y., and Müller, E.A.: Astron.Astrophys. **42**, 37 (1975)

9) Wöhl, H.: ibid **34**, 41 (1974)

10) Ross, J.E., and Aller, L.H.: Science **191**, 1223 (1976)

11) Andrews, M., and Mugglestone, D.: Monthly Notices **125**, 347 (1963)

12) Mugglestone, D., and O'Mara, B.J.: ibid **129**, 41 (1965)

13) Mallia, E.A.: Solar Phys. **3**, 505 (1968)

14) Müller, E.A., Baschek, B., and Holweger, H.: ibid **3**, 125 (1968)

15) Duprée, A.K.: Astrophys. Journ. **178**, 527 (1972)

16) Holweger, H.: Astron.Astrophys. **10**, 128 (1971)

17) Grevesse, N., and Swings, J.P.: Astrophys.Journ. **171**, 179 (1972)

18) Swings, J.P., Lambert, D.L., and Grevesse, N.: Solar Phys. **6**, 3 (1969)

19) Reza, R., and Müller, E.A.: ibid **43**, 15 (1975)

20) Holweger, H.: ibid **25**, 14 (1972)

21) de Boer, K.S., Olthof, H., and Pottasch, S.R.: Astron.Astrophys. **16**, 417 (1972)

22) Warner, B.: Monthly Notices **138**, 229 (1968); Observatory **92**, 50 (1970)

23) Ellis, R.S.: Solar Phys. **50**, 261 (1976)

24) Cocke, C.L., Curnutte, B., and Brand, J.H.: Astron.Astrophys. **15**, 299 (1971)

25) Blackwell, D.E., Collins, B.S., and Petford, D.: Solar Phys. **23**, 292 (1972)

26) Garz, T., Holweger, H., Kock, M., and Richter, J.: Astron.Astrophys. **2**, 446 (1969)

27) Nussbaumer, H., and Swings, J.P.: ibid **7**, 455 (1970)

28) Foy, R.: ibid **18**, 26 (1972)

29) Biémont, E., and Grevesse, N.: Solar Phys. **45**, 59 (1975)

30) Garz, T.: Astron.Astrophys. **10**, 175 (1971)

31) Grevesse, N., and Swings, J.P.: Solar Phys. **13**, 19 (1970)

32) Kock, M., and Richter, J.: Z. Astrophys. **69**, 180 (1968)

33) Ross, J.E., and Aller, L.H.: Proc.Nat.Acad.Sci. U.S.A. **66**, 983 (1970)

34) Hauge, Ö.: Solar Phys. **26**, 273 (1972): ibid **26**, 276 (1972)

35) Ross, J.E., and Aller, L.H.: ibid **25**, 30 (1972)

36) Hauge, Ö., and Joussef, N.H.: ibid **41**, 67 (1975)

37) Ross, J.E., and Aller, L.H.: ibid **35**, 281 (1974)

38) Allen, M.S., and Cowley, C.R.: Astron.Astrophys. **36**, 315 (1974)

39) Grevesse, N., and Blanquet, G.: Solar Phys. **8**, 5 (1969)
     Grevesse, N.: Geochim. Cosmochim. Acta **34**, 1129 (1970); Solar Phys. **6**, 381 (1969)

40) Ross, J.E., and Aller, L.H.: Solar Phys. **23**, 13 (1972)

41) Ross, J.E., and Aller, L.H.: ibid **36**, 21 (1974)

42) Anderson, T., and Petkov, A.P.: Astron.Astrophys. **45**, 237 (1975)

43) Hauge, Ö.: Solar Phys. **34**, 33 (1974)

44) Biémont, E.: Solar Phys. **56**, 79 (1978)

2. Merkur

Der Planet fand schon in den Anfängen der 50er Jahre die Beachtung der Kosmochemiker, nachdem Rabe seine Masse genau ermitteln konnte. Schon bald darauf vermutete Urey, daß dieser Himmelskörper vorwiegend aus Eisen aufgebaut sein müßte, sodaß damit allein schon ein Hinweis auf seine ungewöhnliche Geschichte gegeben war, denn metallisches Eisen hat gegenüber silikatischen Komponenten stark unterschiedliche Eigenschaften, wie z.B. thermische und elektrische Leitfähigkeit und natürliche hohe Dichte.

Mit dem Start der unbemannten Raumsonde Mariner 10 am 11.3.1973 zu den Planeten Venus und Merkur konnten viele wertvolle Informationen erhalten werden, die der Merkurforschung neuen Auftrieb gaben. Die Sonde erreichte am 29.3.1974 den Planeten in 700 km Abstand von der Oberfläche. Am 21.9.1974 und am 16.3.1975 kam es zu zwei weiteren Merkurbegegnungen der Sonde. Da die Sonde nicht auf dem Planeten landete, hatte man Rückschlüsse aus den zur Erde übermittelten Daten und Fotos zu ziehen, insbesondere was den hier interessierenden chemischen Aufbau des Planeten anlangt.

Ganz allgemein sei festgehalten, daß neben der Beprobung eines Himmelskörpers die Kenntnisse der mittleren Dichte, das Trägheitsmoment, die magnetische Feldstärke, seismische Daten, Gravitationsanomalien und topographische Höhen sowie Erscheinungen lateraler Oberflächenveränderungen Hinweise auf den thermischen Zustand und den Aufbau geben.

Wir wollen versuchen, die Entwicklungsgeschichte des Planeten im Hinblick auf bisher vorliegendes Datenmaterial zu verfolgen, und trennen zu diesem Zweck bewußt jene ebenso essentiellen Vorgänge ab, die unmittelbar zur Bildung des Planeten führten. Diese sind einem späteren Kapitel vorbehalten.

Die mittlere Dichte wurde aus den Daten von Mariner 10 zu 5,44 g/cm^3, der Radius aus Radarmessungen zu 2439 ± 1 km erhalten.

Ringwood hat die Vermutung geäußert, daß der Planet daher vorwiegend aus Eisen, welches eventuell Si gelöst enthält, ferner aus Calcium- und Aluminosilikaten aufgebaut sein sollte. Flüchtige Elemente, wie z.B. auch die Alkalimetalle, sollten verloren gegangen sein. Der Verlust an diesen flüchtigen Komponenten wird, wie wir noch zeigen werden, Differentiationsprozessen im kosmischen Gas und dessen besonderer thermischer Geschichte zugeschrieben.

Reynolds und Summers sind der Ansicht, daß die Masse des Planeten zu 95 % aus den freien Elementen, Oxiden oder Silikaten der Elemente Silizium, Magnesium, Aluminium, Calcium, Eisen und Nickel aufgebaut wird.

Siegfried und Solomon beziehen auch Ti in ihre Betrachtungen ein und spezifizieren in der Art, daß die Hauptkomponenten metallisches Eisen mit Nickel, Perowskit ($CaTiO_3$) und magnesiumreiche Silikate, wahrscheinlich Pyroxene ($MgSiO_3$), zum Aufbau beitragen. Aus Messungen im Radio-, Radar-, optischen und infraroten Bereich war auch schon vor der Mariner-Mission die Vermutung geäußert worden, daß die oberste Schicht des Merkur aus Eisensilikaten zusammengesetzt sein sollte.

Die Aussage, wie sich diese Komponenten über den Planeten verteilen, kann gegenwärtig nur über Messungen des Trägheitsmoments und die Auswertung seismischer Daten erfolgen. Beides ist im Falle des Merkur nicht möglich, da hiefür die Landung einer entsprechend ausgestatteten Raumsonde auf der Planetenoberfläche vonnöten wäre.

Daher können nur indirekte Hinweise, wie die innere magnetische Feldstärke sowie oberflächengeologische Betrachtungen, herangezogen werden. Darüber hinaus wird natürlich auch eine Aussage über die thermische Geschichte erforderlich.

Für viele überraschend kam die Feststellung eines Magnetfeldes durch Mariner 10; es wurde beim 3. Vorbeiflug der Sonde, die näher an den Nordpol heranführte, bestätigt. Damit war auch die Existenz eines großen Eisenkerns des Planeten gesichert. Überraschend war dies deshalb, weil die Existenz eines Magnetfeldes auf fluide Bewegungen im Kern des Planeten hinweist, die nach Art des Fluid-Dynamo-Mechanismus, ähnlich bei der Erde, durch fluide Verschiebungen im Zentrum des rotierenden Planeten elektrische Ströme hervorrufen, welche das magnetische Feld aufrechterhalten. Überraschend auch deshalb, weil Venus, ein beträchtlich größerer Planet als Merkur, kein Magnetfeld aufweist. Wenn diese Bewegungen im Zentrum des Planeten stattfinden, dann ist es weiter verwunderlich, daß sie nicht zu beobachtbaren Deformationen der Oberflächenschichten des Merkur geführt haben sollten. Eine eher unwahrscheinliche Erklärung ist dafür die Existenz eines sogenannten fossilen Feldes, welches einer Frühepoche tieferer Temperaturen im Zentrum des Planeten zuzuschreiben wäre. Es ist, wie wir noch sehen werden, jedoch sehr unwahrscheinlich, daß die Zentraltemperatur des Merkur zu keiner Zeit den Curiepunkt überschritten haben sollte, jener Temperatur also, oberhalb der eine Substanz ihre magnetischen Eigenschaften verliert. Es bleibt schließlich die Möglichkeit, daß das Feld durch die andauernde Wechselwirkung des Planeten mit dem Sonnenwind induziert wird.

Von Reynolds und Summers wurde jedenfalls vor diesen Erkenntnissen eine Dichteverteilung für ein homogenes Merkurmodell bzw. ein Coremodell berechnet. In Abb. 2 ist die Abhängigkeit der Dichte vom Zentrum des Planeten (Radiusverhältnis $r/R_{Planet} = 0$) bis an seine Oberfläche ($r/R_{Planet} = 1$) dargestellt. Das homogene Modell bedingt allerdings, daß der Planet hauptsächlich aus Eisenoxiden aufgebaut sein sollte. Aufgrund des relativ geringen Silikatanteils und der damit verbundenen geringen radiogenen Wärmeproduktion (Th, U treten vorzugsweise in Silikaten auf) wird eine Core-Mantel-Fraktionierung ausgeschlossen. Reynolds und Summers haben jedoch auch ein Core-Modell berechnet und festgestellt, daß der Merkurkern ~68 % der Masse des Planeten beinhalten sollte.

Ein wichtiger Hinweis auf eine mögliche Core-Mantel-Fraktionierung wird aus der thermischen Geschichte des Himmelskörpers abzuleiten sein.

Die thermische Entwicklung wird von den relativen Beiträgen des Energiegewinns bzw. Energieverlustes dominiert. Die wichtigsten davon sind einmal ein Beitrag zur Temperaturerhöhung, der durch die Einfallshäufigkeit von Körpern auf den Planeten geleistet wird. Hinweise auf große Einfallshäufigkeit werden aus

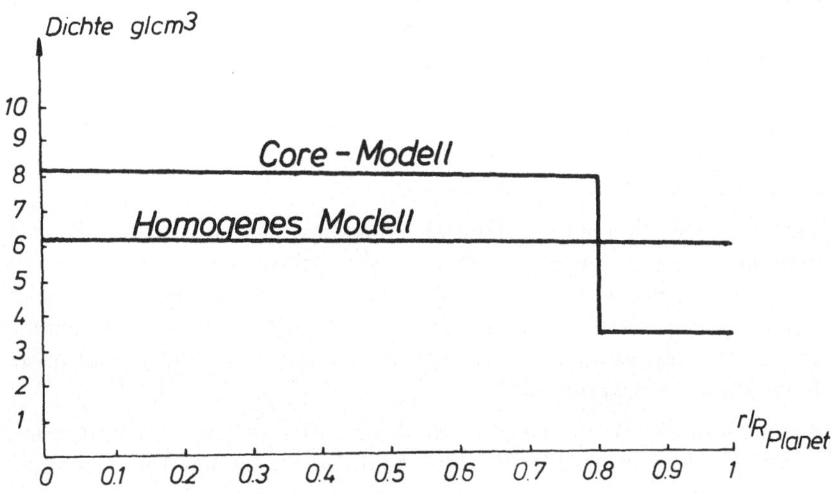

Abb. 2: Dichteverteilung für ein homogenes und Core-Modell des Planeten
Merkur nach Reynolds und Summers

der Kraterungsdichte der Planetenoberfläche erhalten. Der Beitrag durch den
Gewinn an thermischer Energie infolge der Gravitationsakkretion ist für Planeten, die ja in heliozentrischer Bahn gebildet werden, eher zu vernachlässigen.
Die Corebildungsenergie dagegen kann einen bedeutenden Einfluß auf die thermische Geschichte ausüben. Darüber hinaus ist ein wesentlicher Faktor die
radiogene Wärmeproduktion, die dem Zerfall von Th und U zugeschrieben werden kann. Weiter beeinflußt natürlich die Größe des Himmelskörpers seine
thermische Entwicklung maßgeblich. Je größer das Oberfläche/Masseverhältnis
ist, umso rascher tritt Wärmeverlust an den interplanetaren Raum ein, und desto
rascher erfolgt auch die thermische Evolution des Planeten

Auch die Tiefe, in der die Wärmequelle liegt, ist für den Wärmeverlust maßgebend. Je tiefer sie liegt, umso langsamer wird die thermische Evolution sein.

Nicht außer acht hat man auch zu lassen, daß der Wärmetransport innerhalb
des Planeten hauptsächlich durch Festzustand-Konvektion beherrscht wird, wie
von Tozer gezeigt werden konnte.

Bei der Abschätzung des Beitrages jeder Größe zum Gesamtenergiehaushalt
ist man in vielen Fällen auf vernünftige Annahmen angewiesen.

Während beispielsweise für den Mond chemische Analysen Auskunft über sogenannte Indikatoren für den Differentiationsgrad geben, steht uns für andere Himmelskörper, insbesondere die Planeten, kein Material zur Verfügung, aus dem durch geeignete Analysen derartige Hinweise erhalten werden könnten. Wie wir noch sehen werden, wäre das K_2O/Na_2O-Verhältnis ein derartiger Indikator, der mit anderen Differentiationsindikatoren korreliert werden kann, wie z.B. der Häufigkeitsverteilung großioniger Kationen.

Darüber hinaus sind auch vernünftige Annahmen über die ursprüngliche Uran- und Thoriumhäufigkeit in jenem Material zu vermerken, das den Merkur aufbaut. Dies ist bei kleinen Planeten oder Himmelskörpern, wie etwa dem Mond, relativ unkompliziert. Es gibt kaum wiederholte Differentiationsvorgänge, die bereits differenziertes Material erneut radikal umwandeln und somit die Verhältnisse in ungeahnter Weise erschweren würden.

Man kann im Gegenteil erwarten, daß eine Differentiation der Kruste umso früher eintritt, je kleiner der Planet ist. Dies infolge des raschen Energieverlustes und der Beendigung der Konvektion, die die Produkte der Differentiation nun nicht mehr in innere Planetenregionen transportiert. In diesem Fall wird auch die Zusammensetzung der Kruste eher der Ausgangszusammensetzung entsprechen, d.h. die Kruste wird also weniger differenziert oder primitiv sein. Solomon und Siegfried haben nun ein Modell für Merkur entwickelt, das zwar — wie sie sagen — auf indirekten Hinweisen aufbaut und von gewissen Annahmen abhängig ist, welches jedoch berücksichtigt, daß Merkur ein inneres magnetisches Feld aufweist, das einem konvektiven Dynamo zugeschrieben werden kann. Ferner wird die stratigraphische Ähnlichkeit mit der Mondoberfläche hervorgehoben, die vorwiegend durch vulkanische Ereignisse geformt wurde, sodaß für Merkur ein eisenreicher Kern, ein darüberliegender Mantel und eine Silikatkruste postuliert werden kann. Für das Th/U-Verhältnis wurde 3,7 angenommen, für das U/Fe-Verhältnis $6,4 \cdot 10^{-7}$, sodaß die heutige Uranhäufigkeit auf Merkur 38 ppb oder $38 \cdot 10^{-9}$ Gramm Uran pro Gramm Merkurmaterial betragen sollte.

In Abwesenheit eines bedeutenden Beitrages aus der Akkretionsenergie, aus Sonnenenergie oder anderen außerplanetaren Quellen sollte es 1 Milliarde Jahre nach der Planetenbildung zur Ausbildung eines Kerns gekommen sein. In Abb. 3 erkennt man, daß die Bildung eines Kerns nach ca. 1,2 Milliarden Jahren beginnt; in Tiefen von ca. 500 km unter der Planetenoberfläche wird die Schmelzkurve des den Merkur aufbauenden Materials erreicht. Die Corebildung ist dann $1,8 \cdot 10^9$ a nach der Planetenbildung abgeschlossen. Die Ausgangstemperatur für dieses Modell wurde mit $1400°K$ angesetzt. Wie noch später gezeigt wird, ist das jene Temperatur der kosmischen Staubwolke, bei der in sonnennahen Bahnen die Hochtemperaturbestandteile in kondensierter Form vorliegen.

Damit ergibt sich für die Segregation des eisenreichen Kerns ein Zeitraum von 600 Millionen Jahren.

Da die thermische Leitfähigkeit des Cores groß ist und außerdem angenommen werden kann, daß die für die Energieproduktion verantwortlichen Energiequellen Thorium und Uran während der Trennung von Eisenphase und Silikatphase in der

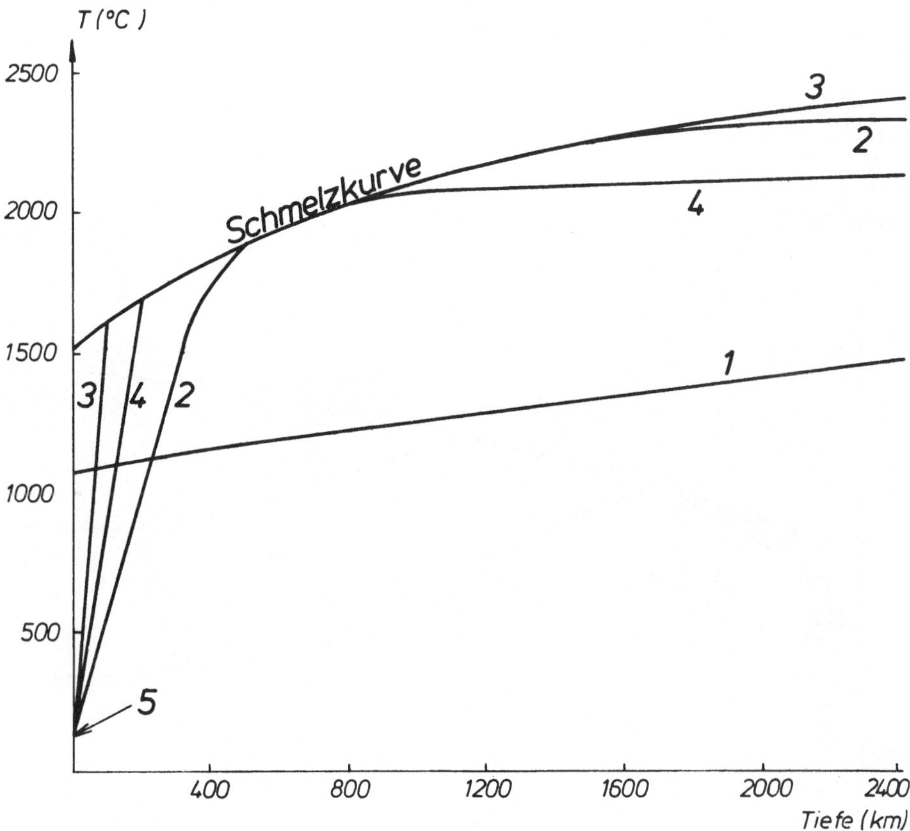

Abb. 3: Modell der thermischen Entwicklung des Planeten Merkur nach
Siegfried und Solomon
1 Temperaturverlauf unmittelbar nach der Bildung des Planeten
2 Temperaturverlauf $1{,}2 \cdot 10^9$ a danach
3 Temperaturverlauf $1{,}8 \cdot 10^9$ a danach
4 Temperaturverlauf heute
5 Oberflächentemperatur (ca. 100°C) wurde fixiert

zweitgenannten angereichert werden, wird der Kern rasch abkühlen, und 1,5
Milliarden Jahre nach Beginn der Phasentrennung wird die Coresegregation abgeschlossen sein. Bei der Berechnung dieses Modells wurden Konvektionsströme
im Inneren des Planeten nicht berücksichtigt, sie würden zu noch rascherer Erstarrung des Cores führen.

Im zweiten Modell wurden zusätzliche Energiequellen postuliert, um ein fluides Core des Planeten zu ermöglichen, welches für das Magnetfeld verantwortlich ist.

Für ad hoc-Anfangstemperaturen wird die in Abb. 4 dargestellte thermische Geschichte des Planeten erhalten.

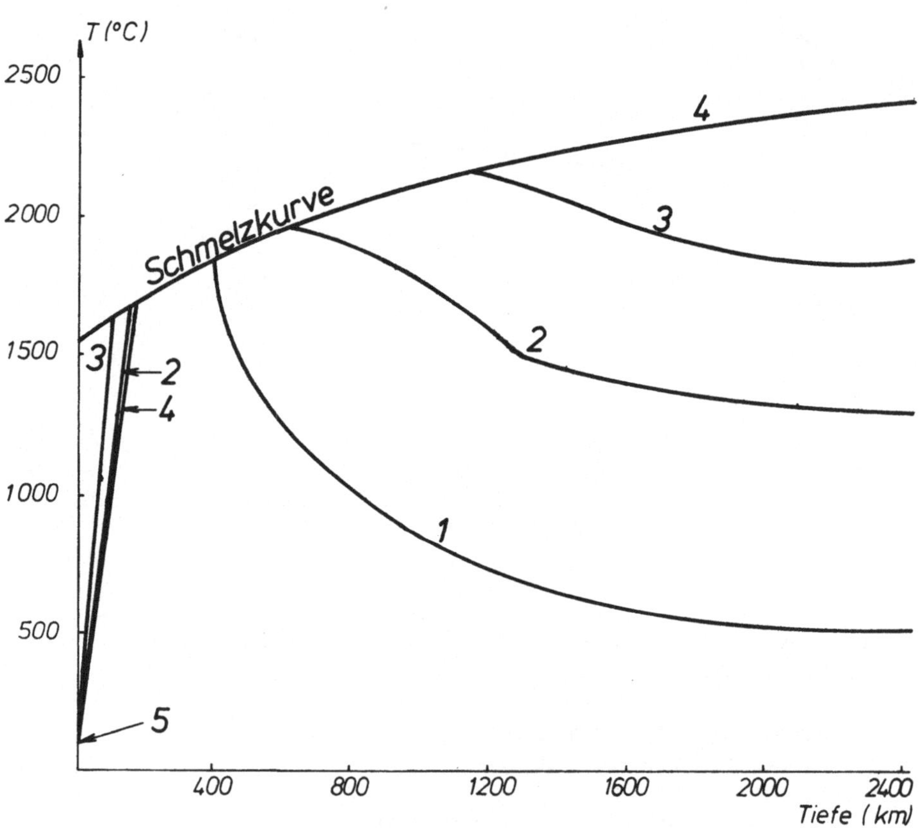

Abb. 4: Modell der thermischen Entwicklung des Planeten Merkur nach Solomon unter der Annahme hoher Anfangstemperaturen der äußeren Planetenregionen
1 Temperaturverlauf unmittelbar nach der Bildung des Planeten
2 Temperaturverlauf $1 \cdot 10^9$ a danach
3 Temperaturverlauf $2 \cdot 10^9$ a danach
4 Temperaturverlauf heute
5 Oberflächentemperatur (wird nach ca. $1 \cdot 10^9$ a erreicht)

Die oberen 350 km schmelzen sofort nach der Akkretion auf, differenzieren und kühlen rasch ab. Die Metall-Silikat-Trennung schreitet nach inneren Regionen langsam voran, u.zw. infolge des geringfügigen Beitrages der Gravitationsenergie der gegen das Zentrum fallenden Eisenmassen.

Die Ausbildung des Kerns erstreckt sich in diesem Fall über 4 Milliarden Jahre. Der Kern sollte sich heute vorwiegend in geschmolzenem Zustand darstellen.

Dieses Modell befriedigt auch die Forderung geologischer Oberflächenbeobachtungen nach einer im Frühstadium der Planetengeschichte abgeschlossenen Kruste.

Wie schon aus der Größe des Planeten zu vermuten war, wurde von den Mariner-Experimenten keine Atmosphäre festgestellt. Der Großteil der flüchtigen Bestandteile, die für eine Atmosphärenbildung in Frage kämen, ging offensichtlich schon bei der Akkretion des Planeten, also in seinem Frühstadium der Bildung, verloren, da das Gravitationsfeld nicht imstande war, diese Moleküle oder Atome in der Planetenumgebung zu halten.

Für eine Atmosphäre kommt aber auch Entgasung des differenzierenden Planetenkörpers in Frage. Da es auf Merkur keinerlei Anzeichen einer Änderung der sehr alten Oberflächenerscheinungen gibt, klingt die Vermutung sehr plausibel, der Planet habe zu keiner Zeit eine nennenswerte Atmosphäre besessen. Denn, im Gegensatz zu Mars, weisen die Impaktkrater auf Merkur noch ihr Strahlensystem und ihre sekundären Kraterketten auf, die eine auch nur dünne Atmosphäre durch Erosionswirkung beeinflussen hätte müssen.

Nach Kumar ist die durch Mariner 10 festgestellte "Atmosphäre" ähnlich der des Mondes und viel eher als Exosphäre zu klassifizieren. Es ist nicht zu unterscheiden, ob das festgestellte Helium ein Anteil aus dem Sonnenwind ist oder radiogenes, ausgegastes Helium nach radioaktiven Zerfällen in der Planetenkruste darstellt.

Über die Messung von Argondaten hoffte man einen Hinweis auf die Kaliumhäufigkeit zu erhalten; es sind aber derzeit keine sicheren Aussagen möglich.

Geringe eventuell vorkommende Anteile an CO_2 und H_2O (es wurde aber nur He in der Atmosphäre eindeutig identifiziert) entstammen vermutlich der Ausgasung und deuten darauf hin, daß der Planet sehr arm an flüchtigen Verbindungen oder aber bereits in ein sehr inaktives Stadium eingetreten ist. Es ergibt sich jedenfalls für den Oberflächengesamtdruck der Atmosphäre der extrem niedere Wert von $<2 \cdot 10^{-9}$ mbar.

Literatur zu Kapitel 2.

Fjeldbo, G., et al.: Icarus **29**, 439 (1976)
Kaula, W.M.: Icarus **26**, 1 (1975)
Kumar, S.: Icarus **28**, 579 (1976)
Murray, B.C.: Scientific American **233**, 3, 59 (1975)

Murray, B.C., et al.: Journ.Geophys.Res. **80**, 2508 (1975)
Rabe, E.: Astrophys.Journ. **55**, 112 (1950)
Reynolds, R.T., and Summers, A.L.: Journ.Geophys.Res. **74**, 2494 (1969)
Ringwood, A.E.: Geochim.Cosmochim.Acta **30**, 41 (1966)
Siegfried, R.W., and Solomon, S.C.: Icarus **23**, 192 (1974)
Solomon, S.C.: Icarus **28**, 509 (1976)
Strom, R.G., Trask, N.J., and Guest, J.E.: Journ.Geophys.Res. **80**, 2478 (1975)
Tozer, D.C.: The Moon **9**, 167 (1974)
Trask, N.J.: Icarus **28**, 559 (1976)
Urey, H.C.: Geochim.Cosmochim.Acta **1**, 209 (1951)
Urey, H.C.: The Planets; Yale Univ.Press (1952)
Wilhelms, D.E.: Icarus **28**, 551 (1976)

3. Venus

Bis in die Anfänge der 60er Jahre wurde der Planet als Zwillingsbruder unserer Erde angesehen. Als unser nächster Nachbar mit ungefähr gleicher Größe und Dichte weist er auch eine Atmosphäre auf, die allerdings den Blick auf seine Oberfläche entscheidend behindert.

Die meisten Theorien bezüglich des inneren Aufbaus von Venus stützen sich daher auf die Annahme, daß eine Ähnlichkeit auch diesbezüglich mit der Erde gegeben ist, der Planet also ein Core besitzen sollte, das von einem Mantel und schließlich einer Kruste umgeben wäre.

Die in die Nähe des Planeten gesandten Raumsonden bzw. die Landungen der "Venera"-Sonden der Sowjetunion haben unser Bild über Venus eher kompliziert, wenngleich auch wichtige Erkenntnisse betreffend die Atmosphäre erhalten wurden, die uns danach aber ebenfalls rätselhafter denn je erscheint.

Venera 3, am 16.11.1965 gestartet, war übrigens die erste Sonde, die auf einem Planeten landete (Landedatum: 1.3.1966), die Datenübermittlung scheiterte aber infolge technischer Gebrechen bei der Landung.

Wir wissen heute, daß der Venusradius 6050 ± 5 km beträgt, die Masse 0,819 Erdmassen entspricht und die mittlere Dichte mit 5,158 g/cm^3 anzusetzen ist. Bemerkenswert ist die retrograde, d.h. rückläufige Rotation des Planeten von $243,09\pm0,18$ Tagen, was bedeutet, daß für einen Beobachter auf Venus die Sonne im Westen aufzugehen beginnt.

Unter der Voraussetzung der Ähnlichkeit von Venus und Erde wurde von Reynolds und Summers ein Venusmodell abgeleitet, wie es in Abb. 5 schematisch dargestellt ist.

Im Core sollten ~28,3 % der Gesamtmasse des Planeten vorhanden sein. Danach sollte die Zusammensetzung etwa der der Erde entsprechen, eventuell mit einem geringeren Eisenanteil und höherem Oxydationszustand.

Der Blick auf die Venusoberfläche wird durch eine dichte Wolkenschicht behindert, die Auswertung von Radaraufnahmen hat aber Kraterstrukturen aufgezeigt, wie man sie von Merkur-, Mars- und Mondbeobachtungen her kennt. Im Falle eines Kraters mit 160 km Durchmesser wurde auf Kraterwallhöhen von nur 500 m geschlossen, gegebenenfalls eine Folge der Erosion durch die Planetenatmosphäre. Nach Campbell soll es aber größere topographische Unterschiede von ±3 km geben.

Von Venera 8 wurde die spektroskopische Erfassung von γ-Strahlen mit dem Ergebnis vorgenommen, daß die Kalium-, Uran- und Thoriumgehalte der Venusgesteine vergleichbar mit jenen terrestrischer Granite sein sollten. So kann heute mit einiger Wahrscheinlichkeit geschlossen werden, daß der Himmelskörper den Zustand starker innerer Konvektion bereits hinter sich hat. Die Zentraltemperatur sollte jedoch für einen gegenwärtig fluiden Zustand des Cores sorgen. Die Tatsache, daß der Planet über kein Magnetfeld verfügt, steht trotzdem nicht im Widerspruch zu einem fluiden Kern, da der Planet ja nur sehr langsam rotiert.

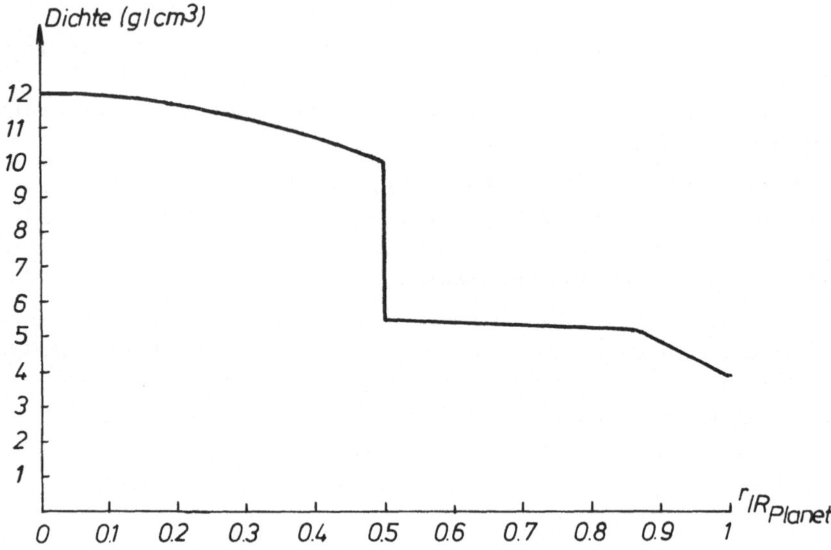

Abb. 5: Dichteverteilung für das Core-Modell des Planeten Venus nach Reynolds und Summers

Es wird übrigens von einer Anzahl von Wissenschaftern für wahrscheinlich gehalten, daß dafür die Erde verantwortlich gewesen sein könnte, da eine sehr bemerkenswerte Bewegungskoinzidenz zwischen den beiden Planeten besteht. Wann immer nämlich Venus auf einer Linie zwischen Erde und Sonne steht, richtet Venus der Erde stets dieselbe Seite zu. Das hätte allerdings einen Einfluß auf die Masseverteilung des Planeten hervorrufen sollen. Es sollte eine Abplattung festzustellen sein, die über Abweichungen des Gravitationsfeldes von Mariner 1·0 festgestellt hätte werden müssen. Obwohl dies nicht der Fall war, wird die letztliche Entscheidung diesbezüglich erst eine Sonde bringen, die in einer Umlaufbahn um Venus Messungen vornimmt.

Da Oberflächenstudien des Planeten stark behindert werden, hat man sich sehr eingehend der Erforschung der Planetenatmosphäre und deren chemischer Zusammensetzung zugewandt. Von besonderem Interesse ist auch die chemische Zusammensetzung der Wolken der Venusatmosphäre.

Die Abb. 6 stellt ein Modell der Venusatmosphäre dar, wie man es sich heute nach den Meßergebnissen der Mariner- und Venera-Sonden vorstellt.

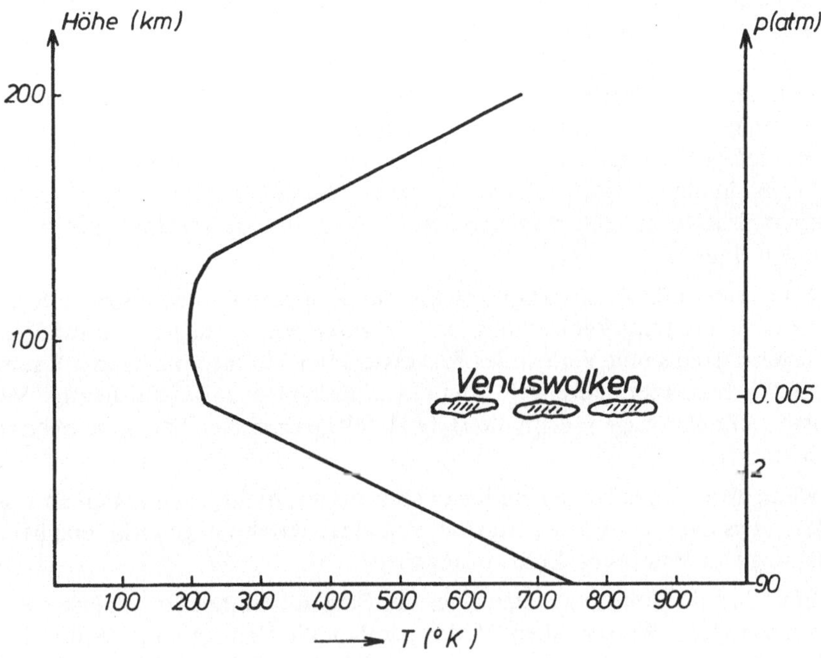

Abb. 6: Modell der Venusatmosphäre

Bei einer Bodentemperatur von ca. 470°C wird ein Druck von etwa 90 atm registriert, d.h. der Atmosphärendruck ist 90mal höher als jener der Erde. Erst in 50 km Höhe über der Venusoberfläche wird der Druck von 1 atm erreicht, die Temperatur beträgt hier ca. 150°C. Die Wolkenobergrenze liegt bei ca. 80 km, der Druck in dieser Region ist auf <0,05 atm abgefallen. Der Temperaturverlauf mit größerer Höhe nach Modellberechnungen von McElroy ist in der Abbildung ebenfalls eingezeichnet.

Schon 1932 wurde von Adams und Dunham Kohlendioxid als Bestandteil der Venusatmosphäre festgestellt. Aus Spektren mit hoher Auflösung wissen wir auch, daß die Moleküle des Gases auch die seltenen Isotope von ^{13}C, ^{17}O und ^{18}O enthalten. 97 % der Atmosphäre bestehen aus CO_2, ca. 2–2,5 % entfallen auf Stickstoff und Edelgase, etwa 0,4 % auf Sauerstoff und Kohlenmonoxid, weniger als 0,1 % auf Wasser.

Der geringe Anteil von Wasser, schon früher vermutet und schließlich von Dollfus bestätigt, hat unter den Wissenschaftern rege Diskussionen ausgelöst. Es wurde nämlich klar, daß hier ein ganz wesentlicher Unterschied zur Erdatmosphäre gegeben ist, denn das H_2O/CO_2-Verhältnis auf der Venus ist viel geringer als jenes auf der Erde. Da nach Ringwood der Ursprung der Atmosphären auf beiden Planeten ähnlich gewesen sein soll, ist die Frage nach der geringen Häufigkeit von H_2O und der großen Häufigkeit von CO_2 nach wie vor von Spekulationen beherrscht. Wenn man nämlich voraussetzt, daß Venus einst einen der Erde entsprechenden Wasseranteil hatte, so muß man eine Erklärung für dessen letztendliches Verschwinden finden.

Man kann dafür Dissoziationseffekte durch die ultraviolette Strahlung in höheren Schichten der Venusatmosphäre verantwortlich machen, die zur Spaltung des Wassermoleküls und Verlust des Wasserstoffs in den interplanetaren Raum führten. Wie man aber heute weiß, kann man diesen Gedanken auf heutige Verhältnisse nicht übertragen, denn die H_2O-Moleküle erreichen kaum die obersten Schichten.

Wenn aber Venus bei der Bildung von Haus aus nicht jenen Anteil an Wasser aufwies, ist es dann noch gerechtfertigt, von einer starken engen Bindung bei der Entstehung von Venus und Erde zu sprechen?

Eine Entscheidung zugunsten einer der Fragen könnte eine Analyse des Anteils von schwerem Wasser geben. Verlor nämlich die Venus im Laufe ihrer Entwicklung den Großteil ihres Wassers, so müßte im verbliebenen Rest eine deutliche Anreicherung von Deuterium festzustellen sein, denn das schwere Isotop des Wasserstoffs ist bedeutend weniger flüchtig. Wird der gegenwärtige, geringe Anteil von H_2O aber z.B. durch Einfluß der solaren kosmischen Strahlung hervorgerufen, müßte Deuterium stark abgereichert sein, entsprechend der geringen Häufigkeit des Deuteriums in der solaren Komponente der kosmischen Strahlung. Das schwere Isotop des Wasserstoffs wird ja bekanntlich bei Kernreaktionen in der Sonne rasch verbraucht.

Ähnlich spekulativ ist der hohe Anteil des CO_2 in der Venusatmosphäre. Unter den Bedingungen der Erdoberfläche ist der Großteil des CO_2 in karbonatischen Gesteinen gebunden. Infolge der hohen Oberflächentemperatur auf Venus könnten folgende Reaktionen mit freiem Quarz eintreten und den hohen CO_2-Anteil in der Venusatmosphäre erklären.

$$CaCO_3 \;+\; SiO_2 \;\rightleftharpoons\; CaSiO_3 \;+\; CO_2$$

$$MgCO_3 \;+\; SiO_2 \;\rightleftharpoons\; MgSiO_3 \;+\; CO_2$$

$$(CaMg)CO_3 \;+\; SiO_2 \;\rightleftharpoons\; (CaMg)SiO_3 \;+\; CO_2$$

So wird bei höheren Temperaturen Calcit in Wollastonit, Magnesit in Enstatit und Dolomit in Diopsid umgewandelt. Die thermische Zerlegung von Calcit nach der Reaktion

$$CaCO_3 \;\rightleftharpoons\; CaO \;+\; CO_2$$

kann bei der gegenwärtig auf Venus herrschenden Oberflächentemperatur nicht ablaufen.

Zum einen ist aber die Anwesenheit obiger Minerale und damit von freier Kieselsäure keineswegs belegt, zum anderen wird ja, wie wir heute wissen, die hohe Oberflächentemperatur von Venus erst durch die dichte CO_2-Atmosphäre aufrechterhalten.

Für diesen sogenannten Treibhauseffekt ist nämlich die dichte Wolkendecke der Venus verantwortlich, die dafür sorgt, daß das Sonnenlicht vorwiegend gestreut, die von der Oberfläche ausgehende Wärmestrahlung im Infrarotbereich absorbiert wird. Man weiß heute, daß die Wolkendecke eher den Wärmeaustritt verhindert, als daß sie die Erwärmung durch die Sonnenstrahlung bewirkt.

Auch die chemische Zusammensetzung der Wolkenschicht ist nach wie vor rätselhaft. Für ihre seltsame gelbe Färbung wurden verschiedentlich Verbindungen wie Kohlenwasserstoffe, Polymere von Kohlensuboxid (C_3O_2), hydratisiertes Eisenchlorid, flüssiges Quecksilber bzw. Quecksilberverbindungen, usw. vorgeschlagen. Dies aufgrund von Absorptionserscheinungen im UV, die nun neuerdings der Substanz Schwefelsäure in den Wolken zugeschrieben werden, obwohl dadurch keineswegs deren Gelbfärbung erklärt werden kann. Der Anwesenheit von Schwefelsäure sowie der spektroskopisch aufgefundenen Salzsäure bzw. Flußsäure kommt insofern Bedeutung zu, als es dadurch möglich wurde, Erklärungen für andere Beobachtungen zu geben. Dazu zählt neben den Erscheinungen im Absorptionsspektrum auch der Berechnungsindex.

Nun muß allerdings gesagt werden, daß die eben genannten, sehr korrosiven Verbindungen nicht die Hauptbestandteile der Venuswolken sind. Ihre Anwesenheit allein war schon sehr überraschend und ist Indikation für die hohe Oberflächentemperatur der Venus. Schließlich hat man die Gelbfärbung der Wolken dem chemischen Element Schwefel bzw. einer seiner Verbindungen zugeschrieben.

Mit diesen Befunden ergeben sich äußerst interessante und überraschende Reaktionsmöglichkeiten in der Atmosphäre unseres Nachbarn.

Durch die hohen Bodentemperaturen wird HCl- bzw. HF-Gas der Atmosphäre untermischt. Über der Wolkengrenze werden durch photochemische Reaktionen die Moleküle Wasser und Kohlendioxid gespalten, wobei Sauerstoff, Wasserstoff, Kohlenmonoxid und Schwefel nach folgenden Reaktionen entstehen:

$$H_2O \xrightarrow{\ UV\ } O + 2H \quad \text{(entweicht in den interplanetaren Raum)}$$

$$CO_2 \xrightarrow{\ UV\ } CO + O$$

$$COS \xrightarrow{\ UV\ } CO + S$$

In tieferen atmosphärischen Schichten kann dann der Sauerstoff mit dem Wasserstoff des Sonnenwindes wieder zu Wasser rekombinieren. Schwefel verbindet sich mit Sauerstoff zu SO_2 und weiter zu SO_3, welches mit Wasser zu Schwefelsäure reagiert.

In der Wolkenschicht selbst sollte dann die höchst überraschende Reaktion der Schwefelsäure mit Flußsäure zu Fluorschwefelsäure stattfinden, eine der stärksten einfachen Mineralsäuren, die die Chemie kennt:

$$H_2SO_4 + HF \rightarrow H_2O + HSO_3F$$

In tieferen Schichten der Atmosphäre werden Reaktionen vorgeschlagen, an denen Schwefel, Kohlenmonoxid, Kohlendioxid und Schwefeltrioxid beteiligt sind, wie etwa

$$CO + S \rightarrow COS$$

$$CO + SO_3 \rightarrow CO_2 + SO_2$$

Diese Reaktionen, die vorwiegend unter der dichten Wolkenschicht ablaufen sollen, sind allgemein thermochemischer Art.

Nach diesen Diskussionen wird es dem Leser nicht sehr schwer gemacht, sich der Meinung jener anzuschließen, die festgestellt haben, daß die Venusmissionen mehr neue Fragen aufgeworfen haben, als sie zu beantworten imstande waren.

Literatur zu Kapitel 3.

Campell, D.B., et al.: Science **175**, 514 (1972)
Dollfus, A.: The Origin and Evolution of Atmospheres and Oceans. Eds.: P.J.Brancazio
         and A.G.W. Cameron, John Wiley, New York (1963)
Young, A., and Young, L.: Scientific American **233**, 3, 71 (1975)
Reynolds, R.T., and Summers, A.L.: Journ.Geophys.Res. **74**, 2494 (1969)
Ringwood, A.E.: Geochim.Cosmochim.Acta **30**, 41 (1966)
Samuelson, R.E., et al.: Icarus **25**, 49 (1975)
Short, N. M.: Planetary Geology, Prentice-Hall, Inc., Englewood Cliffs, N. J. (1975)
Vinogradov, A.P., Surkov, Y.A., and Kirnozov, F.F.: Icarus **20**, 253 (1973)

4. Das System Erde–Mond

4.1. Erde

Der Aufbau der Erde ist seit einiger Zeit, insbesondere nach Arbeiten von Birch, bekannt. Aus seismischen Messungen, Ultraschall- und Schockwellen-Messungen sowie Daten aus der statischen Kompression und experimentellen Petrologie hat man ein Bild des zonaren Erdaufbaus und der Hauptmateriezu-stände bekommen.

In Abb. 7 ist der Erdaufbau mit dem Temperatur-, Druck- und Dichtepro-fil dargestellt.

Die oberflächennahe sogenannte Mohorovičić-Diskontinuität trennt die Erdkruste vom äußeren Erdmantel. Sie liegt im Mittel bei 30–40 km Tiefe, der Druck an der Grenze zum äußeren Erdmantel beträgt ~10 kb, die Temperatur ~900°C. Unter den Meeresböden wird für die mit Moho abgekürzte Diskonti-nuität mit 5 km die geringste Tiefe gemessen, unter der kontinentalen Ober-fläche wird eine Tiefe von ~33 km erreicht, wohingegen unter den Kontinenten Tiefen von 70 km registriert werden.

Die Kruste besteht vorwiegend aus leichten, silikatischen Gesteinen, dem sogenannten Sial. Die Silikate haben in den oberen Regionen mehr sauren Charak-ter (Si, Al, Alkalien, sowie OH). Mit der Tiefe werden die Gesteine eher basisch (Si, Al, Ca, Mg, Fe), sodaß man noch eine weitere Diskontinuitätsgrenze postu-liert hat, die sogenannte Conrad-Diskontinuität mit einer durchschnittlichen Tiefe von 7 km. Im Gegensatz zur Moho stellt aber die Conrad-Diskontinuität keine echte Phasengrenze dar. Die Dichte der Gesteine steigt nämlich mit der Tiefe von ca. 2,40 an der Oberfläche bis ca. 2,97 an der Conrad-Diskontinuität. Eine Dichte von 3,02 wird über der Moho erreicht. Die unter der Moho liegenden Gesteine des äußeren Mantels weisen bereits eine Dichte von 3,39 g/cm^3 auf.

Unter der Moho-Diskontinuität bis in eine Tiefe von 2900 km erstreckt sich der Erdmantel. Er wird vom Erdkern durch eine weitere Stoffgrenze abge-trennt, der sogenannten Wiechert-Gutenberg-Diskontinuität bei 2900 km, wo Drücke von 1400 kb herrschen.

Der Erdmantel kann, nach seismischen Messungen, weiter aufgegliedert werden. Unterhalb der Moho schließt eine Zone mit geringen seismischen Ge-schwindigkeiten an, was auf partielle Aufschmelzung zurückgeführt werden kann. Diese Zone dürfte etwa 100 km dick sein und sich in Tiefen von 60–160 km erstrecken. Ab einer Tiefe von 150 km an dürfte der Mantel relativ homogen sein. Die wichtigsten Minerale stellen Olivine, Pyroxene sowie Granate in ihren Tiefdruckphasen dar. Diese Zone der schweren Silikate nennt man auch Sima (Silizium-Magnesium). Spinelle und Amphibole wären die dominierenden akzes-sorischen Minerale nahe der Moho-Diskontinuität.

In Tiefen von 400 bis 800 km liegt eine Übergangsregion, charakterisiert durch abruptes Ansteigen der Geschwindigkeiten der Kompressions- und Scher-wellen. Diese Zone wird den druckbedingten Änderungen der Kristallstrukturen zugeschrieben, was durch Hochdrucklaborversuche an Olivin, der Hauptkompo-nente des Erdmantels, bestätigt werden konnte. Die in Tiefen von 400–600 km

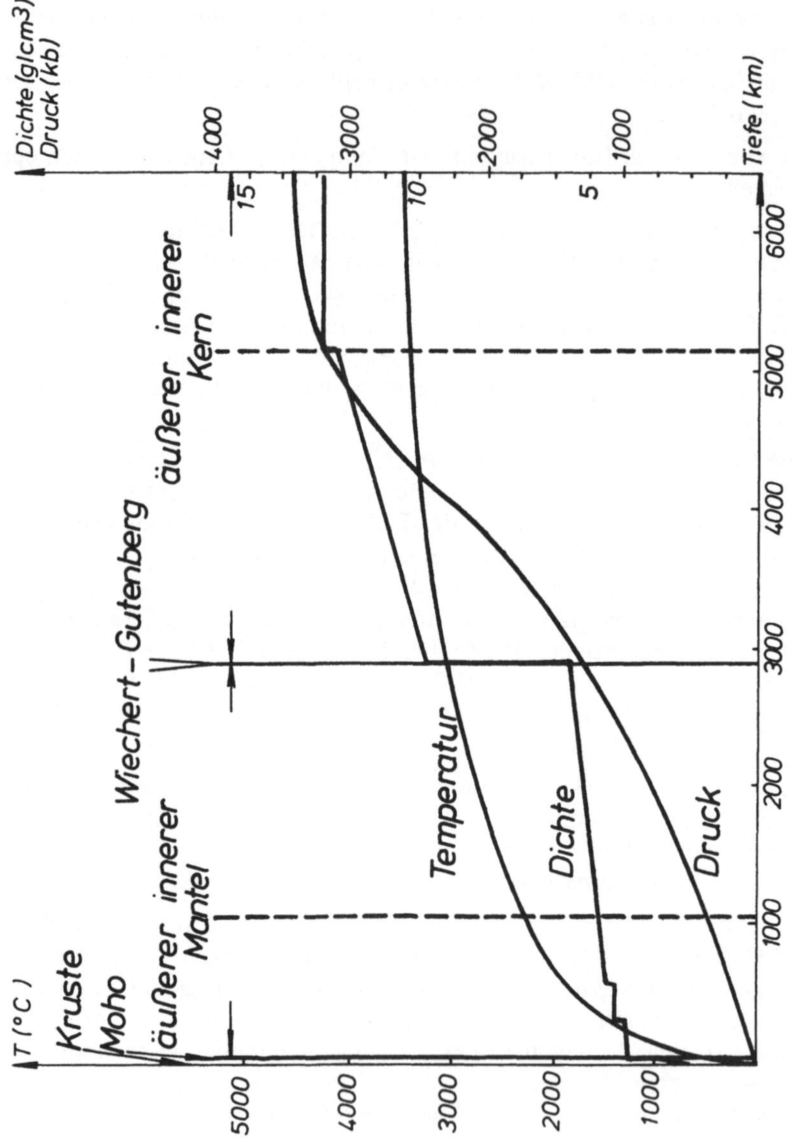

Abb. 7: Temperatur-, Druck- und Dichteverlauf in der Erde

liegenden Diskontinuitäten deuten jedenfalls nicht auf Stoffgrenzen hin.

Unter 1050 km beginnt der untere Mantel. Die Geschwindigkeit der Kompressions- und Scherwellen steigt von da an ebenso monoton an wie die Dichte, und zwar infolge der Selbstkompression. Dichte und Kompressionsgeschwindigkeit ändern sich an der Mantel-Kern-Grenze hingegen drastisch. Die Scherwellen durchdringen diese, nun wieder echte Stoffgrenze, nicht mehr. Das deutet darauf hin, daß der äußere Erdkern, der sich unterhalb der als Wiechert-Gutenberg benannten Diskontinuität befindet, fluid sein sollte. Die Bewegungen in diesem fluiden, äußeren Kern, der höchstwahrscheinlich aus Eisen, Nickel und Eisensulfid (FeS) besteht, sind offenbar verantwortlich für das magnetische Feld unseres Planeten. Der innere Erdkern (unter 5100 km) sollte dagegen fest sein, doch die geringe Geschwindigkeit der Scherwellen relativ zur Geschwindigkeit der Kompressionswellen deutet darauf hin, daß sich seine Komponenten in der Nähe des Schmelzpunktes befinden bzw. daß er partiell geschmolzen sein könnte. Es bestehen Vermutungen, daß die Grenze zwischen dem äußeren und inneren Kern entweder eine echte Diskontinuitätsgrenze infolge unterschiedlicher chemischer Zusammensetzung oder aber eine Flüssig-Fest-Phasengrenze darstellt.

Von den beiden Stoffgrenzen (Moho- und Wiechert-Gutenberg) abgesehen, stellen die bis in eine Tiefe von 1050 km existierenden Übergangszonen Phasentransformationen von Olivinen, Pyroxenen und Granaten dar. Die grundlegenden Arbeiten gehen auf Birch zurück und wurden in den letzten Jahren durch Ultraschalldaten an vielen Mineralen sowie durch die Ergebnisse moderner Hochdruck-Hochtemperaturverfahren erhärtet, u.zw. insbesondere, als es möglich wurde, die Druck-Temperatur-Bedingungen in den Tiefenzonen der Erde zu simulieren.

Die experimentellen Ergebnisse zahlreicher Autoren, wie Ringwood, Anderson und Neuhaus, haben Rückschlüsse auf die chemische Zusammensetzung und den Aufbau der inneren Regionen unseres Planeten ermöglicht.

Die Überlegungen gehen von der Tatsache aus, daß steigender Druck sehr spezifische Wechselwirkungen der Valenzelektronen von Atomen in ihren Verbindungen bedingt. Derartige Eingriffe in die Valenzelektronenzustände bedeuten, daß z.B. ionische Bindungen in unpolare und diese schließlich mit allen sich daraus ergebenden Konsequenzen in metallische Bindungen umgewandelt werden. Wie etwa jener, daß aus Nichtleitern unter Druckeinfluß Halbleiter und schließlich metallische Leiter werden.

Damit im Zusammenhang steht ein Wechsel der Koordinationszahl, ein sogenannter Koordinationszahlsprung, der von bedeutender Volumsverminderung begleitet wird und der nichts anderes als eine Neuanordnung der Materiebausteine repräsentiert. Als Ursache dieser druckbedingten Koordinationszahlsprünge und damit der Phasenänderungen bei ionischen oder halbionischen chemischen Bindungen ist die gegensinnige Änderung der Radiengrößen der kationischen und anionischen Bausteine der Verbindungen zu sehen.

Zum Beispiel weist der Diamant unter Normalbedingungen von Druck und Temperatur Nichtleitereigenschaften auf, kristallisiert im sogenannten Diamant-Typ mit 4-Koordination — d.h. jedes C-Atom ist von 4 anderen C-Atomen umgeben —, und seine Dichte beträgt 3,52 g/cm^3. Bei einem Druck von 650 kb und 20°C tritt eine Volumsverminderung von 20 % ein, jedes C-Atom ist nunmehr von 6 anderen C-Atomen umgeben. Schließlich ist aus dem Nichtleiter ein metallischer Leiter mit der Dichte von ~4,5 g/cm^3 geworden.

Aus diesem einfachen Beispiel kann schon gefolgert werden, daß bei hohem Druck schließlich alle Koordinationen und Bindungszustände kristalliner Stoffe in den metallischen Zustand mit höheren Koordinationszahlen überführbar sein werden. Die dafür benötigten Drücke werden allerdings verschieden groß sein. Gerade die für unsere Betrachtungen wichtigen Strukturen und Valenzzustände der polaren bis halbpolaren Oxide von Mg, Al, Si, Ca, Ni, Fe usw., jener Stoffe also, die den Hauptanteil der Erdmantelmaterie ausmachen, erweisen sich als extrem druckresistent. Unter den Druck-Bedingungen des Erdmantels dürften diese Verbindungen halbpolar bis unpolar (MgO, CaO, Al_2O_3, SiO_2) bzw. halbmetallisch (FeO, Cr_2O_3) verbleiben.

Für den Erdmantel und komplexe Silikate ergeben sich hingegen mehrere Umwandlungsstufen.

Umwandlungsstufe I, die bei einem Druck von 10—20 kb erreicht wird, dokumentiert sich durch die Änderung der Koordinationszahl bei Al. Sie springt von 4 nach 6 und bewirkt den Zerfall aller Aluminosilikate mit Al^{3+} in 4-Koordination. Der Koordinationszahlsprung ist jedoch stark temperaturabhängig und gilt in der Form

$$Al^{3+}\ (4) \quad \rightarrow \quad Al^{3+}\ (6)$$

Beispiel: $Na[AlSi_3O_8] \quad \rightarrow \quad NaAl[Si_2O_6]\ +\ SiO_2\ (4)$
Quarz

nur für den Temperaturbereich von 500—1500°C. In dieses Temperaturintervall fallen jedoch die für den oberen Mantel angesetzten Temperaturen.

Umwandlungsstufe II liegt bei 100—200 kb. Hier tritt die sogenannte isocheme Ringwoodsche Transformation ein.

$$Mg(6)Si(4) \quad \rightarrow \quad Mg(6)Si(4)$$

Beispiele dafür sind die Umwandlungen von Olivin und Bronzit in einen Si-Spinell ohne eigentlichen Koordinationszahl-Sprung, jedoch mit beträchtlichen Änderungen der elektronischen Zustände, wie ein Anstieg in der elektrischen Leitfähigkeit deutlich werden läßt.

$$\text{(Olivin)} \quad (Mg,Fe)_2 \, [SiO_4] \quad \rightarrow \quad (Mg,Fe,Si)_3O_4$$

$$\text{(Bronzit)} \quad (Mg,Fe)_2 \, [SiO_4] \quad \rightarrow \quad (Mg,Fe,Si)_3O_4 \; + \; SiO_2 \quad (6)$$

Bei der isochemen Umwandlung entsteht im Falle des Bronzit ein SiO_2 mit 6-Koordination (Stishovit). Gleichzeitige Verminderung des Radius des Anions (O^{2-}) sowie Vergrößerung des Kationenradius (Si^{4+}) bedeutet, daß der Valenzzustand dieser Verbindung in Richtung auf eine mehr unpolare Bindung der Atome verschoben wird.

Die Umwandlungsstufe III liegt bei 200—400 kb. Sie ist allerdings mit einem charakteristischen Koordinationswechsel verbunden. Si geht von der 4-Koordination in die 6-Koordination über:

$$Si \; (4) \quad \rightarrow \quad Si \; (6).$$

Ausgangsphasen für diese Art der Umwandlung können sowohl Ringwoodsche Si-Spinelle (aus der Umwandlungsstufe II) als auch (Mg, Fe)-Metasilikate sein. Bei höheren Drücken als jenen, die der Reaktionsstufe III entsprechen, bestehen nur noch Strukturen mit 6-Koordination für die kationischen Zentralionen, einschließlich Si.

Mit dem erwähnten Koordinationszahl-Sprung von 4 nach 6 wird auch die Grenze vom oberen zum unteren Erdmantel überschritten. Die Materie geht nun in eine Zustandsform über, die man als Zustandsform der komplexeren Hochdruckoxide bezeichnen kann. Die Chalkogenide, die Sulfide, aber auch Selenide und Arsenide der Metalle Fe, Ni usw. unterscheiden sich unter den Bedingungen der Mantel-Kern-Grenze von den erwähnten Hochdruckoxiden durch einen starken Dichtesprung von ~6 g/cm^3 auf ~9 g/cm^3. Dies infolge des höheren Anteils der stark kompressiblen Atome S, Se und As. Darüber hinaus erfolgt ein deutlicher Übergang der unpolaren bis halbmetallischen Bindung in den metallischen Zustand. Dies dürfte Unmischbarkeit der Chalkogenide mit den Oxiden und damit die Existenz der Wiechert-Gutenberg-Diskontinuitätsfläche bewirken. Es kann vielmehr erwartet werden, daß die nun druckmetallisch gewordenen Chalkogenide mit der Ni-Fe-Phase Mischbarkeit aufweisen. Da der äußere Erdkern aufgrund des seismischen Verhaltens als fluid angesehen werden muß, kann die sulfidische Komponente dazu dienen, den Schmelzpunkt der Ni-Fe-Phase wesentlich zu senken und damit den fluiden Zustand zu gewährleisten.

Für die Besprechung des Erdkerns wird auch das Verhalten von Stoffen interessant, die bereits unter Normaldruck vollmetallischen Zustand (Koordinationszahlen von 12) erreicht haben. Mit fortgesetzter Drucksteigerung wird etwas dichtere Packung der Atome erreicht, die Volumsverminderung beträgt aber größenordnungsmäßig nur ~1 %. Es wird somit nur eine geringfügige Symmetrieerhöhung erreicht. Bei einem bereits dichtest gepackten Metallgitter ist eine beträchtliche Volumsverminderung auch kaum möglich, vielmehr erfolgt ein Elektronentransfer, d.h. ein Abbau einer Elektronenschale mit Erhöhung der metallischen Wertigkeit, die mit einer Verkleinerung des Metallrumpfradius verbunden ist. Bei entsprechend hohen Drücken sollte es somit durch den Elektronenabbau aus den Atomen bzw. Ionen zur Ausbildung einer Art "Druckplasma" kommen, doch werden die dafür erforderlichen Drücke selbst im Erdzentrum (3400 kb) nicht erreicht, um bei Eisen und Nickel eine sogenannte Transfer-Umwandlung zu bewirken.

Die geophysikalischen Messungen in Verbindung mit geochemischen und physikalischen Erkenntnissen berechtigen zur Erstellung der Häufigkeitstabellen der chemischen Elemente betreffend die Zusammensetzung der Erde bzw. ihrer 3 Hauptzonen, wie sie in Tabelle 3 zusammengefaßt sind. Numerische Werte bezüglich der Spurenelemente sind in Tabelle 6 (Kapitel 4.3.3.3.) aufgeführt.

Mit Ausnahme der Erde ist nur noch der Erdmond mit annähernd ähnlicher Gründlichkeit untersucht worden. Zumindest für die inneren, terrestrischen Planeten sollten seismische Experimente in Zukunft weitreichende Erkenntnisse hinsichtlich ihres Aufbaus und ihrer chemischen Zusammensetzung möglich machen, was sich besonders auf den bislang vielfach spekulativen Charakter der Diskussion über die Entstehung bzw. Entwicklungsgeschichte dieser Himmelskörper auswirken sollte.

An dieser Stelle sei schließlich noch auf drei weitere besonders gut untersuchte Zonen der Erde hingewiesen, nämlich die Atmosphäre, die Hydrosphäre sowie die Biosphäre.

Diese letzte besteht hauptsächlich aus den Elementen C, H, O, N, S, Wasser und anorganischem Skelettmaterial.

Die Hydrosphäre, deren Massenanteil an der Erde 0,024 % ausmacht, besteht überwiegend aus H_2O und gelösten Salzen (Chloriden und Sulfaten der Elemente Na, Mg, Ca, K, Sr sowie anorganischem Kohlenstoff).

Die Atmosphäre, Massenanteil 0,00009 %, besteht vorwiegend aus Stickstoff, Sauerstoff und Argon, variierenden Anteilen Wasserdampf, CO_2 und den übrigen Edelgasen. Ausführliche Daten und Diskussionen diese Sphären betreffend können den Büchern von Rösler und Lange sowie Mason entnommen werden. Die genannten Geosphären werden hier nur hinsichtlich ihrer Entstehung von Bedeutung sein.

Bevor jedoch davon die Rede sein wird, soll an dieser Stelle auf eine für die gesamte Erdevolution und darüber hinausgehend die Evolution des gesamten Planetensystems wichtige Frage der Altersbestimmungsmethoden hingewiesen werden. Die Anwendung radiometrischer Datierungsverfahren zur Bestimmung des Erdalters bzw. anderer kosmischer Körper, von denen uns bisher Material zur Verfügung steht, ist von grundlegender Bedeutung.

Tabelle 3: Chemische Zusammensetzung (Gew.-%) der Erde und ihrer drei Hauptzonen nach Mason und Strong

chem. Element	Erde(gesamt)		Erdkruste		Erdmantel		Erdkern *)
	Elemente	Oxide	Elemente	Oxide	Elemente	Oxide	Elemente
O	29,53	-	45,4	-	45,0	-	-
Na	0,57	0,77	2,2	2,96	0,13	0,17	--
Mg	12,70	21,05	3,1	5,14	25,30	41,95	-
Al	1,09	2,06	8,1	15,30	1,14	2,16	-
Si	15,20	32,53	25,8	55,21	21,54	46,10	-
K	0,07	0,08	1,6	1,92	0,12	0,15	-
Ca	1,13	1,58	6,0	8,39	1,17	1,64	-
Ti	0,05	0,08	1,0	1,67	0,16	0,26	-
Cr	0,26	0,38	**)	**)	0,24	0,35	-
Mn	0,22	0,28	0,2	0,26	0,08	0,11	-
Fe	34,63	44,57***)	6,5	8,36***)	5,11	6,58***)	86,3
Ni	2,39	3,04	**)	**)	0,24	0,31	7,28

*)   In der Tabelle nicht enthalten: Schwefel (5,96 %)

**)   kein Wert angegeben

***)   Fe als FeO gerechnet.

Mit den radioaktiven Atomkernen oder Nukliden erhielt die geochronologische Forschung die für die absolute Zeitmessung erforderlichen "Uhren" zur Verfügung, die je nach Halbwertszeit der zerfallenden Elemente zur Datierung über Zeiträume von Jahren bis Jahrmillionen geeignet sind.

Da hier insbesondere die Geburtsstunde unseres Planeten Bedeutung hat, werden jene Verfahren von Interesse sein, die eine Aussage über große Zeiträume zulassen.

Grundlage der radiometrischen Datierungsmethoden sind die Gesetze des radioaktiven Zerfalls eines sogenannten Mutterkerns, der mit einer gewissen Halbwertszeit in ein spezifisches Tochternuklid zerfällt. In der Natur vorkommende Mutternuklide sind etwa ^{87}Rb, ^{235}U und ^{238}U. ^{87}Rb geht mit einer Halbwertszeit von 47 Milliarden Jahren in ^{87}Sr über, was bedeutet, daß von einer bekannten Menge ^{87}Rb nach $47 \cdot 19^9$ a die Hälfte zerfallen ist, die Hälfte der dann verbleibenden ^{87}Rb-Menge zerfällt nach weiteren $47 \cdot 10^9$ a, was bedeutet, daß nach $94 \cdot 10^9$ a 3/4 der ursprünglichen ^{87}Rb-Menge zerfallen sein werden usw. In einfacher Schreibweise stellen sich die drei erwähnten Zerfallsreihen folgendermaßen dar:

$$^{87}\text{Rb} \rightarrow {}^{87}\text{Sr} \qquad\qquad \text{Halbwertszeit: } 47 \cdot 10^9 \text{ a}$$

$$^{235}\text{U} \rightarrow {}^{207}\text{Pb} + 7\,{}^4\text{He} \qquad\qquad 0,71 \cdot 10^9 \text{ a}$$

$$^{238}\text{U} \rightarrow {}^{206}\text{Pb} + 8\,{}^4\text{He} \qquad\qquad 4,51 \cdot 10^9 \text{ a}$$

Der Zerfall der Uranisotope verläuft über verschiedene Zwischenstufen und endet jedenfalls bei einem stabilen Bleiisotop.

Es ist nun keineswegs so einfach, daß aus der Bestimmung der Konzentrationen des Mutter- und Tochternuklids bei Kenntnis der Halbwertszeit in einem Gestein direkt das Alter der Probe abgelesen werden kann. Voraussetzung für die Datierung sind beispielsweise Prozesse, wie Kristallisation oder Umwandlungen des Gesteins, durch welche die bis zum Datierungszeitpunkt vorhandenen Zerfallsisotope vom Mutternuklid abgetrennt werden.

Vom Datierungszeitpunkt an dürfen dann weiter keine Verluste oder auch Anreicherungen an Mutter- und Tochterkernen durch andere Ereignisse als den radioaktiven Zerfall des Mutterelements eingetreten sein.

Darüber hinaus ist eine Altersbestimmung mit Hilfe zweier oder mehrerer Mineralkomponenten des zu bestimmenden Gesteins möglich, sofern diese ein unterschiedliches Verhältnis von Mutter- und Tochterkern aufweisen. Die Altersbestimmung wird prinzipiell also nur für ein fraktioniertes Gestein möglich, das Alter, welches daraus resultiert, nennt man das Erstarrungsalter des Gesteins.

Außer den bereits genannten Datierungsmethoden für das Erstarrungsalter sind noch andere Verfahren gebräuchlich. Nähere Informationen dazu sind zwei ausgezeichneten Übersichtsartikeln von Meier und Wänke zu entnehmen.

Die mit Hilfe der Rb/Sr- und U/Pb-Methode gemessenen Alter für die ältesten Gesteinsproben aus Nordamerika, Australien und Südafrika sowie dem baltischen Schild liegen zwischen 3–3,5 Milliarden Jahren und repräsentieren natürlich nicht das Gesamtalter der Erde, denn man hat noch einen Zeitraum für die Bildung bzw. Verfestigung der Erdkruste in Betracht zu ziehen.

Von Gerling, Holmes und Houtermans wurde jedoch mit Hilfe des sogenannten Bleiisotopen-Alters die Möglichkeit geschaffen, bis zur Geburtsstunde unserer Erde zurückzublicken. Die geniale Methode geht davon aus, daß sich die Isotopenzusammensetzung des gewöhnlichen Bleis durch Zufügen radiogener Bleiisotope aus dem Zerfall von U und Th bis zur Kristallisation des Bleis geändert hat. Man hat erkannt, daß im Bleiglanz die Bleiisotopen-Verhältnisse mit dem geologischen Alter variieren. Das Bleiisotop ^{204}Pb wird heute auf der Erde durch keinen radioaktiven Zerfallsprozeß gebildet, es ist ein Produkt der Nukleosynthese und stellt das sogenannte "Urblei" dar. Dieses Isotop ist in älteren Pb-Mineralien häufiger. In geologisch jüngeren Pb-Mineralien überwiegen dagegen die Isotope ^{206}Pb, ^{207}Pb sowie ^{208}Pb, die durch Zerfall von Th und U im Laufe der Zeit immer mehr angereichert werden.

Durch Vergleich mit den aus Isotopenanalysen der Troilit-Phase von Eisenmeteoriten erhaltenen Pb-Werten (der Troilit enthält kein Th und U, womit die Annahme der Konstanz der Isotopenverhältnisse berechtigt ist) wurde ein Erdalter von $4,55 \cdot 10^9$ a berechnet.

Mit diesen Daten wird deutlich, daß der erste Abschnitt der Erdgeschichte, der zur Ausbildung des Erdkerns, des Erdmantels und der Kruste führte, einen Zeitraum von 1−1,5 Milliarden Jahre erforderte. Erst nach dieser Zeitspanne begann mit der Bildung der stabilen Erdkruste die eigentliche Geschichte der Erde, das Präkambrium.

Die Atmosphäre, Hydrosphäre und Biosphäre stehen zueinander in direkter Beziehung. Es ist bekannt, daß die chemische Balance der gegenwärtigen Erdatmosphäre vom Einfluß der Hydrosphäre und Biosphäre dominiert wird. Heute nimmt man an, daß der Großteil der Erdatmosphäre das Ergebnis einer Entgasung der Oberflächenschichten der Erde war. Die Hinweise darauf kommen aus Edelgasuntersuchungen. Edelgase nehmen − im Gegensatz zu den übrigen Komponenten der Atmosphäre und Hydrosphäre − nicht an den zyklischen Prozessen teil, in welche auch die Oberflächenschichten der Erdkruste miteinbezogen sind. Nach Meadows kann die Evolution einer bei der Akkretion der Erde ausgebildeten "Uratmosphäre" ausgeschlossen werden. Sollte eine solche je existent gewesen sein, wäre sie im Laufe der ersten Entwicklungsstadien der Erde wieder verloren gegangen. Auch der Einwirkung des Sonnenwindes kann nur ein unbedeutender Anteil der Erdatmosphäre zugeschrieben werden. Die Kernfrage richtet sich daher mehr nach dem Zeitpunkt, besser nach dem Zeitintervall der Entgasung. Die Ansichten reichen dabei von einer spontanen Entgasung unmittelbar nach der Entstehung der Erde bis zu einer allmählichen Ausgasung, die auch heute noch stattfindet. Die gegenwärtige Entgasungsrate ist jedoch kaum meßbar. Entgasung juvenilen Materials wurde von Clarke in den mittelozeanischen Rücken durch Messung des ^{3}He-Isotopes im Meerwasser festgestellt. Das Isotop ist zum Studium juveniler Ausgasungsvorgänge deshalb so geeignet, da es sehr rasch aus der Erdatmosphäre entweicht, sodaß kaum mit Verfälschungen der Messungen infolge eines Beitrages von ^{3}He aus der Sonnenwindkomponente gerechnet werden muß. Während der Frühgeschichte der Erde, die einen Zeitraum von ~1 Milliarde Jahre in Anspruch nahm, existierte noch keine Biosphäre, die einen wesentlichen Einfluß auf die Atmosphäre gehabt hätte, sodaß man die Geschichte der Erdatmosphäre in 2 Perioden einteilen kann, u.zw. in eine präbiologische und eine biologische. Die Hauptkomponenten der präbiologischen Atmosphäre dürften, in Analogie zu den Atmosphären von Venus und Mars, vorwiegend CO_2 und H_2O-Dampf gewesen sein. Die Atmosphären dieser beiden Planeten sind weder durch eine Hydrosphäre noch eine Biosphäre beeinflußt, es sind bestenfalls anorganische Mechanismen für reversible Reaktionen der atmosphärischen Bestandteile mit der Planetenoberfläche wirksam.

Der wesentliche Unterschied liegt aber im bedeutend höheren Wassergehalt der irdischen Atmosphäre. Zur Erklärung des Unterschiedes wird Photodissoziation der Wassermoleküle in den Atmosphären unserer beiden Nachbarplaneten mit Verlust des Wasserstoffs in den interplanetaren Raum und Reaktion von Sauerstoff mit der Planetenoberfläche vorgeschlagen. Bei Venus besteht allerdings noch die Möglichkeit, daß der Planet infolge seiner sonnennahen Bildung bereits mit einem nur geringen Wasseranteil ausgestattet wurde. Rasool und Bergh haben dazu berechnet, daß es auf unserem Planeten nie zur Ausbildung einer Hydrosphäre gekommen wäre, wenn die Bildung in einer um 1 Million km näheren Umlaufbahn um die Sonne erfolgt wäre.

Der gegenwärtige Sauerstoffgehalt der Erdatmosphäre ist im Laufe von etwa 3 Milliarden Jahren aufgebaut worden, sein erstmaliges Auftreten wird primitiven Pflanzen zugeschrieben, die durch Photosynthese freien Sauerstoff aus CO_2 geliefert haben. Auch der Stickstoffanteil wurde vermutlich durch Bakterien aus stickstoffhaltigen anorganischen Verbindungen geliefert. Wäre nämlich die Erdoberfläche ein rein anorganisches chemisches System, sollte der Hauptbestandteil des Stickstoffs in Form von Nitrit-Ion gelöst in den Ozeanen vorliegen.

Die beiden erwähnten Mechanismen sorgen jedenfalls auch heute noch für den Zyklus von Stickstoff und Sauerstoff der biologischen Epoche der Erdatmosphäre.

Literatur zu Kapitel 4.1.

Anderson, D.L., Sammis, C., and Jordan, T.: Science 171, 1103 (1971)

Anderson, D.L., and Hanks, T.C.: Nature 237, 387 (1972)

Birch, F.: Bull.Seism.Soc.Am. 29, 463 (1939)

Birch, F.: J.Geophys.Res. 57, 227 (1952)

Birch, F.: Bull.Geol.Soc.Am. 76, 133 (1965)

Birch, F.: J.Geophys.Res. 70, 6217 (1965)

Clark, jun. S.P., Turekian, K.K., and Grossman, L.: In: The Nature of the Solid Earth. Mc Graw-Hill, New York (1972)

Clarke, W.B., Beg, M.A., and Craig, H.: Earth Planet.Sci.Lett. 6. 213 (1969)

Dott, R.H., and Batten, R.L.: Evolution of the Earth. Mc Graw-Hill, New York (1976)

Gerling, E.K.: C.R.Acad.Sci.USSR 34, 259 (1942)

Holmes, A.: Nature 157, 680 (1946)

Houtermans, F.G.: Naturwissenschaften 33, 185 (1946)

Houtermans, F.G.: ibid 33, 219 (1946)

Houtermans, F.G.: Nuovo cimento 10, 1623 (1953)

Houtermans, F.G.: Naturwissenschaften 44, 13 (1957)

Mason, B.: Principles of Geochemistry, Wiley, New York (1966)

Meier, H.: In: Fortschritte der chemischen Forschung. 233 ff. Springer, Berlin-Heidelberg-New York (1966)

Neuhaus, A.: Geologische Rundschau 57, 972 (1968)

Ringwood, A.E.: Geochim.Cosmochim.Acta 30, 41 (1966)

Ringwood, A.E.: Earth Planet.Sci.Lett. 5, 401 (1969)

Rösler, H.J., and Lange, H.: Geochemische Tabellen. F. Enke, Stuttgart (1976)

Strong, D.F.: J.Petrology 13, 181 (1972)

Turekian, K.K., and Clark, jun. S.P.: Earth Planet.Sci.Lett. 6, 346 (1969)

Wänke, H.: In: Fortschritte der chemischen Forschung. 322 ff. Springer, Berlin-Heidelberg-New York (1975)

Wänke, H.: Naturwissenschaften 62, 264 (1975)

4.2. Mond

Am 20.7.1969 wurde durch die Landung der bemannten Sonde Apollo 11 der NASA mit den Astronauten Armstrong, Aldrin und Collins an Bord der kosmochemischen Forschung erstmals die Möglichkeit eröffnet, extraterrestrisches Probenmaterial nach wissenschaftlichen Gesichtspunkten einzusammeln. Bis zu diesem Zeitpunkt war man auf Meteorite angewiesen, die bei ihrem Flug durch den interplanetaren Raum von der Erde eingefangen wurden.

Dementsprechend groß war das Interesse der Forscher aus den verschiedensten wissenschaftlichen Disziplinen, und man kann durchaus behaupten, daß die zur Erde gebrachten Mondproben heute wohl zu den am intensivsten erforschten Gesteinen zählen.

Die Hoffnungen, dabei möglichst undifferenzierte Materie aufzufinden, haben sich jedoch nicht erfüllt. Wie man heute weiß, haben auch auf dem Begleiter unserer Erde magmatische Fraktionierungen stattgefunden. Die dazu erforderlichen Schmelzprozesse waren im Vergleich zur Erde jedoch nur eine sehr begrenzte Zeitspanne wirksam und vor allem infolge der völligen Abwesenheit von Wasser auf dem Mond weniger kompliziert.

Doch auch die Mondgesteine, die uns heute für Untersuchungen zur Verfügung stehen, stellen Proben aus den äußersten Oberflächenschichten dar. Deshalb steht man vor der Notwendigkeit, nach Kriterien zu suchen, die einen Rückschluß auf den durchschnittlichen Chemismus des Himmelskörpers zulassen.

Diese Kriterien ergeben sich aus der geeigneten Kombination der chemischen und mineralogischen Daten der Oberflächenproben in Verbindung mit geophysikalischen Messungen (den bereits erwähnten seismischen Messungen), die durch registrierte Mondbeben sowie Meteoriteneinschläge wesentlich unterstützt wurden.

Alle daraus abgeleiteten Modelle, den inneren Aufbau und die Struktur des Mondes betreffend, haben u.a. dessen Dichte, das Trägheitsmoment und das seismische Geschwindigkeitsprofil zu erklären.

Die Zusammensetzung der obersten Schichten des Erdmondes ist am genauesten bekannt.

Die Oberfläche unseres Trabanten ist mit einer dünnen Schicht eines Staubes bedeckt, der als "Soil" oder "Regolith" bezeichnet wird und vorwiegend durch den Einschlag meteoritischer Körper gebildet wurde. Er ist chemisch unterschiedlich zusammengesetzt, je nach der Zusammensetzung des darunter liegenden Materials, aus dem er hervorging. Sein Chemismus wird allerdings auch von Material geprägt, das offenbar über eine größere Entfernung transportiert wurde. Die Dicke variiert beträchtlich, im Schnitt ist er über den Maria 4—5 m, über den Hochländern rund 10 m mächtig. Die Zusammensetzung seiner Hauptbestandteile ist der Tabelle 4 zu entnehmen, in der zwischen Mare-Regolith und Hochland-Regolith unterschieden wurde. Obwohl, wie schon angedeutet, eine komplexe Mischung mehrerer Komponenten, wird die Verwandtschaft zu unterliegendem Material aus den Gehalten an Al_2O_3, TiO_2, FeO und CaO ersichtlich.

Tabelle 4: Chemische Zusammensetzung (Hauptbestandteile) der Oberflächengesteine des Mondes (Gehalte in %)

Bestandteile/Gestein	1	2	3	4	5	6	7	8	9	10	11	12	13
Na_2O	0,6	0,6	0,1–0,5	0,6	0,5	0,5	0,5	0,8	0,1	0,4	0,7	0,2	<0,1
MgO	9,2	7,5	6–17	13,2	10,8	5,7	1,3	0,8	3,4	11,0	8,7	6,9	45,2
Al_2O_3	14,9	24,0	7–14	17,2	23,4	28,8	34,0	35,1	31,0	18,8	17,6	27,9	1,3
SiO_2	45,4	45,5	37–49	45,6	45,2	43,9	43,6	44,3	44,5	46,6	48,0	44,3	40,7
CaO	11,8	15,9	8–12	10,4	12,7	15,6	19,0	18,7	17,3	11,6	10,7	15,6	1,0
TiO_2	3,9	0,6	0,3–13	1,3	0,8	0,5	0,1	<0,1	0,4	1,2	2,1	0,4	<0,1
FeO	14,1	5,9	18–23	10,5	6,1	4,9	1,5	0,7	3,5	9,7	10,9	5,0	11,8

1   Mare-Regolith (Zusammensetzung nach Turkevich)
2   Hochland-Regolith (Turkevich)
3   Mare-Basalt (Taylor)
4   Pyroxen-Brekzien (Delano)
5   Feldspatführendes, intersertales Ergußgestein (Delano)
6   Dunkle Brekzien (Delano)
7   Helle Brekzien (Delano)

8   Anorthosit (Taylor)
9   Gabbroitischer Anorthosit (Taylor)
10   Fra Mauro-Basalt (K-arm; 0,12 K_2O)
11   Fra Mauro-Basalt (0,5 K_2O)
12   Hochland-Basalt oder anorthositischer Gabbro (Reid)
13   Dunit (Dymek)

Beispielsweise wird die Ähnlichkeit der Mare-Regolithe durch Vergleich mit den Mare-Basalten (Kolonne 3 der Tabelle 4) und die der Hochland-Regolithe mit den Hochland-Basalten (Kolonne 12 der Tabelle 4) offenkundig.

Die enge Beziehung zwischen den Regolithen und Basalten konnte auch nicht durch das sogenannte "Alters-Paradoxon" beeinträchtigt werden, welches für Mare-Regolith ein Rb-Sr-Alter von 4,6 Milliarden Jahren auswies, obwohl die unterliegenden Gesteine ein Kristallisationsalter — nach der $^{40}Ar/^{39}Ar$-Methode — von nur 3,6—3,8 Milliarden Jahren ergaben, sich also wesentlich jünger darstellen.

Eine Erklärung dafür war die Annahme von Meteorit-Impakten, die offensichtlich zu einer Verminderung der Konzentration des ^{87}Rb-Isotops durch Verdampfung während der Schmelzprozesse führten.

In der erwähnten $^{40}Ar/^{39}Ar$-Datierungsmethode stellt sich eine Möglichkeit zur Ermittlung des Erstarrungsalters dar, die imstande ist, Fehldatierungen infolge Verlustes einer Komponente aus dem zu datierenden Gestein zu vermeiden. Die Methode stellt eine wichtige Modifikation der K-Ar-Methode dar und geht auf Merrihue und Turner zurück. Sie basiert auf der plausiblen Annahme, daß ursprünglich das Edelgas Ar im Gestein nicht vorhanden war; das nach dessen Erstarrung aufgrund eines Elektronen-Einfanges aus der innersten Elektronenschale von ^{40}K (natürlich vorkommendes K-Isotop mit einer Halbwertszeit von $1,27 \cdot 10^9$ a) produzierte ^{40}Ar dagegen wurde in den Kristallgittern der Gesteinskomponenten eingeschlossen. Nun könnten aber auch in diesem Falle verschiedentliche Ereignisse einen Gasverlust verursacht haben. Ein derartiges Ereignis wird aber erkannt, wenn man vor dem stufenweisen Ausheizen des Argons das Gestein mit schnellen Neutronen bestrahlt, wobei ^{39}K, das häufigste Isotop des Elements Kalium, unter Abgabe des Protons in das radioaktive ^{39}Ar mit einer Halbwertszeit von 265 a übergeht. In einer Probe, die keinem Ereignis unterworfen worden war, welches ^{40}Ar entfernt haben könnte, werden die beiden Argon-Isotope in konstantem Verhältnis aus den Kristallgittern entfernt, da sie ja beide aus dem Element K hervorgehen. Wird Konstanz des Verhältnisses erst nach einigen Ausheizstufen erreicht, so deutet eine anfängliche Abweichung auf ein Ereignis hin, welches zur Abreicherung oder auch Anreicherung der ^{40}Ar-Komponente in den Kristallen geführt hat. Die nahe der Oberfläche liegenden Kristallbereiche zeigen dabei jeweils Abreicherung bzw. Anreicherung an ^{40}Ar gegenüber dem Kristallzentrum.

Mare-Basalte bedecken jene Gebiete, die durch große Impakte, also durch Einschläge von Riesenmeteoriten, gebildet wurden. Bisher gibt es noch kein generelles Klassifikationsschema, eine chemische Gruppeneinteilung wurde dagegen vorgenommen.

Mare-Basalte werden chemisch und mineralogisch in 9 Typen unterteilt. Die Variationsgrenzen für die Hauptbestandteile sind der Kolonne 3 der Tabelle 4 zu entnehmen. Lunare Basalte entsprechen in ihrer Zusammensetzung in etwa gewissen terrestrischen Basalten und basaltischen Achondriten (Eucriten und Howarditen). Letztere weisen zwar geringere TiO_2-Gehalte auf und unterscheiden sich auch hinsichtlich einiger Spurenelemente, zeigen aber, davon abgesehen, bemerkenswerte chemische Ähnlichkeit.

Was die terrestrischen Basalte anbetrifft, weisen praktisch nur ozeanische Tholeiite mit den Mare-Basalten des Mondes gewisse Ähnlichkeiten auf. Der Na_2O-Gehalt der Tholeiite ist jedoch viel höher, wogegen die FeO- und TiO_2-Gehalte bedeutend geringer sind.

Terrestrische und Mondbasalte sind jedenfalls Produkte einer lokalen, partiellen Aufschmelzung in tieferen Zonen und weisen insbesondere auf unterschiedliche Ausgangsmaterialien hin, sodaß das lunare Innere keineswegs die Zusammensetzung des Erdmantels aufweisen kann. Die Alter der Mondbasalte variieren zwischen 3,2 und 3,96 Milliarden Jahren. Mit 2,8 Milliarden Jahren stellt der Basalt 12004 der Apollo 12-Mission das jüngste basaltische Gestein dar. Diese Alter deuten jedenfalls auf eine nur sehr kurze Periode der lunaren thermischen Geschichte hin. Es soll aber nicht unerwähnt bleiben, daß es aus Beobachtungen der Oberflächenmorphologie und Kraterungsdichte im Ozean der Stürme Basalte jüngeren Datums geben sollte. Diese Stelle war jedoch bisher noch nicht das Ziel einer Mondmission.

Der Ursprung der Mare-Basalte, die das Innere der großen Ringkrater und weite Gebiete der Mondoberfläche bedecken, wird entweder dem Aufschmelzen des Gesteins nach dem Einschlag kosmischer Körper von beachtlichen Dimensionen zugeschrieben, bzw. einer partiellen oder selektiven Aufschmelzung in großer Tiefe liegender Bereiche. Die durch Impakt entstandenen Krater wurden erst lang nach deren Bildung durch die Basaltlaven aufgefüllt. Die Diskussionen entzünden sich aber noch zusätzlich an der Frage nach der Zusammensetzung des Ausgangsmaterials. Nach Ringwood und Green repräsentiert das Ausgangsmaterial für die Mare-Basalte primäres Material mit einer Zusammensetzung, wie es der des gesamten Mondes entspricht. Nach Schnetzler und Taylor sind die Ausgangsregionen selbst fraktioniert. Diese Ansichten stützen sich hauptsächlich auf die Entstehung der Hochlandkruste, die thermische Geschichte des Mondes, die Natur des Akkretions-Prozesses und die Entstehung des Mondes selbst.

Unter den Hochlandgesteinen kommen die ältesten freiliegenden Materialien der Mondoberfläche vor, wobei Brekzien sehr häufig sind. Es handelt sich um Gesteine, die Impaktvorgängen ihre Entstehung verdanken. Der Rest verteilt sich auf modifizierte plutonische und möglicherweise vulkanische Gesteine. Die Hochländer sind übrigens dicht mit Kratern überdeckt, sodaß die Struktur der lunaren Kruste weitgehend zerstört erscheint. Die aus diesen Gebieten aufgesammelten Proben sind, wie bereits erwähnt, im allgemeinen brekziös, sodaß einfache stratigraphische und chemische Beziehungen schwer zu durchschauen sind.

Die Brekzien der Mondhochländer kann man prinzipiell in 4 Gruppen einteilen, die starke Korrelation zu den jeweiligen darüberliegenden Regolithkomponenten aufweisen. Die chemische Zusammensetzung ist aus Tabelle 4 (Kolonne 4—7) ersichtlich. Man erkennt beispielsweise, daß die Zusammensetzung der hellen Brekzien (Nr. 7 der Tabelle 4) dem Anorthosit sehr nahe kommt. Der Anorthosit ist praktisch ein monomineralischer Plagioklas. Ein typisches Beispiel dafür ist der lunare Stein 15415, der sogenannte "Genesis-Stein", von dem man annimmt, daß er unverfälschtes Krustenmaterial des Mondes darstellt. Die chemische Zusammensetzung von Anorthosit ist ebenfalls der Tabelle 4 (Kolonne 8) zu entnehmen.

Die dunklen Brekzien korrelieren mit gabbroitischem Anorthosit (Tabelle 4, Kolonne 9), die Pyroxen-Brekzien beispielsweise mit den Basalten der Fra Mauro-Region (Kolonnen 10, 11). Auch die felspatführenden Ergußgesteine können direkt mit den Hochland-Basalten (Kolonne 12) verglichen werden.

Neben den Brekzien, deren Anteil ~90 % der von den Mondhochländern zur Erde gebrachten Proben ausmacht, sind noch modifizierte plutonische und vulkanische Gesteine vertreten. Zu den wichtigsten Vertretern zählen der Hochland-Basalt, die Fra Mauro-Basalte und der Anorthosit, um nur die wichtigsten zu nennen. Unter diesen sind die seltenen Fra Mauro-Basalte mit Kaliumkonzentrationen über 0,5 % besonders interessant. Sie unterscheiden sich von allen anderen Hochlandgesteinen durch einen hohen Anteil an K, den Seltenen Erdelementen sowie Phosphor und führen deshalb in der Literatur auch den Namen KREEP (Kalium, Rare-Earth-Elements, Phosphorus).

Das Alter der Hochlandgesteine liegt um 3,9–4,0 Milliarden Jahre. Die hellen Brekzien repräsentieren darunter Proben mit Altern von 4,1–4,25 Milliarden Jahren.

Das älteste bisher auf dem Mond aufgefundene Material ist der Stein 72415, den die Apollo 17-Mannschaft zur Erde brachte. Es handelt sich um einen stark gebrochenen Dunit mit großen Olivinkristallen in einer Olivinmatrix, der ein Alter von 4,6 Milliarden Jahren anzeigt. Dieser Stein ist für die Diskussion der geochemischen Entwicklungsgeschichte des Mondes von großer Bedeutung geworden (Zusammensetzung in Tabelle 4, Nr. 13).

Wie schon mehrfach angedeutet, haben auf dem Mond Differentiationsvorgänge stattgefunden, zumindest was die der Untersuchung zugänglichen obersten Schichten anlangt. Die Hinweise darauf kommen aus den Resultaten der Spurenelementanalysen, die darüber hinaus noch Rückschlüsse auf das undifferenzierte Ausgangsmaterial ermöglichen.

Die große Anzahl zuverlässiger Daten hat für geochemisch wichtige Elementpaare eine Reihe von Korrelationen aufgezeigt, wie in Kapitel 4.3. im Hinblick auf ihre Bedeutung zur Entstehung des Erde-Mond-Systems zu diskutieren sein wird.

Von einer Elementkorrelation spricht man dann, wenn Elemente von Gestein zu Gestein zwar stark unterschiedlich in ihrem absoluten Gehalt, aber in etwa gleichem Verhältnis zueinander auftreten.

Im wesentlichen sind für die Konstanz von Elementverhältnissen drei Gründe maßgebend:

(I) Die Ähnlichkeit im Ionenradius, die chemische Wertigkeit und der Bindungstyp. In diesem Zusammenhang soll nochmals darauf verwiesen werden, daß sich die Beziehungen für den Mond deshalb vereinfacht darstellen lassen, weil die Abwesenheit von Wasser zu unkomplizierten kristallchemischen Beziehungen führt.

Die Fe^{2+}/Mn^{2+}-Korrelation beispielsweise beruht darauf, daß beide Elemente in den Mondproben in zweiwertiger Form auftreten, ihre Ionen ähnliche Radien aufweisen und sich daher in den Hauptmineralen Pyroxen und Olivin leicht gegenseitig vertreten können.

So ist die Fe/Mn-Korrelation dazu geeignet, eine Aussage über den Oxydationsgrad des Mondes zu machen, denn es kann nur jener Anteil des Eisens, der oxidisch in Silikate eingebaut wird, mit dem Mn korrelieren. Es werden aber für das Fe/Mn-Verhältnis mögliche Fraktionierungen der beiden Elemente während ihrer Kondensation zu berücksichtigen sein, denn Mangan ist unter den Bedingungen eines abkühlenden kosmischen Nebels merklich flüchtiger als Eisen.

Das K/Rb-Verhältnis gibt wieder Hinweise auf partielle Schmelzvorgänge und fraktionierte Kristallisationsprozesse.

Weitere wichtige Elementpaare sind Th-U, Zr-Hf, Ba-Rb, Rb-Cs und die Seltenen Erdelemente.

Die Seltenen Erdelemente (SEE) haben wesentlich dazu beigetragen, das Wissen über den Chemismus magmatischer Vorgänge zu erweitern. Während der natürlichen chemischen Prozesse, die für die Vielfalt von Gesteinstypen verantwortlich sind, verhalten sich die Lanthaniden — ihrer Stellung im Periodensystem der Elemente gemäß — vorwiegend kohärent. Demzufolge können, unabhängig vom Gesteinschemismus, Ab- oder Anreicherungen der SEE auftreten. Selektive Prozesse sind imstande, große Veränderungen der relativen Gehalte individueller SEE hervorzubringen. Jedes Abweichen von dem Verhalten, als Gruppe zu agieren, kann auf verschiedene Ursachen zurückgeführt werden. Da der Ionenradius vom Lanthan zu Lutetium hin abnimmt, werden die schwereren Seltenen Erden bei Fraktionierungsvorgängen bevorzugt in Magnesium-Eisen-Silikate eingebaut.

Ganz wesentlich ist die Fähigkeit einiger SEE, in einer anderen Oxydationsstufe als der dreiwertigen auftreten zu können. Die sogenannte positive Europium-Anomalie der Hochlandgesteine des Mondes wird dem Umstand zugeschrieben, daß während der Evolution des Mondes unter reduzierenden Bedingungen Eu in chemisch zweiwertiger Form vorlag und dieses Ion bevorzugt in die plagioklasreichen Gesteine der Hochländer während der magmatischen Differentiation eingetreten ist. Dies deshalb, weil das Eu^{2+}-Ion bedeutend größer als das Eu^{3+}-Ion $(1,15 Å$ gegen $0,98 Å)$ ist und Ca im Plagioklas ersetzen kann.

Die Abb. 8 zeigt die Verteilung der Seltenen-Erdelemente für einige Mondgesteinstypen, wobei üblicherweise auf die Häufigkeit in Chondriten normalisiert wird, zumal erwiesen ist, daß deren Verteilungsmuster nicht durch magmatische Vorgänge verändert wurden. Bemerkenswert sind die bereits erwähnte starke Anreicherung in der KREEP-Komponente (Fra Mauro-Basalt mit 0,5 % K) und die negative Eu-Anomalie der Hochland- und Mare-Basalte.

Die plagioklasreichen Gesteine zeigen dagegen positive Eu-Anomalie, die am stärksten im Fall des Anorthosits ausgeprägt ist.

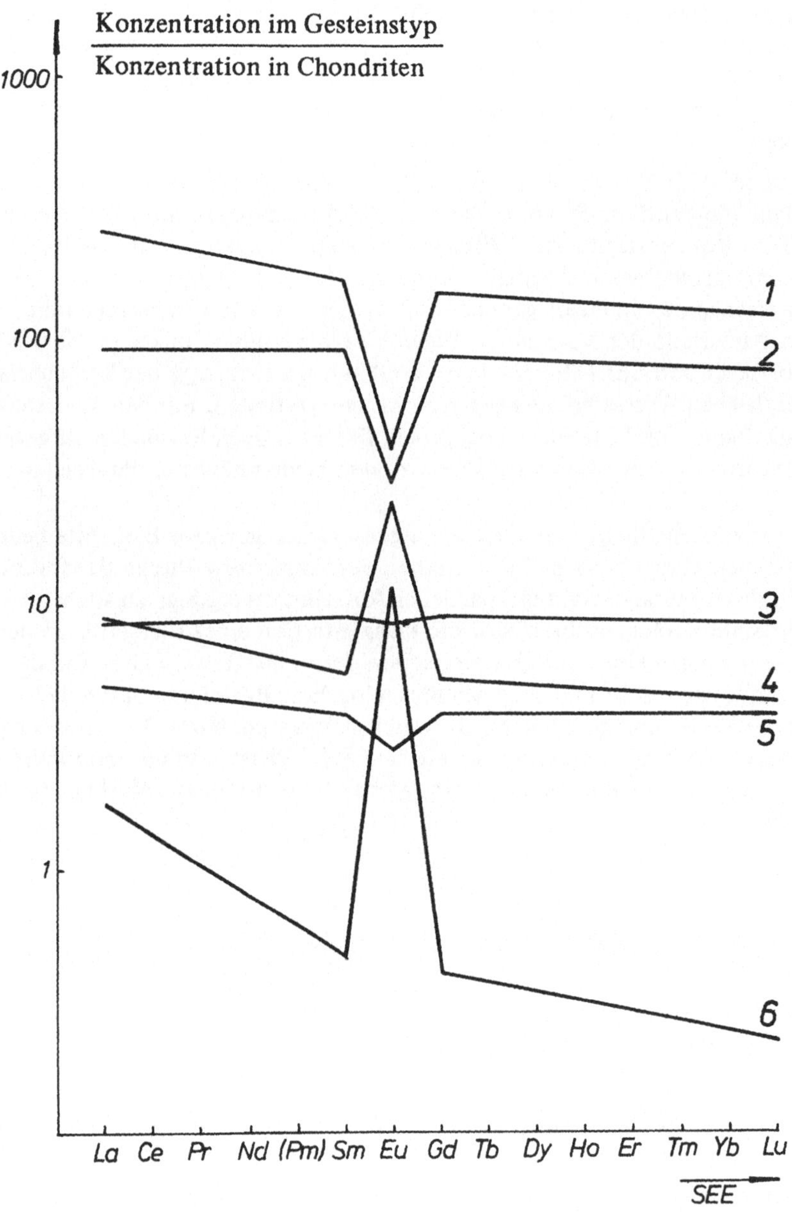

Abb. 8: Verteilung der Seltenen Erdelemente in einigen Mondgesteins-Typen

1 KREEP (Fra Mauro-Basalt)   4 Hochland-Basalt
2 Apollo 11 (Mare-Basalt)   5 Green Glass
3 Olivin-Basalt (Mare-Basalt)   6 Anorthosit

Es wurde festgestellt, daß der Effekt der negativen Europium-Anomalie mit der absoluten Häufigkeit der Seltenen Erdelemente abnimmt. In der Abbildung ist auch das Verteilungsmuster der Seltenen Erdelemente für die sogenannte "Green-Glass"-Komponente eingetragen, von der man annimmt, daß sie extrem primitiv ist. Die Seltenen Erdelemente treten im "Green-Glass" mit der 5fachen Häufigkeit gegenüber jener der Chondrite auf.

Aus der Abb. 9 schließlich wird die starke Korrelation einiger schwer flüchtiger Elemente deutlich. Es wurde der Gehalt an Ba, Nb, Hf und Th gegen die Summe der Konzentration der Seltenen Erdelemente aufgetragen. Die im Chemismus so unterschiedlichen Hochland- und Maria-Gesteine zeigen die starke Korrelation zwischen den in ihrem geochemischen Verhalten so unterschiedlichen Elementen. Außerhalb der Korrelation liegen bloß die beiden Punkte für SEE/Nb bei Anorthosit und SEE/Th beim "Green-Glass", u.zw. infolge der Unsicherheit des analytischen Wertes bei den geringen Konzentrationen. Für den Anorthosit werden keine Hf- und Th-Werte angegeben. Die an einigen Beispielen aufgezeigten Elementkorrelationen leiten auch schon zu den beiden nächsten Punkten über.

(II) Die unterschiedlichen chemischen Eigenschaften gewisser Elemente bedingen Korrelationen, deren Ursache im Verhalten der Elemente während der fraktionierten Kristallisation bzw. während partieller Aufschmelzvorgänge zu suchen ist. Dies ist darauf zurückzuführen, daß die Konzentration eines Elementes in der Schmelze im allgemeinen verschieden ist von der in der festen Phase. Für den Fall thermodynamischen Gleichgewichtes wird diese Beziehung durch das Nernstsche Verteilungsgesetz geregelt, welches besagt, daß der Quotient der Konzentrationen einer Komponente (X), die sich auf 2 Phasen, in unserem Falle eine flüssige (Index l) und eine feste (Index s) verteilt, konstant ist. Mathematisch formuliert:

$$\frac{X_s}{X_l} = \text{Const.}$$

Bei Substitution mehrerer Mineralphasen ergibt sich für das Element X ein gemeinsamer Verteilungskoeffizient K'

$$K' = r_1 \cdot K_1 + r_2 \cdot K_2 + \ldots r_n \cdot K_n$$

für n Mineralphasen, wobei r den Mengenanteil der betreffenden Mineralphase darstellt. Die Beschreibung derartiger Systeme, die aus mehreren Mineralen bestehen, ist kompliziert, doch generell kann gesagt werden, daß die großen Ionen der lithophilen Spurenelemente, wie z.B. K, Rb, Cs, Y, SEE bis Th und U, die auch als sogenannte LIL-Elemente bezeichnet werden (Large Ion Lithophile elements), hohe Verteilungskoeffizienten aufweisen, d.h. vorwiegend in der flüssigen Phase angereichert werden. Dabei ist es unerheblich, ob diese als Restschmelze zurückbleibt oder bei einem partiellen Schmelzvorgang gebildet wird.

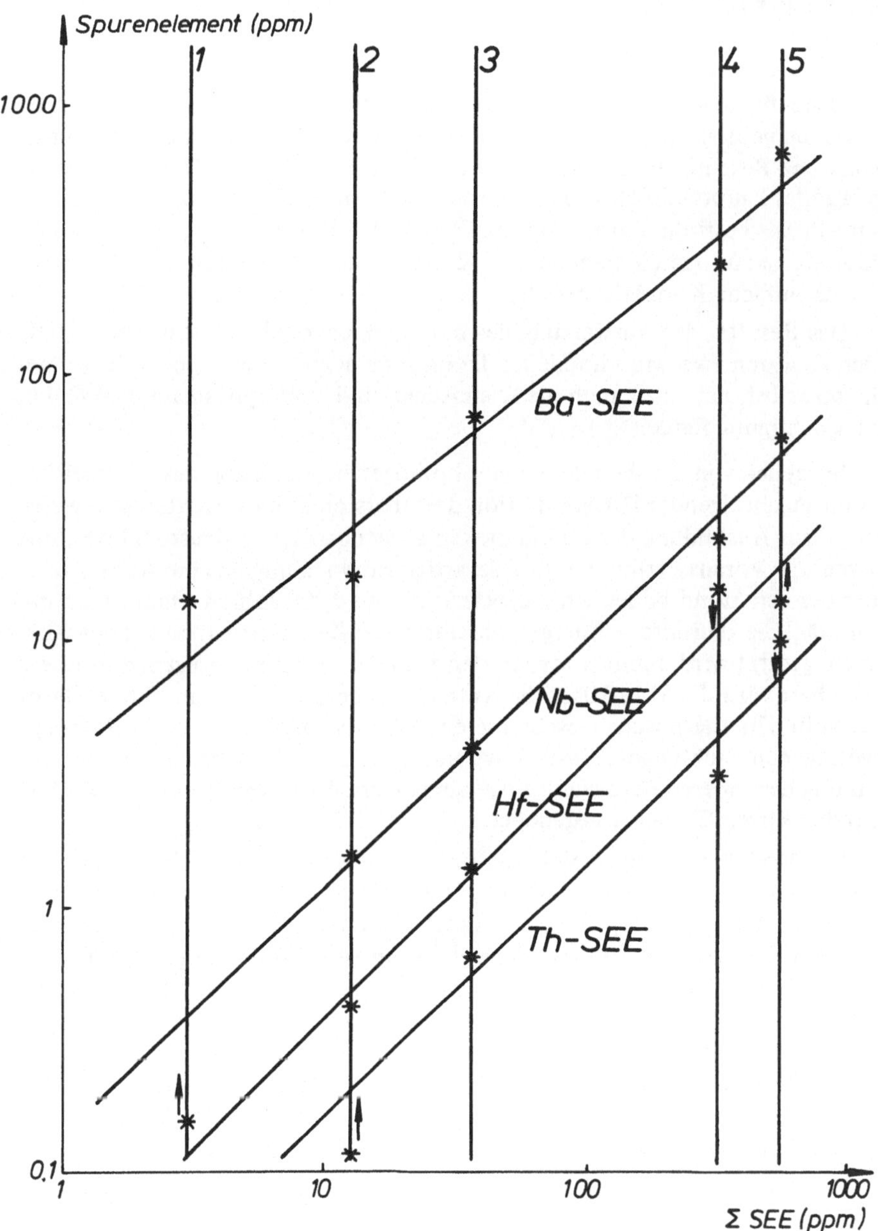

Abb. 9: Korrelationen refraktiver Elemente
1   Anorthosit
2   Green Glass
3   Gabbroitischer Anorthosit
4   Mare Basalt
5   KREEP

Jedenfalls können derartige Differentiationsvorgänge mit Hilfe der Elementverhältnisse K/U, Zr/Nb, Cs/U, K/La, um nur einige zu erwähnen, verstanden
werden.

(III) Schließlich werden Korrelationen durch Mischungsvorgänge verschiedener
Materialien verursacht, die etwa bei der Bildung der Mondkrater durch intensiven
kosmischen Beschuß ausgeworfen wurden. Da die Chemie der Hochlandgesteine
des Mondes hauptsächlich von Hochlandbasalt und dem kaliumarmen Fra
Mauro-Basalt bestimmt wird, sind die Elementhäufigkeiten der meisten Hochlandbrekzien aus den entsprechenden Komponenten abzuleiten und stellen daher sehr einfache Korrelationen dar.

Das Resultat der Auswertung des umfangreichen selenochemischen Analysenmaterials waren zwei Mondmodelle, die im folgenden skizziert seien. Es versteht
sich von selbst, daß dazu auch die seismischen und selenophysikalischen Daten
Berücksichtigung fanden.

Sie gehen von der Annahme einer homogenen Akkretion des Himmelskörpers mit nachfolgender Differentiation der obersten Mondschichten aus, welch
letztere zur Ausbildung der 60 km dicken anorthositischen Kruste führte. Eine
notwendige Voraussetzung für eine derartige Entwicklung ist eine Akkretionsdauer der den Mond bildenden Objekte von etwa 1000 Jahren. Damit wird erreicht, daß die thermische Energie, die durch die Zusammenstöße bei der Akkretion freigesetzt wird, nicht sofort an den planetaren Raum abgegeben, sondern
gespeichert wird. In Abb. 10 ist die Anfangstemperaturverteilung für den Mond
dargestellt. Die thermische Geschichte des Mondes folgt den in die Abbildung
eingetragenen Richtungen. Einer Abkühlung der äußeren Zonen steht eine Erwärmung der inneren Bereiche infolge eines Wärmebeitrages durch den Zerfall
der radioaktiven Elemente gegenüber.

Das Modell des Mondes von Taylor und Jakes ist auch für einen ursprünglich vollständig geschmolzenen Mond gültig, falls eine Akkretionszeit von
<1000 a in Betracht gezogen wird. Danach kommt es zur Bildung eines Kerns
mit einem Radius von <700 km, der vorwiegend aus Eisen und Eisensulfid bestehen soll, mit einer auf die seismischen Daten gestützten partiell geschmolzenen
Zone unterhalb von 1000 km. Diese Zone stellt sich als eine Dispersion von Eisen und Eisensulfid in einer Olivin-Pyroxen-Matrix dar. Das magnetische Feld,
das in den remanent magnetisierten Mondgesteinen auftritt, soll auf die Wirkung
des im Frühstadium wirksamen Kern-Dynamos zurückgehen. Die Temperatur an
der 1000-km-Diskontinuitätsgrenze wäre mit 1000–1100°C anzusetzen.

Für den Fall des partiell geschmolzenen Mondes würde die Zentralregion
(unter der 1000-km-Diskontinuität) aus primitivem, unfraktioniertem Material
bestehen, das sich heute infolge der Erwärmung durch K, U und Th in einem
fluiden Zustand präsentieren würde. Schon ein geschmolzener Anteil von ~1 %
würde die seismischen Daten erklären.

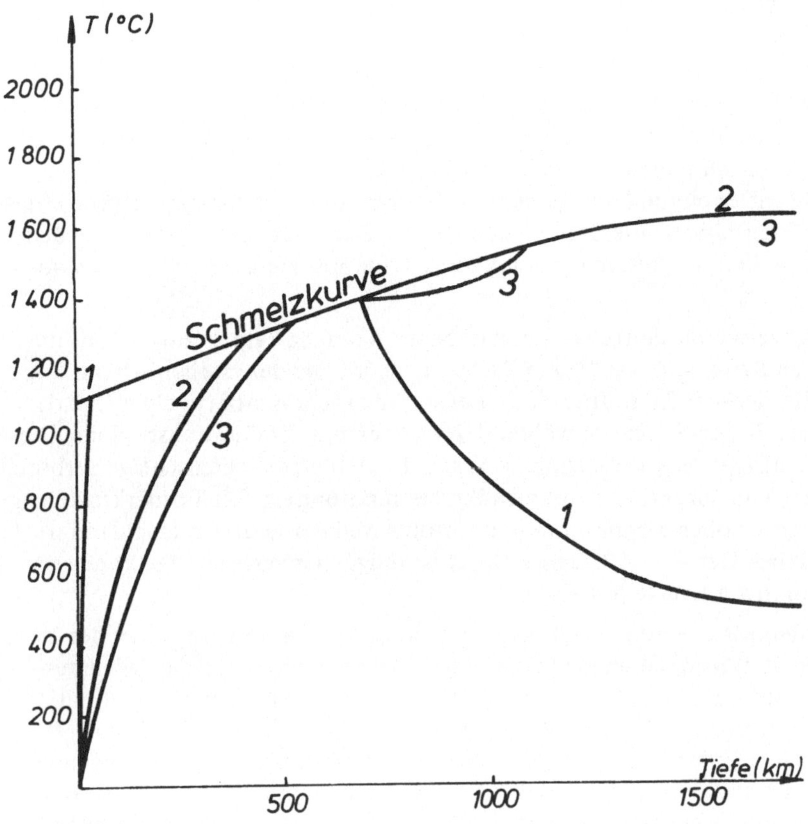

Abb. 10: Modell der thermischen Entwicklung des Mondes nach Toksöz
1 Temperaturverlauf unmittelbar nach der Bildung des Mondes
2 Temperaturverlauf $3 \cdot 10^9$ a danach
3 Temperaturverlauf heute

Das Modell schließt eine Core-Bildung aus, da ein Absinken von Eisen und Eisensulfid die großionigen Elemente (K, U, Th, usw.) nach äußeren Regionen drängen würde. Sollte dieser Vorgang jedoch wirksam gewesen sein, müßte der remanente Magnetismus der Mondgesteine externen magnetischen Feldern zugeschrieben werden. Welche dieser beiden Möglichkeiten für das Mondinnere tatsächlich zutrifft, hängt vom Grad der Abreicherung der siderophilen und chalkophilen Elemente ab. Werden diese vor der Akkretion des Mondes abgereichert, also im sogenannten Urnebel, so braucht keine Erklärung für die Bildung eines Mondkerns aus Eisen und Eisensulfid gegeben zu werden.

Führt man das Modell von Taylor und Jakes auf der Basis dieser Annahme weiter (das heißt ein anfänglich geschmolzenes Core wurde nicht gebildet, die innere Zone weist einen Radius von rund 700 km auf und ist aus primitiver, unfraktionierter Materie aufgebaut), so bedeutet dies, daß anfänglich ca. 90 % der Mondmaterie durch die Akkretionsenergie aufgeschmolzen wurden.

Die erste Silikatphase, die aus dieser Schmelze auskristallisierte, war zweifelsohne ein magnesiumreicher Olivin. Er baute die Ionen Co^{2+}, Cr^{2+} und Ni^{2+} in sein Kristallgitter ein und entfernte sie solcherart aus der Schmelze. Durch Gravitationsdifferentiation sank der Olivin in tiefere Zonen ab und bildet heute den Hauptbestandteil des unteren Mondmantels (von 300 km bis 1000 km Diskontinuität).

Gleichzeitig mit dem eben beschriebenen Vorgang kam es zur Ausbildung einer frühen Kruste von ca. 10 km Dicke, u.zw. infolge der raschen Abkühlung der Oberflächenschichten. Ihre Zusammensetzung repräsentierte etwa jene der eben besprochenen Schmelze während des früheren Kristallisationsbeginns. Diese ursprüngliche Kruste wurde jedoch vielfach durch Meteoriteneinschläge zerbrochen und später in die eigentliche Hochlandkruste inkorporiert. Die Primärkruste trug zu dem relativ hohen Magnesium- und Chromanteil der heutigen Hochlandkruste wesentlich bei. Der $4,6 \cdot 10^9$ a alte Dunit ist möglicherweise ein Relikt dieser frühen primitiven Kruste des Mondes.

Wenden wir uns nun wieder den Ereignissen in den Innenregionen des Mondes zu und verfolgen die weitere Abkühlung der Schmelze nach der Olivinausscheidung. Mit der Änderung des Si/Mg-Verhältnisses kam es zur Kristallisation von Orthopyroxen. Mit Ausnahme der Ionen Mg^{2+}, Fe^{2+}, Ni^{2+}, Co^{2+} und Cr^{2+} wanderten alle anderen Ionen nach höher gelegenen Zonen, um sich dort in einer Restschmelze zu konzentrieren. Über dem unteren Mantel wurde eine Zone von etwa 50 km Dicke gebildet, die vorwiegend aus Olivin und Orthopyroxen besteht. Dichte und seismisches Verhalten werden erklärt, wenn für das tiefe Innere des Mantels eine Zusammensetzung von 75–80 % Olivin (Forsteritanteil 85) und 20–25 % Orthopyroxen (Enstatitanteil 85) angenommen werden.

Die fortgesetzte Kristallisation von magnesiumreichem Olivin und Orthopyroxen bedingte die Anreicherung von Al und Ca und von Ionen mit großem Radius in der Restschmelze, aus der schließlich anorthitreicher Plagioklas ausgeschieden wurde, sobald sich die Konzentration von Al_2O_3 zwischen 12 und 17 % bewegte. Der Plagioklas, der Sr^{2+} und Eu^{2+} bevorzugt in sein Kristallgitter einbaut, konzentrierte sich unterhalb der vorhin schon erwähnten frühen Kruste. Der Plagioklasanteil des Gesteins nahm mit der Tiefe ab. Zwischen die Plagioklasschichte (Dicke ~30 km unter der früheren Kruste) und einer Pyroxen-Plagioklas-Zone in 60–100 km Tiefe reicherten sich alle jene Elemente an, die weder in die Plagioklas- noch in die Fe-Mg-Minerale eingebaut wurden. Das sind die Ionen der Elemente K, Ba, Rb, Cs, die Seltenen Erdelemente, Th, U, Zr und Nb. Das Modell erklärt die hohe Konzentration dieser Elemente mit der ausgeprägten negativen Eu-Anomalie der Fra Mauro-Basalte, die aus der zwischen 40 und 60 km Tiefe liegenden Plagioklas-Pyroxen-Zone stammen. Möglicherweise blieb diese

Zone infolge des hohen Anteils an radioaktiven Elementen lange Zeit fluid, durch-
drang die Kruste und bildete mit der durch Meteoritenimpakte vermischten frühen
Kruste und der darunter liegenden Ca-Al-Plagioklas-Zone das Ausgangsmaterial
für die Hochlandbasalte.

In sukzessive tieferen Schichten wurde später ebenfalls durch radioaktiven
Zerfall der Elemente Th, U, K partielles Schmelzen bewirkt, sodaß aus der Region
zwischen 60–100 km (Pyroxen-Plagioklas-Zone) die Al-reichen Mare-Basalte,
aus der Region zwischen 100–150 km (Olivin-Pyroxen-Zone) die titanreichen
Mare-Basalte gefördert wurden.

Das Modell von Ringwood sieht das Mondinnere in zwei petrologische Provinzen eingeteilt. Eine äußere , mehrere hundert km dicke Zone, aus der sich vor
$4{,}4–4{,}6 \cdot 10^9$ a, also unmittelbar nach der Bildung des Mondes, durch partielle
Schmelzvorgänge und Kristallisationsdifferentiation die plagioklasreiche Kruste
und eine darunter liegende ultramafische Zone gebildet haben soll. Das basaltische
Ausgangsmagma der beiden Zonen sollte eine Zusammensetzung ähnlich der der
terrestrischen ozeanischen Tholeiite aufgewiesen haben – mit Ausnahme einer
teilweisen Abreicherung der beiden flüchtigen Komponenten SiO_2 und Na_2O.
Die Gesamtzusammensetzung der äußeren 400 km des Mondes wäre nach Ringwood
peridotitisch mit einem größeren Anteil an Olivin gegenüber Pyroxen und einer
doppelt so hohen Häufigkeit an Al, Ca und Seltenen Erdelementen, als sie in chondritischen Meteoriten vorliegt. Das tiefe Innere des Mondes (unterhalb 400 km)
sollte höhere Anteile an FeO und SiO_2 aufweisen. Es sollte aus einer Mischung
von Orthopyroxen, Klinopyroxen und Olivin bestehen, wobei der Anteil der
Pyroxene größer wäre als der des Olivins. Außerdem wäre ein Gehalt von 4 % an
CaO und Al_2O_3 und die doppelte chondritische Häufigkeit an Seltenen Erdelementen, U und Th zu veranschlagen. Durch das erwähnte Differentiationsereig-
nis vor $4{,}4–4{,}6 \cdot 10^9$ a wurden die Tiefenzonen mehr oder weniger mit dem
hochfraktionierten Material der Außenregion verunreinigt. Die basaltischen Magmen beider petrologischer Provinzen wurden nach Ringwood durch partielle
Schmelzvorgänge gebildet. Ihr Chemismus wurde durch Kristallisationsprozesse
beim Aufstieg zur Oberfläche verändert.

Typische Vertreter der Innenregion stellen danach die titanarmen Mare-
Basalte mit ihrem hohen Pyroxen-Olivin-Anteil und Altern von $3{,}2–3{,}8 \cdot 10^9$ a
dar. Die chemische Zusammensetzung des Mondes sollte der des Erdmantels
ähnlich sein, jedoch mit einem höheren Anteil an Eisenoxid und einer gewissen
Abreicherung von Natrium und anderen flüchtigen Elementen. Die von Ringwood
herausgearbeiteten Ähnlichkeiten, die Haupt- und Spurenelemente betreffend,
lassen eine gleichzeitige Entstehung des Systems Erde – Mond für sehr wahrscheinlich erscheinen.

In der Abb. 11 sind schließlich die verschiedenen Zonen des Mondes nach
dem seismischen Modell schematisch dargestellt. Zone I, die Kruste, variiert stark
von 40 km an den Polen bis zu mehr als 150 km an der der Erde abgewandten
Seite des Mondes. An der der Erde zugekehrten Seite beträgt ihre Dicke 50–60 km.
Sie besteht aus anorthositischem Gabbro (~70 % Plagioklas) mit geringen Anteilen eines aluminiumreichen Basalts (Fra Mauro-Basalt) und wird lokal von Mare-
Basalten variabler Dicke überlagert.

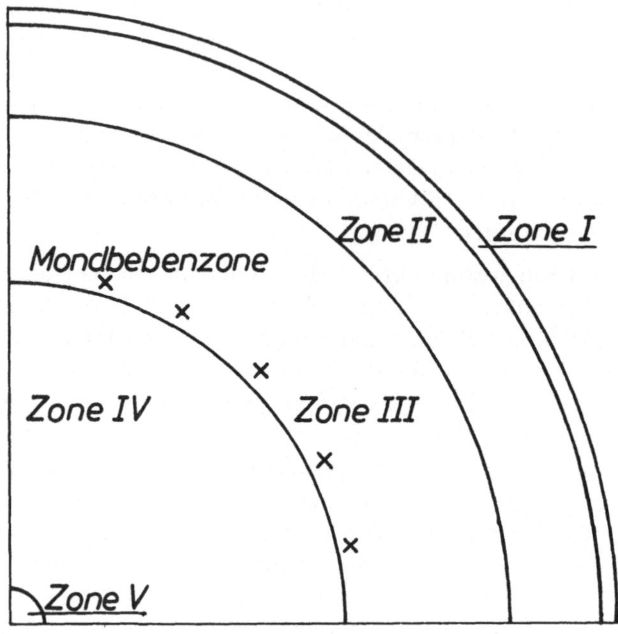

Abb. 11: Mondaufbau nach dem seismischen Modell

Zone II, der obere Mantel, ist ca. 250 km dick und besteht hauptsächlich aus Orthopyroxen, Klinopyroxen und Olivin.

Zone III, der mittlere Mantel, liegt zwischen 300 und 1000 km Tiefe. An seiner Basis werden von den Apollo-Missionen die meisten Mondbeben registriert.

Zone IV, der untere Mantel, bei Tiefen von mehr als 1000 km, wird charakterisiert durch eine starke Abschwächung der Transversal- oder Scherwellen. Dies war Hinweis auf den partiell geschmolzenen Zustand der Mondmaterie.

Zone V, der Kern, sollte nach den seismischen Daten einen Radius von 80–180 km aufweisen und aus Fe-FeS bestehen. Ein Kern aus Fe-Ni, ähnlich dem der Erde, ist aus verschiedenen Gründen nicht zu erwarten. Einer davon ist, daß die Temperatur von ca. 1660°C im Mondzentrum, die das Schmelzen des Eisens bewirkt haben könnte, im Laufe der Mondevolution nie erreicht wurde. Aufgrund von Unterschieden in der chemischen Zusammensetzung und des spezifischen

Gewichtes der den Mond aufbauenden Gesteine wird unterhalb der Mondbeben-
zone (ca. in 1000 km Tiefe) nach dem Modell von Taylor der Beginn des Mondkerns angenommen.

Was schließlich die Atmosphäre des Mondes betrifft, ist zu bemerken, daß
diese hauptsächlich aus ^{40}Ar und Helium besteht, welche durch Zerfall der Elemente ^{40}K, ^{232}Th und ^{238}U im Mond entstehen. Dazu kommt ein Anteil an
Helium, zu dem a-Partikel des Sonnenwindes beitragen. Die aus den Mondgesteinen in Freiheit gesetzten Gase entweichen jedoch rasch aus der Mondatmosphäre.
Die mit Hilfe eines Massenspektrometers von Apollo 17 ausgeführten Messungen
der Komponenten der Mondatmosphäre erbrachten keinen Hinweis auf Gase, die
auf eine vulkanische Aktivität schließen lassen.

Literatur zu Kapitel 4.2.

Delano, J.W., et al.: Proc.4th Lunar Sci.Conf. 537 (1973)
Dymek, R.F., et al.: Proc.6th Lunar Sci.Conf. 301 (1975)
Green, D.H., et al.: Proc.2nd Lunar Sci.Conf. 601 (1971)
Hodges, R.R.: The Moon 14, 139 (1975)
Lindsay, J.F.: Lunar Stratigraphy and Sedimentology, Elsevier, Amsterdam (1976)
Merrinhue, C.M., and Turner, G.: J.Geophys.Res. 71, 2852 (1966)
Reid, A.M., et al.: Meteoritics 7, 406 (1972)
Ringwood, A.E.: Publ.Nr. 1221, A.N.U. (1976)
Ringwood, A.E., and Essene, E.: Proc.1st Lunar Sci.Conf. 796 (1970)
Schnetzler, C.C., and Philpotts, J.A.: Proc.2nd Lunar Sci.Conf. 1116 (1971)
Short, N.M.: Planetary Geology, Prentice-Hall, Inc., Englewood Cliffs, N. J. (1975).
Solomon, S.C., and Chaiken, J.: Proc.7th Lunar Sci.Conf. 3229 (1976)
Taylor, S.R., and Jakes, P.: Proc.5th Lunar Sci.Conf. 786 (1974)
Taylor, S.R.: Lunar Science, Pergamon Press, New York (1975)
Toksöz, M.N., and Solomon, S.: The Moon 7, 251 (1973)
Turkevich, A.L.: Proc.4th Lunar Sci.Conf. 1159 (1973)
Turner, G., et al.: Proc.3rd Lunar Sci.Conf. 1589 (1972)
Wänke, H.: Naturwissenschaften 62, 264 (1975)

4.3. Entstehung des Systems Erde—Mond

Obwohl wenig zur Lösung des Problems der Entstehung des Erdmondes aus den Analysenresultaten der Mondproben abgeleitet werden konnte, so haben diese doch zu gewissen einschränkenden Bedingungen beigetragen. Etwa, daß die Zusammensetzung des Mondes weder chondritisch noch daß unser Trabant aus primitivem solaren Material aufgebaut sein kann. Die Tatsache, daß der Mond weitgehend die leicht flüchtigen sowie die siderophilen Elemente abgereichert, die schwerflüchtigen oder refraktiven Elemente, im Vergleich zur Erde und den Chondriten, angereichert hat, soll unter anderen eine Mondentstehungstheorie befriedigend erklären können. Dazu zählen außerdem noch die geringere Dichte gegenüber der Erde und damit verbunden die geringere Häufigkeit von Eisen, die Bildung zu einer Zeit, die auch für die Erde aus Altersbestimmungen erhalten wurde sowie das Trägheitsmoment, das sehr nahe dem theoretischen Wert für eine homogene Sphäre liegt, um nur die wichtigsten zu nennen. Die Bildung des Mondes schließt offenbar die Bildung der Planeten und des Sonnensystems mit ein, sodaß jene Zustände Berücksichtigung finden müssen, die im frühen solaren Nebel, während der Kondensation der Elemente oder ihrer Verbindungen bzw. während deren Akkretion, geherrscht haben. Die Diskussion darüber soll jedoch einem späteren Kapitel vorbehalten bleiben. Um das Thema der Entstehung des Systems Erde-Mond einer zufriedenstellenden Lösung zuführen zu können, wären zweifelsohne eine Reihe zusätzlicher Informationen über andere Planeten und deren Satellitensysteme erforderlich, und es ist mehr als fraglich, ob dies in absehbarer Zukunft der Fall sein kann.

Die bis heute aufgestellten Hypothesen gründen sich alle auf jene klassischen drei Gruppen, nach denen der Mond von der Erde eingefangen wurde (Einfangs-Hypothese), aus der Erde in einem Frühstadium abgetrennt (Fissions-Hypothese) oder gemeinsam mit der Erde quasi als Doppelplanet gebildet wurde (Doppelplaneten-Hypothese). Alle diese Theorien, die im Lichte der jüngsten Mondforschung vielfach modifiziert wurden, haben attraktive Vorzüge, aber auch entscheidende Schwächen.

4.3.1. Einfangshypothese

Sie geht auf Überlegungen von Gerstenkorn zurück und postuliert, daß der Mond von der Erde bei einem nahen Vorbeigang vor etwa $2 \cdot 10^9$ a eingefangen wurde. Diese Zeitspanne $2 \cdot 10^9$ a ist nötig, um die gegenwärtig konstante Rezession aufgrund der Gezeitenkräfte zu erklären. Die Hypothese wird von Geochemikern und Geophysikern nicht nur deshalb abgelehnt, weil sie die Probleme der Mondentstehung in entfernte, unspezifizierte Teile des Sonnensystems abschiebt. Infolge der starken Kräfte, die beim Einfang des Mondes durch die Erde hätten wirksam sein müssen, sollten Schmelzvorgänge auf dem Mond stattgefunden haben, wofür jedoch keine Hinweise aus den Mondgesteinen vorliegen, die ja dann Alter von $2 \cdot 10^9$ a aufweisen sollten.

Die Statistik der planetaren Satellitsysteme wurde von den Befürwortern der Einfangshypothese herangezogen, um zu zeigen, daß nicht nur die Bildung von Objekten von Mondgröße, sondern auch der Einfang ein durchaus häufiges Ereignis während der Entstehung eines Planetensystems gewesen sein müßte. Dem ist aber entgegenzuhalten, daß der Einfang nur dann Chancen hat verwirklicht zu werden, wenn die Bahnen des einfangenden und des einzufangenden Objekts sehr ähnlich sind, was aber bedeuten würde, daß die beiden Körper in unmittelbarer Nachbarschaft gebildet sein und daher auch aus ähnlichem Ausgangsmaterial bestehen sollten.

In Anbetracht der geochemischen und dynamischen Schwierigkeiten der Theorie, ein Objekt von Mondgröße einzufangen, wurde von Wood und Mitler eine geniale Modifikation der Einfangshypothese vorgenommen und als Hypothese des disintegrativen Einfanges zur Diskussion gestellt. Danach bildeten sich während der Abkühlung des Sonnennebels mehrere Körper, die infolge selektiver Kondensation die leichtflüchtigen Elemente nur mit geringer Häufigkeit enthielten. In den gebildeten sogenannten Planetesimalen führte Erhitzung zu Fraktionierung in ein Metall-Core und einen Silikatmantel. Diese Planetesimalen näherten sich dann auf parabolischen Bahnen der Erde und wurden innerhalb der Rocheschen Grenze zerstört. Wesentlich dabei ist, daß ihre Metall-Kerne weitgehend unversehrt blieben, dem Gravitationsfeld der Erde auf hyperbolischen Bahnen wieder entwichen oder aber von der Erde eingefangen wurden.

Aus dem resultierenden Staubring um die Erde sollte schließlich der Mond gebildet worden sein.

Gegen die Hypothese steht als ernstzunehmende Frage nur, ob dieser Mechanismus auch auf die Bildung der Satelliten Io, Europa und Triton anzuwenden sei, oder speziell nur auf das Erde-Mond-System.

4.3.2. *Fissions-Hypothese*

Das Konzept dieser Hypothese geht auf Darwin zurück und schreibt die Bildung des Mondes einer schnell rotierenden Erde zu, aus deren äußeren Zonen Teile in fester oder flüssiger Form abgelöst worden waren, die dann jenseits der Roche-Grenze zum Mond akkumulierten. Die Rotationsperiode der Erde sollte während dieser Ereignisse 2 Stunden betragen haben, der Metallkern bereits ausgebildet gewesen sein.

Das Modell löst zwar die Dichteprobleme des Erde-Mond-Systems, vermag hingegen das Drehmoment des Systems nicht zu erklären. Eine weitere Schwierigkeit bereitet der Hypothese die Erklärung der Inklination der Mondbahn, die 5°09' gegen die Ekliptik geneigt ist.

Eine der geochemischen Schwierigkeiten resultiert beispielsweise aus dem Umstand, daß die oberen Erdregionen höhere Konzentrationen an siderophilen Elementen (etwa Ni) aufweisen, was darauf hindeutet, daß bei der Core-Mantel-Trennung der Erde kein Gleichgewichtszustand erreicht wurde. Die Mondgesteine sind im Vergleich zu ihren terrestrischen Analoga an siderophilen Komponenten stark abgereichert.

Damit erfüllt die Fissions-Hypothese weder die geochemischen noch die an sie gestellten dynamischen Anforderungen.

Die Modifikation der Hypothese erfolgte durch Ringwood und wird als Precipitations-Hypothese bezeichnet. Ringwood vereinigte dabei Elemente der Doppelplaneten- mit der Fissions-Hypothese. Danach wurde der Mond in Erdorbit aus einem Gasring gebildet, der durch Einschläge von Teilchen auf eine sehr heiße Erdoberfläche (T ~2000°C) entstand. Die benötigten hohen Oberflächentemperaturen werden bei Annahme einer raschen Akkretion der Erde erreicht. Die silikatische Komponente des Gas-Staub-Ringes, dessen gasförmige Komponente vorwiegend aus Wasserstoff und Kohlenmonoxid bestanden haben soll, kondensierte, die hochluminose Sonne in ihrem Frühstadium bewirkte die Entfernung des Wasserstoffs und Kohlenoxids, der silikatische Teilchenschwarm formte sich zum Mond, wobei jedoch mehrere Objekte verschiedener Größe gebildet wurden. Infolge der steigenden gravitativen Anziehung des wachsenden Mondes wurden erst später die größeren Objekte eingefangen und verursachten die heute noch auf der Mondoberfläche sichtbaren riesigen Aufschlagkrater. Solcherart konnten die geochemischen Schwierigkeiten zwar behoben werden, die dynamischen jedoch blieben bestehen.

In Tabelle 6 ist die Zusammensetzung des Mondes nach Ringwood aufgeführt, die im wesentlichen dem Pyrolit-Modell für den Erdmantel entspricht, mit Ausnahme einer Abreicherung von Natrium und anderer leicht flüchtiger Elemente sowie einer Anreicherung von Eisen. Der Pyrolit stellt eine Mischung von 17 % terrestrischem Basalt (ozeanischer Tholeiit) mit 83 % ultramafischen Anteilen (Peridotit) dar.

Vom Autor wird insbesondere auf die vergleichbaren Häufigkeiten der siderophilen Elemente hingewiesen, die für die kogenetische Bildung des Erde-Mond-Systems sprechen. Demzufolge wurde das den Mond aufbauende Material zeitlich nach der Ausbildung des Erdkerns aus dem Erdmantel abgetrennt.

4.3.3. Doppelplaneten-Hypothese

Sie basiert im wesentlichen darauf, daß das System Erde-Mond aus einer Mischung verschiedener Komponenten (schwerflüchtige Anteile, Metalle, Silikate, Sulfide sowie leichtflüchtige Anteile) und in unmittelbarer Nachbarschaft zueinander gebildet wurde. Zur Erklärung der chemischen Unterschiede sowie der verschiedenen Dichte von Erde und Mond war man jedoch genötigt, gewisse Differentiationsprozesse im solaren Nebel ablaufen zu lassen, was jedoch aufgrund der unterschiedlichen physikalischen Eigenschaften der erwähnten Komponenten durchaus begründet erscheint.

Die Doppelplaneten-Hypothese ist gegenwärtig wohl die populärste Hypothese zur Erklärung der Entstehung des Erde-Mond-Systems, und dementsprechend vielfältig ist die Anzahl der Modifikationen, denen sie im Laufe der letzten Jahre unterworfen war. 3 Modelle, die jeweils von verschiedenen Voraussetzungen ausgehen, sollen in diesem Kapitel kurz skizziert werden. Sie wurden deshalb ausgewählt, weil sie die Berechnung des chemischen Aufbaus für den Mond und in einem Fall auch für die Erde zum Ziel hatten. Die Zusammensetzungen der Erde und des Mondes sind der Tabelle 6 zu entnehmen, in die jedoch nicht alle von den Autoren berechneten Spurenelementkonzentrationen aufgenommen wurden.

Die Schwäche dieser Hypothese ist — fast zwingend — dynamischer Natur. Sollte der Mond nämlich in Erdnähe gebildet worden sein, wäre dies nur in äquatorialer Ebene möglich gewesen. Der Mond sollte sich in diesem Fall also aus einem Gas- und Staubnebel um die Erde akkumuliert haben.

Bei Entstehung in größerer Entfernung von der Erde sollte der Mond in ekliptischer Ebene, also aus einem Nebel um die Sonne akkumuliert worden sein. Davon unabhängig sollte die Mondbahn nach Goldreich heute aber in ekliptischer Ebene liegen, was — wie bereits früher festgestellt wurde — nicht der Fall ist. Die Inklination der Mondbahn zur Ekliptik beträgt 5°09'.

4.3.3.1.   *Homogene Akkretion*

Die Hypothese geht auf Überlegungen von Birch zurück. Wie in einem späteren Kapitel noch gezeigt wird, kondensieren die verschiedenen Bestandteile des abkühlenden solaren Nebels je nach ihrer Flüchtigkeit bei unterschiedlichen Temperaturen. Das Modell der homogenen Akkretion verlangt, daß sich diese Bestandteile nach ihrer Kondensation als homogene Mischung zur Erde beziehungsweise zum Mond akkumulieren sollen. Erst danach wurde durch Schmelzvorgänge die Schalenstruktur der Himmelskörper ausgebildet. Dies bedeutet aber, daß sich die Dichteunterschiede zwischen Erde und Mond durch Fraktionierungsvorgänge vor der Akkretion etablieren mußten. Dabei ist es unumgänglich, sowohl die metallische als auch die silikatische Komponente zu fraktionieren. Taylor hat unter diesen Gesichtspunkten die Häufigkeit einer Anzahl chemischer Elemente für den Mond berechnet, wobei festzuhalten ist, daß alle Indizien für die homogene Akkretion ausschließlich von den schwerflüchtigen Elementen geliefert werden.

Die Berechnungen gründen sich auf die Wärmeflußmessungen des Mondes, auf die chemischen Zusammensetzungen der Mondhochländer und die Interelement-Korrelationen.

Die Wärmeflußmessungen weisen auf einen U-Gehalt von 60 ppb, etwa
gleich dem fünffachen U-Gehalt der Kohlechondrite des Types I. Die Häufigkeit
von Uran ist wieder korreliert mit dem Thorium- und Kalium-Gehalt. Aus der
Konzentration der schwerflüchtigen Elemente (U, Th, Ba, Zr, Hf, Nb, Seltene
Erdelemente) in der Mond-Kruste wird für deren Totalgehalt ebenfalls ein Faktor 5 für die Anreicherung im Vergleich zu den Kohlechondriten abgeleitet. Sodann
wird aus den für alle Mondgesteine uniformen Interelementkorrelationen wie
K/La (70), K/Ba (6,1), K/Th (500), K/Zr (4,23) die K-Häufigkeit berechnet. Zur
Berechnung der Konzentrationen von Ca, Al und Ti wird von Taylor ebenfalls
die fünffache kohlechondritische Häufigkeit eingesetzt. Der Berechnung der Si-
und Mg-Häufigkeit wird schließlich das chondritische Si/Mg-Verhältnis zugrunde
gelegt, für den Gehalt an FeO 10,5 % veranschlagt. Dieser Wert ist im Einklang
mit der Dichte des Mondes und den magnetischen Daten.

4.3.3.2. Heterogene Akkretion

Nach diesem Modell erfolgt die Abreicherung der flüchtigen Bestandteile
gleichzeitig oder vor der Akkumulation der schwerflüchtigen Komponenten.
Selektive Akkumulation könnte also die Schalenstruktur eines Himmelskörpers
erklären. Die Schwierigkeit der Hypothese ergibt sich aus dem Umstand, daß
die schwerflüchtigen Elemente bzw. deren Verbindungen zuletzt zu akkumulieren
hätten, um den Aufbau der Erde und des Mondes zu erklären, was jedoch ganz im
Gegensatz zur Kondensationsfolge steht. Am Beispiel der heterogenen Akkretion
der Erde, von Anderson postuliert, werden diese Probleme offenkundig. Die inhomogene Akkretion der Erde verlangt die Erdkernbildung direkt aus dem abkühlenden solaren Gas, noch bevor die silikatischen Komponenten kondensieren.
Diese Hypothese geht auf Turekian und Clark zurück, und schon Ringwood hat
aufgrund geochemischer Argumente die "heiße Bildung" der Erde mit einer Kern-
bildung während der Akkretion postuliert. Dies bedeutet, daß der Erdkern nicht
das Ergebnis einer tiefgreifenden Gravitationsdifferentiation ist, wie sie nach der
Hypothese der homogenen Akkretion abgelaufen sein müßte. Die von Anderson
modifizierte Hypothese der inhomogenen Akkretion versucht den chemischen
Unterschied des Systems Erde-Mond zu erklären. Nach Anderson besteht der
Kern der sogenannten Ur- oder Proto-Erde aus den Hoch-Temperatur-Kondensa-
ten, die bevorzugt Ca, Al, Ti, Th, U und die Seltenen Erdelemente enthalten. Der
Kern aus den Oxiden dieser Elemente weist eine Masse von 2–3 % der gegen-
wärtigen Erdmasse auf. Auf diesen oxidischen Kern akkumulieren bevorzugt
Eisen und Nickel und reichern damit die siderophilen Elemente aus dem Rest-
nebel ab, aus dem sich anschließend der Mond zu bilden beginnt.

Jedenfalls ist der gebildete Erdkern mit einem Oxidzentrum und einer Fe-
Ni-Schicht nicht im Gravitations-Gleichgewicht. Er wird jedoch infolge der
starken Wärmeentwicklung der im oxidischen Kern enthaltenen radioaktiven Ele-

mente Th und U aufgeschmolzen, sodaß die metallische Komponente schließlich ins Zentrum absinken kann, wodurch zusätzlich eine Temperatursteigerung infolge der freiwerdenden Gravitationsenergie bewirkt wird. Die gegenwärtige Größe des inneren Erdkerns dürfte der damaligen Größe des Protokerns in etwa entsprechen. Nach Anderson sollte dieser aus einer Eisen-Nickel-Legierung bestehen, wohingegen der äußere Erdkern nach wie vor teilweise oxidisches Material suspendiert enthält, dessen Radioaktivität dazu beiträgt, die Dynamowirkung und damit den Magnetismus aufrechtzuerhalten.

Um diesen Kern akkumulierten sich anschließend silikatische Komponenten, die durch chemische Fraktionierung in Erdmantel und Erdkruste getrennt wurden. Die relativ leichten Komponenten Si, O, Al, K, Na, Ca, C, N, H usw. wurden zur Oberfläche befördert, wo sich die Kruste und anschließend daran Hydrosphäre und Atmosphäre ausbildeten. Mit den leichten Komponenten gingen jedoch auch schwere Elemente, wie U, Th und die Seltenen Erdelemente, mit an die Oberfläche, denn ihre Ionenradien und ihre chemische Affinität erlauben nicht den Einbau in die Kristallstrukturen, die bei den hohen Drücken im Erdinneren stabil sind. Auch für die inhomogene Bildung des Mondes hat die Hypothese das Problem, daß die die Mondhochländer bildenden Gesteine als Frühkondensate aus dem Urnebel erst später sich zu akkumulieren hätten.

Die Schwierigkeiten der Hypothese sind jedoch auch geochemischer Natur. Das K/Zr-Verhältnis, das für die Hochland- und Maria-Gesteine des Mondes mit 4,23 übereinstimmt, kann bei Annahme heterogener Akkretion nicht erklärt werden. Das K/Zr-Verhältnis ist ein Beispiel für die Korrelation eines flüchtigen (K) und eines schwer flüchtigen (Zr) Elements. Das Verhältnis sollte nach den Modellvorstellungen der heterogenen Akkretion für beide Gesteinstypen verschieden sein.

Ähnliche Probleme ergeben sich auch für die großionigen Kationen, wie z.B. die Seltenen Erdelemente, deren Anreicherung in der Mondkruste in etwa der in der Erdkruste entspricht.

Doch wurde auch dieses Modell verschiedentlich modifiziert und in jüngster Zeit von Wänke der Berechnung der chemischen Zusammensetzung des Mondes zugrunde gelegt. Um den Anteil der schwer- und der leichtflüchtigen Komponente zu berechnen, werden gleichfalls die entsprechenden Elementkorrelationen herangezogen. Nach Wänke baut sich der Mond zu je 50 % aus einem nicht näher spezifizierten Hochtemperatur-Kondensat sowie Eisen-Magnesium-Silikaten chondritischer Zusammensetzung auf. Bemerkenswert ist neben der sonst guten Übereinstimmung mit anderen Modellen der sehr hohe Anteil an Calcium und Aluminium. Es wurde verschiedentlich eingewendet, daß diese Zusammensetzung die Bildung einer dichten Phase (Granat) im Mondinneren bewirken sollte, was aber dann im Konflikt mit der Dichteverteilung des Mondes sei.

4.3.3.3. Konkurrenz-Akkretion

Das Modell der Konkurrenz-Akkretion wurde von Ganapathy und Anders postuliert. Danach wurden 3 Gruppen von Kondensaten (schwerflüchtige Bestandteile, Nickel-Eisen und Mg-Silikate) durch Kondensation und Aufschmelzvorgänge vor der Akkretion in 7 Komponenten aufgegliedert, nämlich in ein Frühkondensat (angereichert mit der schwerflüchtigen Komponente), FeS, Fe-Ni-Co, Fe-Mg-Silikate und ein an flüchtigen Anteilen reiches Silikat; zusätzlich noch Anteile an aufgeschmolzenen Fe-Ni-Co und Fe-Mg-Silikaten. Diese 7 Komponenten sollten die Chondrite, alle Planeten sowie deren Monde aufbauen. Darüber hinaus wäre es nach Anders möglich, aus einem Minimum an Information die chemische Zusammensetzung jedes Himmelskörpers zu berechnen. Der U-Gehalt ist bereits aus Wärmeflußmessungen des Himmelskörpers zugänglich. Der Fe-Gehalt ließe sich aus der Dichte ermitteln, das K/U-Verhältnis könnte mit Hilfe der γ-Spektroskopie erhalten werden, wie dies schon die sowjetischen Venussonden demonstriert haben. Der FeO-Gehalt sei schließlich ebenfalls mit Hilfe einer unbemannten Sonde zugänglich, etwa nach dem Muster der ersten der Surveyor-Sonden. Es wären nur noch Methoden auszuarbeiten, um den MnO-Gehalt eruieren zu können, was gestatten würde, das FeO/MnO-Verhältnis festzulegen. Als Indikatorelement für die leicht flüchtige Komponente wäre schließlich noch die Kenntnis der Konzentration von Tl erforderlich, dessen analytische Erfassung allerdings im Falle niederer Konzentration selbst im Labor erhebliche Schwierigkeiten verursacht.

Für das System Erde-Mond ergibt sich jedenfalls nach Berechnungen von Anders die Zusammensetzung der 7 Komponenten, wie sie der Tabelle 5 zu entnehmen ist.

Die daraus errechneten Elementhäufigkeiten sind in der Tabelle 6 aufgeführt, die zum Vergleich auch die von Mason ermittelte durchschnittliche Zusammensetzung der Erde enthält. Die Übereinstimmung der Resultate von Anders mit jenen von Mason kann als sehr zufriedenstellend angesehen werden.

Übrigens wurde die Bezeichnung Konkurrenz-Akkretion von Anders deshalb gewählt, weil sich Erde-Mond-Unterschiede weder nach dem heterogenen noch nach dem homogenen Akkretionsmodell erklären lassen. Ursprünglich hatte es den Anschein, als könnte das Modell der heterogenen Akkretion den Aufbau des Erde-Mond-Systems beschreiben. Nach Öpik wird nämlich die Geschwindigkeit für die Akkretion zweier Körper in heliozentrischer Bahn proportional der Masse zur $\frac{4}{3}$-Potenz, sodaß der größere Körper (Erde) schneller wächst. Wenn berücksichtigt wird, daß von beiden Körpern der kondensierende Materialanteil sofort aus dem abkühlenden solaren Nebel entfernt wird, bedeutet dies, daß bei Änderung der Zusammensetzung des Materials, das zur Akkretion beiträgt, der kleinere Körper (Mond) die Frühkondensate, der größere die Spätkondensate mit den leichtflüchtigen Bestandteilen anreichert. Qualitativ ist dieser Trend wohl zu beobachten, doch die Berechnungen haben gezeigt, daß die extreme Abreicherung des Mondes an leichtflüchtiger Komponente auch nicht annäherungsweise erreicht werden kann. Darüber hinaus sollten Körper, die wesentlich kleiner als der Mond sind (wie die Mutterkörper der Eucrite), noch reicher an refraktiven

Tabelle 5: Zusammensetzung des Systems Erde-Mond aus 7 Komponenten (nach Anders)

Komponente	Erde	Mond
	(Gehalt der Komponente in %)	
Frühkondensat (Refraktive Elemente)	9,2	30,1
Metallanteil (aufgeschmolzen)	24,0	4,1
Metallanteil (nicht aufgeschmolzen)	7,1	—
FeS (Troilit)	5,0	1,1
Silikate (aufgeschmolzen; Chondren)	41,8	55,7
Silikate (nicht aufgeschmolzen)	11,4	7,3
Silikate (mit leichtflüchtigen Anteilen)	1,5	0,04

Frühkondensaten und noch ärmer an leichtflüchtigen Elementen sein. Es war jedoch ganz das Gegenteil der Fall, wie dies Morgan zeigen konnte. Daraus schließt Anders auf einen der heterogenen Akkretion entgegenwirkenden Trend.

Die Abreicherung der leichtflüchtigen Elemente im Mond wird auch bei Akkretion des Mondes in Erdorbit verständlich. Aufgrund seiner Orbitalbewegung hatte der Mond eine geringe Einfangswahrscheinlichkeit auf die in heliozentrischen Bahnen umlaufenden Staubteilchen; dies zufolge der hohen Begegnungsgeschwindigkeiten. Die Bahnbewegung des Mondes erzeugte einen "Wind", der den Einfang von Staub und kleineren Planetesimalen aerodynamisch behinderte. Der Mechanismus begünstigte jedoch den Einfang größerer Teilchen, wie etwa der Chondren (d.s. die aufgeschmolzenen Silikate), wodurch sich der höhere Anteil des Mondes an aufgeschmolzenem silikatischen Material erklärt.

Tabelle 6: Die chemische Zusammensetzung der Erde und des Mondes

	Erde		Mond			
Gehalt (%)	1	2	1	3	4	5
O	28,50	29,53	41,42	42,0	-	43,10
Mg	13,21	12,70	17,37	12,6	18,7	20,14
Al	1,77	1,09	5,83	8,5	4,3	1,96
Si	14,34	15,20	18,62	18,4	20,6	20,83
S	1,84	1,93	0,39	0,19	-	0,11
Ca	1,93	1,13	6,37	9,0	4,3	2,43
Fe	35,87	34,63	9,00	8,4	8,2	10,80
Ni	2,04	2,39	0,51	0,09	-	0,01

Gehalt (ppm)

	1	2	1	3	4	5
Li	2,7		8,7			
Na	1580	5700	900	1500·		370
K	170	700	96	175	100	
Sc	12,1		40	60	20	
Ti	1030	500	3380	4600	1800	1800
Cr	4780		1200	2000	1330	2740
Mn	590		330	900	1000	
Co	940	1300	240			
Rb	0,58		0,33	0,4	0,29	
Sr	18,2		60	65	43	
Zr	19,7		65	47	30	
Nb	1,00		3,3	3,3	2,2	
Cs	0,059		0,033	0,020	0,013	
Ba	5,1		16,8	24	17,5	
La	0,48		16,8	2,5	1,1	
Ce	1,28		4,2		3,1	
Sm	0,26		0,86		0,75	
Eu	0,10		0,33	0,57	0,27	
Gd	0,37		1,18		1,10	
Yb	0,29		0,95		0,73	
Lu	0,049		0,160		0,11	
Hf	0,29		0,95		0,67	
Ir	1,06		3,5			
Au	0,29		0,072			
Th	0,059		0,210	0,220	0,230	
U	0,018		0,059	0,060	0,060	

(1) Anders	(4) Taylor
(2) Mason	(5) Ringwood
(3) Wänke	

Literatur zu Kapitel 4.3.

Anders, E.: Phil.Trans.R.Soc.London A 285, 23 (1977)
Darwin, G.H.: Phil.Trans.Roy.Soc. 170, 447 (1879)
Dreibus, G., et al.: Proc.8th Lunar Sci.Conf. 211 (1977)
Ganapathy, R., and Anders, E.: Proc.5th Lunar Sci.Conf. 254 (1974)
Gerstenkorn, H.: Z.Astrophys. 36, 245 (1955)
Goldreich, P.: Rev.Geophys. 4, 411 (1966)
Mason, B.: Nature 211, 616 (1966)
Morgan, J.W., et al.: Proc.5th Lunar Sci.Conf. 1703 (1974)
Öpik, E.J.: Adv.Astron.Astrophys. 8, 107 (1971)
Ringwood, A.E.: Publ. 1221 A.N.U. (1976)
Ringwood, A.E.: Earth Planet.Sci.Lett. 8, 131 (1970)
Ringwood, A.E., and Essene, E.: Proc. 1st Lunar Sci.Conf. 769 (1970)
Ringwood, A.E., and Kesson, S.E.: Proc.8th Lunar Sci.Conf. 371 (1977)
Taylor, S.R.: Lunar Science. A post Apollo Review, Pergamon Press, New York (1975)
Taylor, S.R., and Jakes, P.: Proc.5th Lunar Sci.Conf. 1287 (1974)
Taylor, S.R., and Jakes, P.: Proc.8th Lunar Sci.Conf. 433 (1977)
Wänke, H., et al.: Phil.Trans.R.Soc.London A 285, 41 (1977)
Wood, J.A., and Mitler, H.E.: Proc.5th Lunar Sci.Conf. 851 (1974)

5. Das System Mars–Marsmonde

5.1. Mars

Die moderne Erforschung des Planeten Mars begann am 28. November 1964 mit dem Start der Marssonde Mariner 4. Die Sonde näherte sich bis auf 9850 km dem Mars und übermittelte Oberflächenbilder ausgezeichneter Qualität. Am 20. Juli 1976 landete dann die Planetensonde Viking 1 in der Chryse-Ebene und am 3. September 1976 schließlich deren Schwestersonde Viking 2 in der Region Utopia.

Die beiden Landestellen sind einander in vieler Hinsicht ähnlich. Nachdem die Orbiter-Fotos die Vermutung bestätigten, daß auf dem Mars einst fließendes Wasser vorhanden war, setzte man die Sonden in Gebiete, von denen anzunehmen war, daß sie dereinst von Wasser bedeckt waren. Dies in der Hoffnung, hier Spuren von Leben zu entdecken. Die biologischen Experimente waren jedoch durchwegs negativ, da auf dem Mars nie Ozeane existiert haben dürften, in denen sich Leben entwickeln hätte können. Wahrscheinlich gab es früher auf dem Mars nur relativ kurzzeitige Überflutungen nach sintflutartigen Regenfällen.

Die Analyse der Marsbodenproben wurde von energiedispersiven Röntgen-strahlen-Fluoreszenz-Spektrometern ausgeführt, die sich an Bord der beiden Planetensonden befanden. Die Geräte arbeiten auf der Basis der Anregung der in der Probe enthaltenen chemischen Elemente mit Hilfe von Röntgenstrahlen, die von den radioaktiven Isotopen ^{55}Fe bzw. ^{109}Cd emittiert werden. Die von den angeregten Atomen der Probe abgestrahlten Röntgenstrahlen wurden von Proportionalzählern registriert, zur Erde gesandt und hier ausgewertet.

Die Analysendaten der Marsproben sind in der Tabelle 7 angegeben. Es ist bemerkenswert, daß die Proben der beiden Landeplätze in ihrer chemischen Zu-sammensetzung sehr ähnlich sind, obwohl sie doch etwa 6500 km voneinander entfernt liegen. Mineralogisch bestehen sie aus wenigen Silikatmineralen mit einem SiO_2-Gehalt von $45 \pm 5\,\%$ und einem beachtlichen Anteil an Eisen, welcher als Fe_2O_3 gerechnet $19 \pm 3\,\%$ beträgt.

Überraschend war der sehr hohe Gehalt an Schwefel, dessen Konzentration in den Marsproben etwa dem 100fachen Mittelwert entspricht, den die Erdkruste aufweist. Es wurde außerdem eine harte Kruste auf dem Marsboden festgestellt, deren Schwefelanteil noch etwas höher ist. Wahrscheinlich wird die Verfestigung durch Magnesiumsulfat bewirkt.

Der festgestellte niedere Kaliumgehalt (0,2 des Anteils in der Erdkruste) ist möglicherweise für die Marskruste nicht repräsentativ.

Es wurden auch einige Spurenelemente wie Rb ($\leqslant 30$ ppm), Sr (~ 60 ppm), Y (~ 60 ppm) und Zr (~ 30 ppm) nachgewiesen.

Die Bodenproben enthielten darüber hinaus etwa 0,3 % chemisch gebundenes Wasser, was den Vorstellungen gewisse Hoffnung gibt, daß eine Permafrostschichte etwa 1 m unter der Marsoberfläche existieren könnte.

Tabelle 7: Zusammensetzung der Marsproben (Gew.-%)

	Chryse Planitia			Utopia
	S1	S2	S3	U1
MgO	8,3	?	8,6	?
Al_2O_3	5,7	?	5,5	?
SiO_2	44,7	44,5	43,9	42,8
SO_3	7,7	9,5	9,5	6,5
Cl^-	0,7	0,8	0,9	0,6
K_2O	<0,3	<0,3	<0,3	<0,3
CaO	5,6	5,3	5,6	5,0
TiO_2	0,9	0,9	0,9	1,0
Fe_2O_3	18,2	18,0	18,7	20,3

Auf dem Mars erhebt sich einer der größten Vulkane des Planetensystems. Olympus Mons, in der Tharsis-Region, ragt etwa 25 km über die Umgebung auf. Der Riesenvulkan hat einen Basisdurchmesser von ca. 500 km. Im Vergleich dazu ist der größte Vulkan der Erde (der Mauna Loa auf Hawaii) ca. 9 km hoch, mit einem Basisdurchmesser von 225 km. Dies ist für den Aufbau der Lithosphäre des Mars von Bedeutung. Die Lithosphäre, die den Mauna Loa zu tragen hat, weist eine Mächtigkeit von 90 km auf. Die Mächtigkeit einer starren Mars-Lithosphäre, die einen Vulkan von der Dimension des Olympus Mons zu tragen hat, berechnet sich zu ca. 250 km. Die bisher getätigten Beobachtungen der Marskruste weisen jedenfalls darauf hin, daß der Planet ein wichtiges Bindeglied in der Krustenentwicklung zwischen Mond und Erde darstellt.

Die Planeten schließen ihren Entstehungsprozeß mit einer Kraterung der Oberfläche ab, wie schon mehrfach angedeutet wurde. Die meisten Impakte fallen in eine Zeitspanne von 10^8 a nach der Planetenentstehung und bedingen ein erstes Stadium einer Krusteninhomogenität. Wie auf dem Merkur und Mond haben auch auf dem Mars große Impakte etwa Hellas Planitia, das Mocris-Lacus- und Argyre-Becken gebildet. Diese Becken wurden anschließend mit Lava ausgefüllt, sind aber auf dem Mars noch zusätzlich mit Ablagerungen bedeckt, für die Staubstürme verantwortlich sind. Die Krustenevolution auf dem Mars befindet sich in einem fortgeschritteneren Stadium im Vergleich zum Mond, wie die Bildung der Tharsis-Region und quasikontinentaler Gebiete zeigt.

Für den Aufbau der Tharsis-Region waren offenbar Konvektionsvorgänge im Marsmantel verantwortlich. Der Abwesenheit von Erscheinungen, die den terrestrischen vulkanischen Inselbögen oder Faltengebirgen entsprechen, kann entnommen werden, daß die Konvektion des Marsmantel-Materials jedoch nicht stark genug war, die Kruste vollständig aufzubrechen oder zu verschieben. Sollte, was wenig wahrscheinlich ist, der Temperaturgradient des Marsmantels steigen, so müßte sich die Marsoberfläche in Richtung einer Differentiation entwickeln und nach und nach ihre primitive Struktur verlieren.

Was den inneren Aufbau des Planeten betrifft, ist man gegenwärtig auf Annahmen beschränkt, da von dem Seismometer der Viking 2 in der Utopia-Region zumindest in den ersten 2 Monaten nach der Landung keine Marsbeben registriert werden konnten. Jedes Modell hat daher vorerst die Dichte des Planeten ($3,96$ g/cm^3), das Trägheitsmoment und das gegenwärtig zur Verfügung stehende wissenschaftliche Datenmaterial zu berücksichtigen.

Nach Johnston wird ein Fe-FeS-Kern für Mars angenommen, der einen Radius von ca. 1300 km aufweisen sollte. Damit wird für die Bildung des Cores und der Differentiation einer frühen Kruste ein Zeitraum von 10^9 a erforderlich. Für die thermische Geschichte würde dies ein gegenwärtig fluides Core bedeuten, was in Übereinstimmung mit dem festgestellten magnetischen Feld wäre, dessen geringe Intensität im Vergleich zur Erde dem sehr kleinen Marskern zugeschrieben werden kann.

Großräumige Differentiation des Marsmantels in den ersten $2 \cdot 10^9$ a nach der Bildung hat zu Entgasung und vulkanischen Erscheinungen geführt. Die hohe Dichte für das Mantelmaterial von $3,73$ g/cm^3 erfordert einen Anteil von 29 % FeO, was wieder in Übereinstimmung mit niederviskosen Magmen wäre, die aus der Form der Lavaströme auf der Marsoberfläche abgeleitet werden können. Für die mineralische Mantelzusammensetzung ergäbe sich ein Anteil von 25 % Granat, 73 % Olivin (Forsterit-Anteil 56 %) und 2 % magnesiumreichen Oxiden.

Wenn Wasser in den oberen Marsschichten je eine nennenswerte Rolle gespielt hat, so kann partielles Aufschmelzen bis in Tiefen um 200 km für wahrscheinlich erachtet werden.

Für die mittlere Dicke der Marskruste werden 50 km angenommen. Typisches Krusten-Material des Mars sollte hohen Silizium- und Aluminium-Gehalt aufweisen, aber weniger Magnesium enthalten.

Einen ähnlichen Marsaufbau leitet auch Anderson ab. Dabei wird darauf verwiesen, daß der Mars nur einen Eisenanteil von ca. 25 % aufweist, also bedeutend weniger, als für die Planeten Merkur, Venus und Erde berechnet wird. Der Eisengehalt ist dagegen in guter Übereinstimmung mit dem Eisengehalt von Chondriten und Kohlechondriten. Das chondritische Modell von Anderson ist auch im Hinblick auf die Zusammensetzung der beiden Marsmonde von Bedeutung. Diese sehr wahrscheinlich aus dem Restnebel um den Mars gebildeten Monde bestehen nach photometrischen Messungen offenbar aus kohlechondritischem Material.

Nach dem Meteoritenmodell wird ein Mars-Core von ca. 1500 km Radius angenommen, welches aus den Elementen Eisen, Nickel und Schwefel besteht und ca. 12 % der Planetenmasse beinhaltet ($\rho \simeq 6,4$ g/cm^3). Darüber liegt ein Mantel mit einer Dichte von $3,54$ g/cm^3, bezogen auf den nichtkomprimierten Zustand. Für die Totalmasse des Mantels von etwa 88 % wird ein Chemismus abgeleitet, der entweder dem eines partiell differenzierten gewöhnlichen Chondriten oder einer Mischung von 3 Teilen kohlechondritischen mit 1 Teil chondritischen Materials entspricht.

Die Zusammensetzung der Atmosphäre des Planeten ist ziemlich genau bekannt (siehe Tabelle 8). Sie besteht hauptsächlich aus Kohlendioxid, Stickstoff und Argon. Überraschend war die Anwesenheit von Stickstoff und das sich von der Erdatmosphäre stark unterscheidende Verhältnis der Argonisotope $^{40}Ar/^{36}Ar$.

Tabelle 8: Zusammensetzung der Marsatmosphäre

	Gehalt in %
Kohlendioxid	95
Stickstoff (molekular)	3
Argon	1,5
Sauerstoff (molekular)	0,3
Wasser (Dampf)	0,1
Kohlenmonoxid Sauerstoff (atomar)	} Spuren
$^{40}Ar/^{36}Ar$	2750

Argon ist ein sehr informatives Edelgas. Infolge seines hohen Atomgewichtes wird es von größeren Planeten in deren Atmosphäre gehalten, entweicht also nicht so leicht in den interplanetaren Raum. Außerdem ist es infolge seiner Reaktionsträgheit und leichten Entgasbarkeit hauptsächlich in der Atmosphäre eines Planeten enthalten, sodaß gewisse Rückschlüsse auf dessen Entwicklungsgeschichte ermöglicht werden.

Das $^{40}Ar/^{36}Ar$-Verhältnis der Marsatmosphäre ist etwa um den Faktor 10 höher als jenes der Erdatmosphäre. Dies deutet entweder auf eine Anreicherung von K in der Marskruste (relativ zur Erde) hin oder eine von der Erde unterschiedliche Entgasungsgeschichte für das aus ^{40}K entstehende radiogene ^{40}Ar.

Der Druck beträgt auf der Marsoberfläche ca. 7 mbar (Erde ~1000 mbar). Dies und die Anwesenheit von CO_2 waren jedoch schon vor den Marsmissionen durch spektroskopische Beobachtungen bekannt.

Modelle der Marsatmosphäre erachten es für wahrscheinlich, daß diese früher etwa 10mal massiver gewesen sein dürfte, mit einem maximalen Oberflächendruck von ~100 mbar.

Von Owen und Biemann wird jedoch die Möglichkeit der zyklischen Variation von Kohlendioxid und Wasser erörtert. Wie man heute weiß, ist ein Teil des Kohlendioxids in Form von Trockeneis in den Polregionen vorhanden, für ein Wasserreservoir käme eine Permafrostschichte in Betracht. Klimaänderungen könnten die Zusammensetzung der Marsatmosphäre periodisch beeinflussen. Die Wasser-Erosionserscheinungen, die man auf dem Planeten beobachtet hat, würden dann dem Schmelzen des "Frostbodens" und der Entstehung fließender Wässer zuzuschreiben sein. Fließendes Wasser sollte auch dann für Erosionserscheinungen maßgebend gewesen sein, falls die Atmosphäre vormals dichter war, sodaß Regenfälle regelrecht Flußläufe ausbilden konnten.

Wie bereits erwähnt, enthalten auch die bisher untersuchten Marsproben einen relativ hohen Anteil an Wasser. Wasser ist auch in Form von Eis ein permanenter Bestandteil der Polarkappen.

Verschiedentlich wird auch die Existenz von Clathraten in den Polarregionen diskutiert. Eis ist nämlich befähigt, gasförmige Spezies in sein Kristallgitter einzuschließen. Das derart gebildete Clathrat verhält sich wie eine chemische Verbindung. Die Existenz derartiger Verbindungen in unserem Sonnensystem gilt als gesichert. So sind Clathrate von Methan und Ammoniak Bestandteile der Kometen und dürften auch auf den äußeren Planeten und ihren Satelliten vorkommen.

Auch über die in der Marsatmosphäre auftretenden drei Wolkentypen konnte weitgehend Aufschluß erhalten werden. Die Globalaufnahmen von Mariner 6 und 7 zeigten die weißen Wolken, die terrestrischen Zirruswolken ähneln und aus Wasser und/oder Trockeneiskristallen bestehen. Bei den blauen Wolken dürfte es sich um Eiskristalle im Submikronbereich (0,1 μm) handeln, die in 20 bis 100 km Höhe auftreten. Die gelben Wolken schließlich bestehen aus Staub (Limonit ?), der nach Modellrechnungen bei Windgeschwindigkeiten von über 40 km/h von den hellen Marslandschaften bis etwa 6 km Höhe aufgewirbelt wird.

Eine der seltsamsten Erscheinungen in der Marsatmosphäre ist der "blaue Dunst" (Blue Haze), der bei Beobachtungen im violetten oder nahen UV die sonst sichtbaren Kontraste auf der Marsoberfläche verschwinden läßt. Als derzeitige Erklärungsversuche sind Streuverhalten von dielektrischen Submikronkristallen, im kurzwelligen stark absorbierende feste Partikeln, Absorption durch NO_2-Spuren und Fluoreszenzerscheinungen anzuführen. Vielleicht steht der "blaue Dunst" im Zusammenhang mit einer Aerosolschicht, die von den Marssonden zwischen 15 und 40 km Höhe ermittelt wurde.

Ein wichtiges Problem bei der Interpretation der chemischen Zusammensetzung und der Diskussion der Evolution einer Planetenatmosphäre ist das des Verlustes von atmosphärischen Komponenten. Für den Gasverlust ist die Temperatur der hohen Atmosphäre (Exosphäre) von Bedeutung. Die Temperatur der Exosphäre des Mars beträgt etwa 350 °K (2000 °K für die Erde), sodaß die geringe Häufigkeit von molekularem Stickstoff und Wasser durch exosphärischen Verlust der Moleküle nicht zu erklären ist.

Nach Brinkmann sind dafür photolytische Reaktionen verantwortlich, die die Moleküle in Atome spalten.

In der Nähe der Marsoberfläche wird z.B. Wasser photolytisch gespalten:

$$H_2O \;+\; \text{Photon} \quad \rightarrow \quad OH \;+\; H$$

Der atomare Wasserstoff rekombiniert zu Wasserstoffmolekülen und diffundiert in die obere Marsatmosphäre.

$$H \;+\; H \quad \rightarrow \quad H_2$$

Dort tritt neuerlich eine photolytische Spaltung ein, und der entstehende atomare Wasserstoff entweicht nach kurzer Zeit in den interplanetaren Raum.

Nun sollte jedoch nach diesem Reaktionsmechanismus ein hoher Anteil an Sauerstoff in der Marsatmosphäre zu erwarten sein. Der gegenwärtig festgestellte Anteil wäre nämlich in 10^5 a zu erreichen. Nach Mc Elroy sind für den exosphärischen Verlust von Sauerstoff Spaltungsreaktionen der positiv geladenen Moleküle von Kohlendioxid (CO_2^+) und Sauerstoff (O_2^+) verantwortlich. Der sukzessive Verlust von CO_2 aus der Marsatmosphäre ist damit ebenfalls erklärbar.

5.2. *Marsmonde*

Die im Jahre 1877 von Hall entdeckten Monde des Mars, Phobos und Deimos, wurden von Mariner 9 photographiert, sodaß wir nun ausreichend Information, ihre Größe, ihr Volumen und ihre Masse betreffend, besitzen.

Phobos, der größere der beiden Monde, benötigt für eine Marsumrundung 7 h 39 min., also 1/3 des Marstages und ist damit der einzige Satellit des Sonnensystems mit einer Umlaufperiode, die kleiner als die Rotationsperiode des Planeten ist. Sein Volumen beträgt 5748 km^3, die Masse $17,2 \cdot 10^{18}$ g (Annahme: Dichte 3 g/cm^3). Der Satellit umrundet in nahezu kreisförmiger Bahn den Mars, u.zw. mit einem Orbitalradius von 9450 km, was sehr knapp an der Rocheschen Grenze (ca. 8700 km) ist. Deimos hat eine Umlaufperiode von 30 h 18 min, ein Volumen von 1054 km^3 und eine Masse von $3,16 \cdot 10^{18}$ g. Der Orbitalradius beträgt 23500 km.

Was die chemische Zusammensetzung der beiden Monde betrifft, hat man aus der Albedo und der Messung des spektralen Reflexionsvermögens Rückschlüsse zu ziehen, die nach dem Vergleich der erhaltenen Daten mit jenen aus Laboruntersuchungen von terrestrischen Gesteinen und Meteoriten ermöglicht werden.

Da derartige Messungen vorderhand die einzige Informationsquelle, die chemische Zusammensetzung der Asteroide betreffend, darstellt, sollen Prinzip und Grundlagen kurz skizziert werden.

Die Albedo ist das Maß für das Reflexionsvermögen eines Körpers. Planeten, Monde und Asteroide leuchten nicht im eigenen Licht. Was man registrieren kann, ist faktisch reflektiertes Licht, und die Albedo (oder "Weiße der Oberfläche") wird somit abhängig von der Oberflächenbeschaffenheit dieser Himmelskörper. In der Photometrie ist es nun üblich, das Verhältnis des von dem Planeten nach allen Richtungen zurückgeworfenen Lichtes zu dem von der Sonne einfallenden Licht durch den Begriff der Albedo auszudrücken. Die Albedo ist 1 bei einem absolut weißen, oder ideal weißen Körper, der alles eingestrahlte Licht reflektiert. Bei jedem Körper anderer Oberflächenbeschaffenheit ist sie dagegen kleiner als 1. Man kann nun die von Himmelskörpern ermittelten Albedos mit jenen terrestrischer Stoffe vergleichen, woraus gewisse Rückschlüsse auf die Oberflächenbeschaffenheit dieser Körper zulässig werden.

Mißt man das Reflexionsvermögen in einem engen Wellenlängenbereich von 0,3–1,1 μm, so erhält man Kurven, die durch Vergleich mit jenen aus Meteoriten gewonnenen interessante Ähnlichkeiten zeigen und zu der Aussage berechtigen, daß bei Übereinstimmung eine Ähnlichkeit im stofflichen Aufbau des Körpers mit der entsprechenden Meteoritenklasse postuliert werden kann (siehe Kapitel 6).

Die beiden Monde des Mars weisen jedenfalls nicht die Farbe des Planeten auf. Während dieser rot ist, sind Phobos und Deimos grauschwarz. Messungen des spektralen Reflexionsvermögens deuten auf eine Zusammensetzung ähnlich der des Kohlechondriten Orgueil hin. Auch der Asteroid Ceres zeigt eine ähnliche Kurve. Material der Zusammensetzung von Kohlechondriten sollte eine Dichte von 2 g/cm^3 aufweisen.

Über die mit Kratern bedeckte Oberfläche der beiden Monde kann auf ein Oberflächenalter von $2 \cdot 10^9$ a geschlossen werden, denn aus der Form und der Anzahl der Krater werden Informationen hinsichtlich astronomischer und geologischer Vorgänge zugänglich.

Auf kleinen Himmelskörpern werden Krater ausschließlich durch Aufschläge massiverer Körper entstehen. Wenn man also über die Kraterungsgeschwindigkeit eine Aussage machen kann, wird die Kraterungsdichte der Schlüssel zur Rekonstruktion der Geschichte des Himmelskörpers. Am geringsten wird der störende Einfluß erosiver Kräfte natürlich auf kleinen, atmosphärelosen Körpern ausgeprägt sein.

Aus der Kraterungsdichte der verschieden alten Oberflächengebiete des Erdmondes konnte gezeigt werden, daß die Kraterungsgeschwindigkeit vor $4 \cdot 10^9$ a um den Faktor 1000, vor $3 \cdot 10^9$ a um den Faktor 10 höher war als heute (= 1). Die gegenwärtige Kraterungsrate wurde schon vor ca. $1,5 \cdot 10^9$ a erreicht. Zur Zeit der Entstehung des Systems Erde–Mond war die Kraterungsrate etwa 4000mal intensiver als heute. Doch berechtigt die Kenntnis der Kraterungsgeschwindigkeit für Erde und Mond nicht zwingend, daß diese auch für andere Planeten bzw. deren Monde in Rechnung gestellt werden kann. Es wird jedoch übereinstimmend bemerkt, daß die terrestrischen Planeten bzw. deren Monde in den ersten $0,5 \cdot 10^9$ a nach ihrer Entstehung am intensivsten impaktiert wurden. Nur auf den großen Himmelskörpern wurde die Kraterstruktur durch Vulkanismus, tektonische Aktivität und Erosion teilweise (Mars, Venus) oder ganz zerstört (Erde).

5.3. Entstehung des Systems Mars–Marsmonde

Die Entstehung der 3 Körper Mars, Phobos und Deimos wird von Hartmann und Mitarbeitern ausführlich diskutiert. Aufgrund der nahezu kreisförmigen Umlaufbahnen und der geringen Inklination ihrer Bahnen ist es sehr unwahrscheinlich, daß es sich bei Phobos und Deimos um eingefangene Asteroide handelt. Auch Singer hat darauf verwiesen, daß die kleinen Monde nach ihrem Einfang kaum in eine kreisförmige Bahn hätten gezwungen werden können, da die Gezeitenwechselwirkung mit Mars unbedeutend ist.

Auch eine frühe, ausgedehnte Atmosphäre des Mars kann kaum dazu herangezogen werden, die geringen Exzentrizitäten und Inklinationen zu erklären. Denn sie müßte zweifelsfrei lang genug wirksam gewesen sein, diesen Zustand zu erreichen, ohne die Monde aber soweit zu beeinflussen, daß sie auf der Marsoberfläche zerschellen.

Möglicherweise sind Phobos und Deimos die größten Überreste nach einer Kollision, bei der ein ehedem massereicher Satellit zertrümmert wurde.

Sehr wahrscheinlich ist jedoch, daß beide Monde zur gleichen Zeit aus einem Restnebel um den Proto-Mars gebildet wurden. Die Ähnlichkeiten ihrer Bahnorientierungen und jene der photometrischen Messungen sind jedenfalls Argumente für diese Hypothese. Mit diesen Annahmen wird aber die Bildung des Planeten Mars nach dem realistischen Modell der homogenen Akkretion aus chondritischer und kohlechondritischer Materie unumgänglich.

Literatur zu Kapitel 5.

Anderson, D.L.: J.Geophys.Res. **77**, 789 (1972)
Baird, A.K., et al.: Science **194**, 1288 (1976)
Brinkmann, R.T.: J.Geophys.Res. **74**, 5355 (1969)
Brinkmann, R.T.: Science **174**, 943 (1971)
Clark, B.C., et al.: Science **194**, 1283 (1976)
Hartmann, W.K.: Icarus **19**, 550 (1973)
Hartmann, W.K.: Scientific American **236**, 1, 84 (1977)
Hartmann, W.K., et al.: Icarus **25**, 588 (1975)
Hughes, D.W.: Nature **267**, 757 (1977)
Ingersoll, A.P., and Leovy, C.B.: Ann.Rev.Astron.Astrophys. **9**, 147 (1971)
Johnston, D.H., Mc Getchin, T.R., and Toksöz, M.N.: J.Geophys.Res. **79**, 3959 (1974)
Köhler, H.W.: Sterne und Weltraum **15**, 353 (1976)
Mc Elroy, M.B.: Science **175**, 443 (1972)
Meißner, R.: Umschau **77**, 293 (1977)
Mutch, T., et al.: The geology of Mars, Princeton Univ. Press (1976)
Owen, T., and Biemann, K.: Science **193**, 801 ((1976)
Singer, S.F.: The Martian Satellites, In: Physical Studies of Minor Planets. Ed.: T.Gehrels. NASA SP - 267 (1971)
Toulmin III, P., et al.: Icarus **20**, 153 (1973)
Toulmin III, P., et al.: J.Geophys.Res. **82**, 4575 (1977)

6. Die Meteorite und Planetoiden

1801 wurde der erste Planetoid — Ceres — von Piazzi in Palermo entdeckt. Man vermutete schon einige Zeit einen Planeten in der Lücke zwischen Mars und Jupiter. Nach der empirischen Regel von Titius und Bode sollte dieser in einer Entfernung von 2,8 AE (AE = Astronomische Einheit) die Sonne umlaufen. Tatsächlich weist Ceres etwa diesen Wert für die große Halbachse der Umlaufbahn auf.

Bald nach der Entdeckung der Ceres wurde eine große Anzahl weiterer Planetoiden aufgefunden. Heute kennt man etwa 2000 Objekte, die sich vorwiegend zwischen der Mars- und Jupiterbahn bewegen.

Etwas mehr als 30 Objekte des Asteroidengürtels haben Bahnen mit einem Perihel innerhalb der Marsbahn, d.h. also, daß diese Objekte die Marsbahn kreuzen.

Etwa 20 Objekte haben ihr Perihel innerhalb der Erdbahn und werden nach einem ihrer Vertreter Apollo-Asteroiden genannt. Schließlich wurden von Hirayama Asteroiden mit einander sehr ähnlichen Bahnelementen in Gruppen eingeteilt, wobei er zur Charakterisierung die große Halbachse der Bahn, die Exzentrizität und die Bahnneigung zur Ekliptik (Inklination) heranzog. Bis heute sind etwa 40 sogenannte Hirayama-Familien bekannt.

Schließlich sind noch jene Objekte zu erwähnen, die sich von der Sonne aus gesehen immer im Abstand von 60 ° vor oder hinter Jupiter auf dessen Bahn mit der Winkelgeschwindigkeit des Planeten bewegen und Trojaner genannt werden. Ihre Existenz wurde schon von Lagrange theoretisch vorhergesagt, der zeigen konnte, daß es stabile Lösungen an den Punkten gibt, die mit Sonne und Jupiter ein gleichseitiges Dreieck bilden.

Zu den bisher bekannten Objekten ist sicher noch eine weitere Anzahl nicht beobachtbarer hinzuzufügen, deren Größe in Dimensionen liegt, die einer Erfassung nicht mehr zugänglich sind.

Die Besprechung der Meteorite wird in diesem Kapitel vorgenommen, da vermutlich der Großteil dieser Körper ihren Entstehungsort im Asteroidengürtel hat, was allerdings bisher nur an 2 Meteoritenfällen, deren Bahndaten aus mehreren Beobachtungen während des Fallereignisses erhalten wurden, nachgewiesen werden konnte. Es handelt sich dabei um die Chondrite Příbram und Lost City. Das Perihel der Bahnen beträgt 0,79 AE (Příbram) bzw. 0,97 AE (Lost City), das Aphel 4,05 AE (Příbram) bzw. 2,35 AE (Lost City).

Die Inklination der Bahn von 10,4 ° (Příbram) bzw. 12,0 ° (Lost City) entspricht den Bahnneigungen vieler Asteroide.

Ein Meteorit ist ein fester Körper außerirdischen Ursprungs, der, von Leuchterscheinungen und Geräuschen begleitet, zur Erde fällt. Dadurch unterscheidet er sich vom Meteor, das in der Erdatmosphäre verglüht. Die Größe eines Meteorits kann vom Staubkorn bis zum Koloß von vielen Tonnen reichen. Man unterscheidet "Fälle" von "Funden", je nachdem, ob der Fall beobachtet und kurz darauf meteoritisches Material sichergestellt wurde oder nicht. Namen erhalten Meteorite heute allgemein nach dem Fundort. Früher wurden sie auch nach ihren Findern oder nach anderen Gesichtspunkten benannt. Dadurch haben einige Meteorite eine verwirrende Fülle von Namen. In diesem Fall gibt der "Catalogue of Meteorites" (von Hey) erschöpfend Auskunft. In ihm sind über 1500 "Funde" und "Fälle" registriert. Bei einem einzigen Meteoritenfall werden oft mehrere tausend Einzelstücke gefunden, die entweder durch Zertrümmerung eines größeren Brockens beim Aufprall auf der Erdoberfläche entstehen oder schon in Form eines Schauers in die unteren Schichten der Erdatmosphäre gelangen.

Meteorite sind deshalb von besonderem Interesse für die kosmochemische Forschung, da sie Informationsträger ganz besonderer Art sind. Manche von ihnen repräsentieren nahezu unverändertes ursprüngliches oder primordiales Material, wie es vor $4,5 \cdot 10^9$ a aus dem solaren Urnebel akkumulierte, und daher gestattet es einen gewissen Einblick in die chemischen Vorgänge vor der Bildung der Planeten. Von großer Bedeutung sind auch jene Meteorite, von denen man annehmen darf, daß sie Zentralregionen ehemals größerer Himmelskörper entstammen, in denen durch Differentiationsvorgänge eine Trennung der Bestandteile in der Art vor sich gegangen ist, wie sie uns die seismischen Daten für große Himmelskörper nahelegen, nämlich zentrale Eisen-Nickel-Kerne, gegebenenfalls noch an Eisensulfid reiche Übergangszonen zu den äußeren Silikathüllen.

Derartige Gebilde müssen selbstverständlich infolge von Kollisionen aufgebrochen worden sein, worüber Schock- und Fragmentationshinweise in den zur Erde gelangten Bruchstücken vorliegen. Darüber hinaus sind Meteorite bezüglich ihrer Wechselwirkung mit der solaren und galaktischen kosmischen Strahlung Informationsträger.

Die Literatur, die Meteoritenforschung betreffend, hat sich in den letzten Jahrzehnten dermaßen erweitert, daß es im Rahmen dieses Buches nur möglich ist, die wichtigsten Ergebnisse aufzugreifen und zu diskutieren. Jeder derartigen Diskussion muß ein Klassifikationsschema der Meteorite zugrunde liegen, wobei ich mich auf jenes von Mason festlegen werde, obwohl es nach Meinung einiger Meteoritenforscher Schwächen der Art zeigt, daß auf genetische Beziehungen nicht Rücksicht genommen wird.

Die Meteorite werden jedenfalls in Chondrite, Achondrite, Stein-Eisen-Meteorite und Eisenmeteorite unterteilt, wobei die erstgenannten mehr oder weniger undifferenziertes Material darstellen und, wie heute angenommen wird, der chemischen Zusammensetzung der nicht gasförmigen Spezies des solaren Urnebels am nächsten kommen. Alle anderen Meteorite stellen differenziertes Material dar, das in größeren Himmelskörpern, die später aufgebrochen wurden, entstanden sein dürfte.

6.1. Chondrite

Die Chondrite werden selbst wieder in 3 Untergruppen eingeteilt, nämlich in die Kohlechondrite, die gewöhnlichen Chondrite und die Enstatitchondrite.

Der Name Chondrite wurde gewählt, da die meisten Meteorite variable Anteile von sogenannten Chondren enthalten. Das sind sphärische oder ellipsoidische Silikatgebilde, die eine Größe bis zu einigen Millimetern erreichen können. Diese Kügelchen sind nicht selten sehr schön von der Matrix abzutrennen, wie beispielsweise bei den Meteoriten Bjurböle oder Allende. Die Mineralogie dieser Tröpfchen entspricht im wesentlichen der Matrix des Meteorits, ihr Anteil kann bis zu 70 % zur Gesamtmasse des Meteorits beitragen. Da chondrenhaltige terrestrische Gesteine nicht vorkommen und auch die auf dem Mond sehr spärlich auftretenden Chondren meteoritischen Ursprungs sind, werden diese Gebilde für die Entstehung der Chondrite von besonderem Interesse. In einigen als Chondrite klassifizierten Meteoriten, nämlich den Kohlechondriten, treten sie jedoch nicht auf. Diese Meteorite, deren Elementhäufigkeiten ziemlich ähnlich jenen der Chondrite sind, werden aber ebenfalls diesen zugeordnet.

6.1.1. Kohlechondrite

Die Bezeichnung "Kohle"-Chondrite weist schon darauf hin, daß diese Meteorite einen gewissen Anteil an Kohlenstoff bzw. kohlenstoffhaltigen Verbindungen aufweisen. Nach der Klassifikation von Wiik werden die Kohlechondrite in 3 Typen, I, II, III, unterteilt, welche am besten die grundlegenden chemischen und mineralogischen Unterschiede widerspiegeln und in diesem Buch der petrologischen Klassifikation von Van Schmus und Wood vorgezogen werden sollen. Die mittlere Zusammensetzung der 3 Typen von Kohlechondriten ist der Tabelle 9 zu entnehmen. Kohlechondrite sind Meteorite, die wenig oder gar kein metallisches Eisen oder Eisensulfid (Troilit) besitzen. Kohlenstoff liegt teilweise in Form sehr komplexer organischer Moleküle vor, der Schwefel größtenteils als freier Schwefel, in organischen Schwefelverbindungen gebunden oder als oxidischer Schwefel (Sulfat).

Die Kohlechondrite des Typs I bestehen mineralogisch zu ca. 60 % aus Schichtgittersilikaten (wahrscheinlich Chlorit), etwa 7 % aus Magnesiumsulfat mit wechselnden Anteilen Kristallwasser sowie 6 % Magnetit in Körnern oder Kügelchen, in denen Ni und Mn enthalten sind; darüber hinaus Gips, Dolomit und Limonit.

Die Kohlechondrite des Typs II enthalten ca. 70 % hydroxylhaltige Schichtgittersilikate, Olivin, Pyroxen, Troilit und Magnetit, fallweise auch etwas Nickel-Eisen. In dieser Meteoritenklasse treten auch bereits einige unregelmäßig ausgebildete Chondren auf, die Olivin, Pyroxene, Glas, Chlorit oder Serpentin enthalten, in die jedoch auch Nickel-Eisen-Partikeln eingebettet sein können.

Tabelle 9: Chemische Zusammensetzung der Haupt- und Nebenbestandteile der Chondrite in Masse-%

Bestandteil	Kohlechondrite			gewöhnliche Chondrite	Enstatit-Chondrite
	Typ I	II	III		
H_2O	20,54	13,23	1,00	0,27	0,62
C[1]	3,77	2,44	0,46	$<$0,01	0,29
Na_2O	0,76	0,54	0,55	0,90	1,00
MgO	15,56	19,00	23,86	23,93	21,01
Al_2O_3	1,77	2,31	2,65	2,72	1,87
SiO_2	23,08	27,31	33,75	38,29	38,62
P_2O_5	0,27	0,27	0,32	0,20[2]	0,20
S[3]	6,16	3,13	2,22	-	-
K_2O	0,07	0,05	0,05	0,10	0,11
CaO	1,51	2,03	2,32	1,90	0,97[4]
TiO_2	0,08	0,10	0,12	0,11	0,06
Cr_2O_3	0,28	0,39	0,51	0,37	0,35[5]
MnO	0,19	0,17	0,20	0,26	0,14
FeO	24,12	27,07	29,29	11,95	1,69
Fe_{met}	0,11	$<$0,01	2,34	11,65	19,82
Co_{met}	$<$0,01	$<$0,01	0,06	0,08	0,12
Ni_{met}	0,02	0,16	1,08	1,34	1,66
NiO	1,17	1,56	0,33	-	-
FeS (Troilit)	-	-	- [6]	5,89	10,70
Dichte (g/cm^3)	2,2	2,7	3,4	3,6	3,65

[1] Glühverlust, organische Substanz und Kohlenstoff.

[2] Zusätzlich 0,05 % P in der Metallphase.

[3] Enthält Schwefel (S), Sulfat (SO_4^{2-}) und Sulfid (S^{2-}).

[4] Zusätzlich 0,77 % CaS.

[5] Chrom als Cr_2S_3.

[6] Die Meteorite enthalten bereits einen gewissen Anteil FeS. Dessen Nichtberücksichtigung bedingt, daß die Summe der Bestandteile $>$101 % wird.

Die Kohlechondrite vom Typ III entsprechen schon viel eher den gewöhnlichen Chondriten. Die Hauptminerale sind Olivin (70 %), Augit, Klinoenstatit, Orthopyroxen und Plagioklas; in schon geringerem Ausmaß hydratisierte Schichtgittersilikate. Metallisches Eisen und Troilit sind neben bereits gut ausgebildeten Chondren vorhanden.

Sehr interessant war schließlich die Gegenüberstellung der Spurenelementdaten der Kohlechondrite des Typs I mit jenen aus den spektroskopisch ermittelten der Sonne und darüber hinaus denen der gewöhnlichen Chondrite und Enstatitchondrite.

Die Tabelle 10 enthält zusammengefaßt die Häufigkeiten einiger Elemente, wobei nun aber auf 10^6 Si-Atome normiert wurde. Die Häufigkeit A_x eines Elements in Atomen bezogen auf 10^6 Si-Atome erhält man, wenn man die Konzentration dieses Elements in ppm (part per million) in folgende Beziehung einsetzt

$$A_{(x)} = \frac{x \, (ppm)}{AG \, (x)} \cdot F \cdot 10^2$$

wobei sich der Faktor F aus dem Quotient des Atomgewichts von Si durch den Gehalt an Si (in %) in der jeweiligen Meteoritenklasse ergibt. [AG(x) = Atomgewicht des Elements x.]

Tabelle 10: Vergleich der photosphärischen Häufigkeiten einiger Elemente mit jenen aus Kohlechondriten des Typs I (bezogen auf 10^6 Si-Atome)

Element	Photosphärische Häufigkeiten	Häufigkeiten im Typ I
C	$1 \cdot 10^7$	$7,2 \cdot 10^5$
N	$2,5 \cdot 10^6$	$4,9 \cdot 10^4$
O	$2 \cdot 10^7$	$7,5 \cdot 10^6$
Na	$4,6 \cdot 10^4$	$6 \cdot 10^4$
Mg	$7,2 \cdot 10^5$	$1 \cdot 10^6$
Al	$5 \cdot 10^4$	$8,5 \cdot 10^4$
Cr	$1,6 \cdot 10^4$	$1,3 \cdot 10^4$
Fe	$8 \cdot 10^5$	$9 \cdot 10^5$
Co	$2 \cdot 10^3$	$2,3 \cdot 10^3$
Ni	$4,5 \cdot 10^4$	$4,6 \cdot 10^4$
Ga	16	40
Ge	80	140
Rb	10	7

Man erkennt jedenfalls die gute Übereinstimmung bei jenen Elementen, die nicht gasförmige Verbindungen ergeben. Innerhalb der Toleranz für die photosphärischen Werte wird mit Ausnahme bei C und N, die im solaren Urgas hauptsächlich als Kohlenmonoxid, Methan, Stickstoff und Ammoniak vorliegen, bemerkenswerte Ähnlichkeit erreicht, was zu der berechtigten Ansicht führte, daß sich uns in dieser Meteoritenklasse primordiale Materie darstellt, die unfraktioniert zu den Kohlechondriten des Typs I akkumulierte.

Ein interessantes Bild ergab sich schließlich, als man die Häufigkeiten der Elemente in der Sequenz Kohlechondrite I, II, III, gewöhnliche Chondrite und Enstatitchondrite verglich. In der Tabelle 11 sind einige Daten aufgeführt, wobei nun die photosphärischen Werte nicht mehr aufscheinen, da sie für die in der Tabelle gelisteten Elemente mit zu großer Unsicherheit behaftet sind. Berechnet sind wieder die Häufigkeiten des Elements in Atomen pro 10^6 Si-Atome.

Aus der Gegenüberstellung ist zu ersehen, daß die Häufigkeit für die Gruppe der sogenannten schwerflüchtigen Elemente in der Sequenz nahezu gleichförmig ist. Die Tabelle enthält für diese Gruppe stellvertretend Sc und Ti angeführt. Dagegen ist bei weniger leicht bis leicht flüchtigen Elementen eine bemerkenswerte Abnahme in der Häufigkeit zu beobachten.

Tabelle 11: Vergleich der Häufigkeiten (Atome/10^6 Si-Atome) einiger Elemente in der Sequenz der Chondrite

Element	Kohlechondrite			gewöhnl.Chondrite	Enstatit-Chondrite	
	Typ I	II	III		I	II
Sc	31	35	36	28	26	22
Ti	$2,4 \cdot 10^3$	$2,9 \cdot 10^3$	$3,6 \cdot 10^3$	$2,2 \cdot 10^3$	$2,0 \cdot 10^3$	$1,9 \cdot 10^3$
Zn	$1,5 \cdot 10^3$	$6 \cdot 10^2$	$4 \cdot 10^2$	$1,1 \cdot 10^2$	$1 \cdot 10^3$	$1,2 \cdot 10^2$
Ga	40	15	12	11	50	29
Ge	140	76	38	20	110	66
Ag	1	0,3	0,3	0,1	0,7	- [1]
Cd	2,1	1,2	0,5	0,06	3,7	0,1
Pb	2,9	1,3	0,8	0,06	1,7	- [1]

[1] keine Daten

Aus der Reihe fällt die Gruppe der Enstatitchondrite des Typs I, die bei den
flüchtigen Elementen wieder Häufigkeiten aufweist, die jenen der Kohlechondriten des Typs I nahekommen. Darauf wird später noch zurückzukommen sein.
Beschränkt man sich vorerst auf die Kohlechondrite, so ist der Befund fallender
Häufigkeiten an flüchtigen Komponenten in Verbindung mit mineralogischen
Beobachtungen zu kombinieren. So steigt in der Sequenz der Kohlechondrite
der Anteil der Hochtemperatur-Minerale, wie etwa Olivin oder Nickel-Eisen,
von 0 % bei den Kohlechondriten des Typs I bis über 70 % bei jenen des Typs III,
der Anteil der Tieftemperatur-Minerale (wie z.B. der hydratisierten Schichtgittersilikate, Magnetit, Schwefel und Kohlenstoff) sinkt in gleichem Maße auf unter 10 %
ab. Es ist auch von Interesse zu vermerken, daß die Häufigkeit der Chondren mit
dem Gehalt an Hochtemperatur-Mineralen ansteigt.

Von Mason wurde im Jahre 1960 die Ansicht vertreten, daß die Kohlechondrite das Ausgangsmaterial für die Gruppe der Chondrite seien, wobei für die Umwandlung thermisch induzierte Rekristallisationsvorgänge maßgebend gewesen
sein sollten. Wie man heute weiß, ist diese Ansicht nicht zu halten, worauf bereits
1961 Urey hingewiesen hat, als er Zusammensetzungsunterschiede, hier insbesondere das Mg/Si-Verhältnis, erwähnte, welches die Kohlechondrite deutlich zu den
anderen Chondriten absetzt. Selbst innerhalb der Sequenz der Kohlechondrite
kann kaum ein genetischer Zusammenhang postuliert werden, zu signifikant sind
Unterschiede in den relativen Häufigkeiten einiger Elemente, speziell Ca, Al und
Na, und es wird der Schluß zwingend, daß die drei Typen der Kohlechondrite unabhängig voneinander aus primordialer bzw. nahezu primordialer Materie des
Sonnennebels akkumulierten. Da die Kohlechondrite des Typs I der primordialen
Materie am ehesten entsprechen, werden die exakten normalen Häufigkeiten der
chemischen Elemente vielfach aus den Analysenresultaten dieser Meteorite be-
rechnet.

Da also kein genetischer Zusammenhang zwischen den Kohlechondrit-Typen
abzuleiten ist, dürften die Unterschiede in einer Fraktionierung der primordialen
Materie vor der Agglomeration und darüber hinaus in Temperaturunterschieden
in der jeweiligen Bildungsregion zu suchen sein.

Dies bedeutet aber, daß für die Bildung der Kohlechondrite die äußeren
Regionen des Asteroidengürtels in Betracht kommen, wie später noch gezeigt
werden wird. Über die Temperatur ist aus den diese Meteorite aufbauenden Mineralen ein Hinweis möglich. Da die Matrix der Typ II-Kohlechondrite einem Chlorit
oder Serpentin entspricht, kann eine Bildungstemperatur $<500°$ C erwartet werden, da beispielsweise reiner Magnesium-Serpentin bei 500° C in Olivin umgewandelt wird. Der Ersatz von Mg durch Fe würde diese Temperatur noch weiter
senken. Eher wird daher eine Bildungstemperatur von $\leq 300°$ C anzusetzen sein.

Von Du Fresne und Anders wurde gezeigt, daß der Meteorit Mighei (Typ II)
keinen höheren Temperaturen als 300° C ausgesetzt gewesen sein konnte. Dies
bedeutet aber auch eine Limitation für die aus kohlechondritischem Material zu-
sammengesetzten Mutterkörper. Sie dürften einen Durchmesser von maximal
einigen Kilometern aufgewiesen haben, denn es gibt nur wenige Kohlechondrite,
die Hinweise auf nachträgliche metamorphe Effekte zeigen, also in ihren Mutterkörpern eine Erwärmung erfahren haben.

Der Meteorit Mighei enthält jedoch auch Chondren aus Olivin eingebettet, was aber nicht im Widerspruch zu dem oben abgesteckten Temperaturbereich ist. Die Anwesenheit von Chondren in Kohlechondriten zeigt jedenfalls, daß die Regionen der Agglomeration keine geschlossenen Systeme waren; die Chondren wurden offenbar aus Hochtemperatur-Regionen antransportiert und der Tieftemperatur-Materie vor der Agglomeration untermischt.

6.1.2. *Gewöhnliche Chondrite*

Auch hier wurde eine Unterteilung vorgenommen. Nach Mason in Olivin-Bronzit- und Olivin-Hypersthen-Chondrite. Nach Keil und Fredriksson unterscheidet man zwischen den H-Gruppen-Chondriten (H = high iron), den L-Gruppen-Chondriten (L = low iron) und den LL-Gruppen-Chondriten (LL = low iron, low metal).

Van Schmus und Wood klassifizieren schließlich auf der Basis der variierenden petrologischen Charakteristika, die sich aus dem Einfluß der metamorphen Umwandlungen ergeben. Danach wird ein genetischer Zusammenhang zwischen den sogenannten "nichtäquilibrierten" Chondriten und den "äquilibrierten" Chondriten hergestellt. Die erstgenannten weisen zonar aufgebaute Olivine und Pyroxene auf und dürften das Ausgangsmaterial für die "äquilibrierte" Gruppe sein, jene Meteorite also, die in größeren Mutterkörpern einem thermischen Ereignis unterworfen waren (einer sogenannten Metamorphose), das in der Folge Meteorite ergab, deren Minerale einen Gleichgewichtszustand repräsentieren.

Im übrigen ist festzuhalten, daß die Mehrzahl der bisher aufgefundenen Meteorite den gewöhnlichen Chondriten zugeordnet werden kann.

Die H-Gruppen-Chondrite bestehen zu 25–40 % aus Olivin (mit ca. 20 Mol-% Fe_2SiO_4) und 20–35 % Bronzit (ca. 15 Mol-% $FeSiO_3$), ferner Klinopyroxen, Plagioklas, metallischem Eisen-Nickel (ca. 20 %), Troilit (5 %) und Oxiden von Fe, Cr und Ti.

Die L-Gruppen-Chondrite enthalten 35–60 % Olivin (20–25 Mol-% Fe_2SiO_4), 25–35 % Bronzit (ca. 20 Mol-% $FeSiO_3$), Klinopyroxen, Plagioklas und eine Metallphase, deren Anteil von 5–11 % variiert; daneben noch 5–6 % Troilit und minore Gehalte an Oxiden.

Die LL-Gruppen-Chondrite weisen 50–60 % Olivin auf (ca. 30 Mol-% Fe_2SiO_4), 20–25 % Bronzit (ca. 25 Mol-% $FeSiO_3$), ca. 10 % Plagioklas, 5 % Troilit und nur 2–3 % Metallphase; daneben noch in geringen Mengen die Oxide von Fe, Ti und Cr.

Ohne auf die chemischen Unterschiede näher einzugehen, die in der Fachliteratur eingehend abgehandelt sind (die mittlere chemische Zusammensetzung der Meteorite kann der Tabelle 9 entnommen werden), konzentrieren wir das Interesse auf die in diesen Meteoriten enthaltenen Gebilde, die wir schon als

Chondren kennengelernt haben. Dies deshalb, weil auch gewöhnliche Chondrite primitive, d.h. seit ihrer Entstehung nicht mehr wesentlich veränderte Materie darstellen. Da Chondrite wohl das Ausgangsmaterial für die terrestrischen Planeten bilden, wird das Kennen ihrer Struktur wohl einen Beitrag zum besseren Verständnis der Entstehung und frühen Entwicklung in unserem Planetensystem leisten können.

So gesehen kommt den Chondren und ihrer Entstehung große Bedeutung zu. Diese kugelförmigen Gebilde bestehen hauptsächlich aus Hochtemperatur-Mineralen und einer Glaskomponente. Ihre chemische Zusammensetzung ist bis auf wenige Ausnahmen mit der Silikatmatrix des entsprechenden Meteorits identisch, ihre Radien variieren innerhalb einer Meteoritengruppe nur geringfügig. Im Prinzip unterscheidet man 6 Haupttypen von Chondren, die in der Abb. 12 vereinfacht skizziert dargestellt sind.

Über die Bildung der Chondren gehen die Meinungen weit auseinander. Am häufigsten diskutiert wird ihre Entstehung während der Abkühlung des solaren Nebels in Form von Kondensaten. Je nach der Abkühlungsgeschwindigkeit des Nebels bzw. der Unterkühlung der flüssigen Silikattröpfchen kann die Variationsbreite der Chondrentypen erklärt werden. Diese Theorie der Chondrenbildung, die von Wood aufgestellt wurde, scheint mir gegenüber anderen Vorstellungen am ehesten geeignet zu sein, viele Probleme der Entstehung und Genese die Chondrite betreffend zu lösen, wenn man auch gewisse Einwände, wie etwa unrealistisch hoher Gasdruck bei der Kondensation, nicht unberücksichtigt lassen sollte.

Die Impakt-Theorie, nach der Chondren das Resultat von Aufschlägen auf bereits gebildeten Meteoritenmutterkörpern sein sollten, ist nicht nur vom Standpunkt der Energiebilanz ein ziemlich uneffizienter Prozeß, sondern verlangt, daß die Bildung von Chondren durch Impakt auf allen Himmelskörpern erfolgt sein müßte. Weder die vom Mond zur Erde gebrachten Gesteine, die deutlich Hinweise auf Impakt-Ereignisse geben, noch andere Meteoritenklassen zeigen jedoch Chondren, wie sie in Chondriten auftreten. Die durch Impakte produzierten Glaskügelchen, wie sie in Mondgesteinen auftreten und gelegentlich auch in Meteoriten aufgefunden werden, sind jedenfalls von chondritischen Chondren einwandfrei zu unterscheiden. Die in Mondgesteinen vorgefundenen Chondren sind größtenteils der meteoritischen Komponente zuzuschreiben oder einem aerodynamischen Effekt beim Auswurf von Mondmaterial nach einem Meteoriteneinschlag. Die Impakt-Theorien gehen auf Fredriksson (1963) und Wasson (1972) zurück und wurden vielfach modifiziert.

Von Whipple (1966) wurde schließlich die Ansicht geäußert, Chondren seien das Ergebnis der durch elektrische Entladungen im Urnebel aufgeschmolzenen festen Partikel. Derartige Entladungen sollten aber Chondren mit der Zusammensetzung des Ausgangsmaterials geben, da im Urnebel ja nicht nur Festpartikel aus Hochtemperatur-Silikaten, sondern auch Tieftemperatur-Minerale (Kohlechondrite des Typs I) vorhanden gewesen sein müssen.

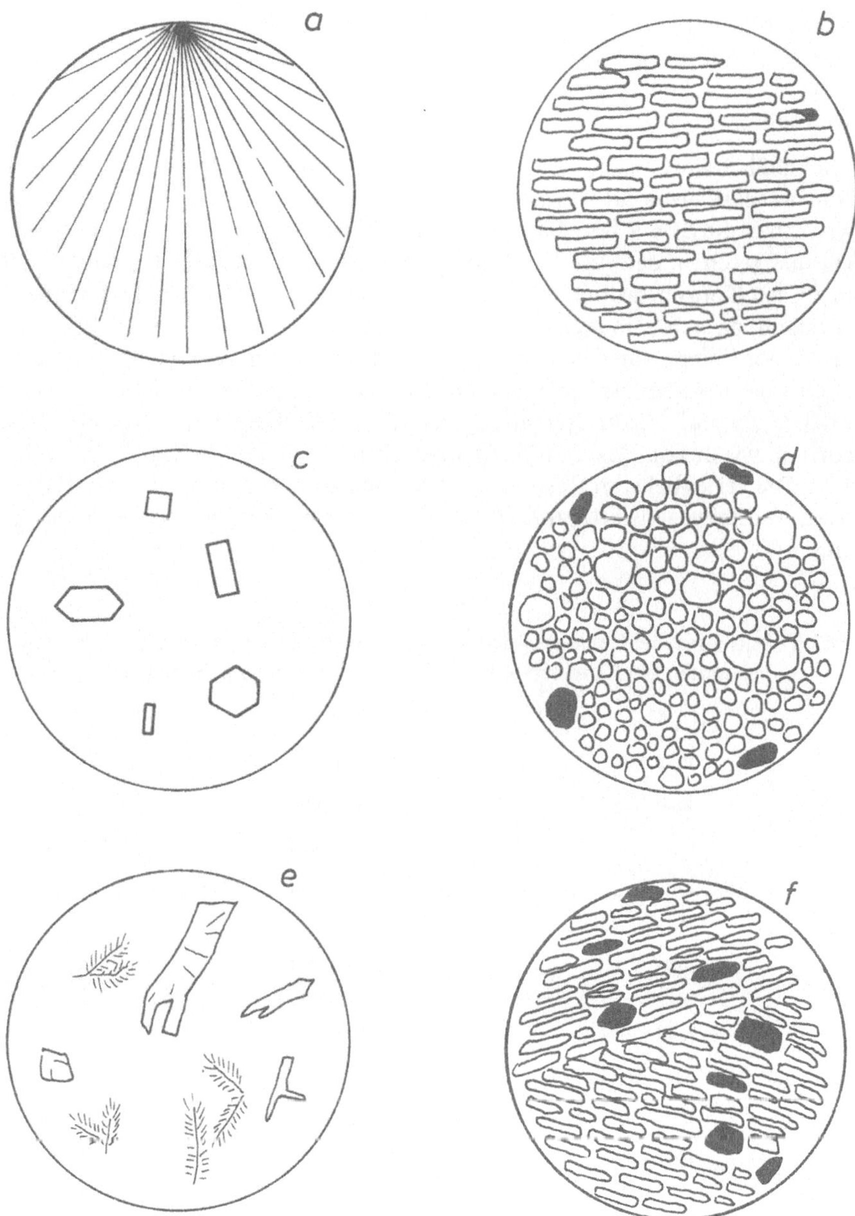

Abb. 12: Die 6 häufigsten Typen von Chondren

a) Strahlenförmige, fiberartige Chondre
b) Balkenartige Chondre aus Olivin (Zwischenräume Glas)
c) Phorphyritische Chondre. Kristalle aus Olivin und Pyroxen in glasartiger oder mikrokristalliner Matrix
d) Granulare Chondre. Enthält oft Eisen und Troilittröpfchen nahe ihrer Oberfläche
e) Glaschondre mit schlecht ausgebildeten Kristallen und farnartigen Devitrifikationserscheinungen (Entglasungserscheinungen)
f) Polysomatische Chondre mit Silikatplatten und Troilit in einer Plagioklas-Matrix

Die auf Sorby (1877) und Tschermak (1885) zurückgehende Theorie, die Chondren seien das Ergebnis einer Verfestigung von Lavatröpfchen, ist im Lichte der jüngsten Forschungsergebnisse nicht mehr haltbar und steht daher auch nicht zur Diskussion.

Schließlich darf an dieser Stelle wieder die Gruppe der Seltenen Erdelemente erwähnt werden, die ja für Differentiationsvorgänge von besonderer Bedeutung ist. Wir haben die SEE schon als Indikatoren für geochemische Prozesse kennengelernt und gesehen, daß ihre Konzentrationen in Gesteinen üblicherweise in Relation zu den Konzentrationen in gewöhnlichen Chondriten angegeben werden. Dies deshalb, da sich herausgestellt hat, daß die relative Häufigkeit der SEE in den verschiedenen Typen von Chondriten gleich ist, d.h. kaum relative Fraktionierung dieser Gruppe von chemischen Elementen stattgefunden hat. Die Normierung erfolgt daher gewöhnlich auf den Mittelwert der SEE-Gehalte von 20 chondritischen Meteoriten, wie er von Haskin (1966) angegeben wurde und in Tabelle 12 aufgeführt ist. Die verläßlichsten Resultate, diese wichtige Gruppe von Elementen betreffend, werden gegenwärtig mit Hilfe der Neutronen-Aktivierungs-Analyse erhalten.

Tabelle 12: Mittelwert der Gehalte an Seltenen Erdelementen (in ppm) von 20 chondritischen Meteoriten (im Klammerausdruck die mittleren Standardabweichungen)

Element	Gehalt (ppm)
La	0,30 ($\pm$ 0,06)
Ce	0,84 ($\pm$ 0,18)
Pr	0,12 ($\pm$ 0,02)
Nd	0,58 ($\pm$ 0,13)
Sm	0,21 ($\pm$ 0,04)
Eu	0,074 ($\pm$ 0,015)
Gd	0,32 ($\pm$ 0,07)
Tb	0,049 ($\pm$ 0,010)
Dy	0,31 ($\pm$ 0,07)
Ho	0,073 ($\pm$ 0,014)
Er	0,21 ($\pm$ 0,04)
Tm	0,033 ($\pm$ 0,007)
Yb	0,17 ($\pm$ 0,03)
Lu	0,031 ($\pm$ 0,005)

6.1.3. Enstatitchondrite

Alle Enstatitchondrite wurden unter stark reduzierenden Bedingungen gebildet. Ihre Silikatminerale sind nahezu eisenfrei. Aus dieser Tatsache leitet sich auch ihr Name ab, der aufgrund des in ihnen vorherrschenden Minerals, Enstatit, gegeben wurde. Ihr hoher Reduktionsgrad zeigt sich auch in der Anwesenheit von metallischem Silizium, welches in der Metallphase in gelöster Form auftritt. Chemisch sind sie weiter durch einen hohen Gehalt an metallischem Eisen charakterisiert. Ein Teil des Eisens liegt auch in Form von Troilit (FeS) vor. Bei ihrer Bildung hat Wasser keine wesentliche Rolle gespielt, denn es treten Minerale auf, wie etwa Oldhamit (CaS) oder Niningerit (Fe,Mg)S, die überaus wassersensitiv sind. Verglichen zu den gewöhnlichen Chondriten sind die Enstatitchondrite eine sehr heterogene Gruppe. Ihr Eisen- und Troilitgehalt variiert von Meteorit zu Meteorit oft stark, und auch der Gehalt an Spurenelementen ist bedeutenden Variationen unterworfen. Bis zu einem gewissen Ausmaß sind diese Unterschiede mit dem Grad der Metamorphose korreliert. Von Anders wurde daher eine Unterteilung der Enstatitchondrite in 2 Typen vorgenommen, die sich im wesentlichen durch den Spurenelementgehalt und die mehr oder weniger stark ausgeprägte chondritische Struktur unterscheiden. Die Enstatitchondrite bilden eine eigene metamorphe Sequenz, sind jedenfalls nicht durch die Wirkung extremer metamorpher Prozesse auf gewöhnliche Chondrite von diesen abzuleiten.

Von Fredriksson wurde darauf verwiesen, daß der Gehalt an Fe^{2+} der Chondren in Übereinstimmung mit der Reduktion in einer Wasserstoff-Atmosphäre ist, womit sich für die Bildungsregionen der Meteoritenmutterkörper sonnennahe Regionen anbieten. Es ist deshalb nicht von der Hand zu weisen, daß diese Meteorite Reste jener Materie sind, die den innersten Planeten, Merkur, aufgebaut haben. Es ergibt sich auch kein Widerspruch mit dem hohen Gehalt an relativ leichtflüchtigen Elementen (Tabelle 11) in den Enstatitchondriten des Typs I. Offensichtlich erfolgte die Kondensation der Elemente im abkühlenden solaren Nebel ungestört, d.h. es fand keine Fraktionierung während der Kondensation aus der Gasphase statt, die Agglomeration zu den Mutterkörpern trat erst ein, als die Temperatur des solaren Gases stark abgesunken war. Die mittlere Zusammensetzung der Enstatit-Chondrite ist der Tabelle 9 zu entnehmen.

Die Enstatit-Chondrite des Typs I bestehen zu 40–60 % aus Klinoenstatit der Zusammensetzung $(Mg_{1,96}Fe_{0,02}Ca_{0,007}Mn_{0,004})Si_2O_6$, d.h. also nahezu reinem Enstatit, Nickel-Eisen mit einem Gehalt von etwa 3 % Si in fester Lösung, Troilit mit ca. 1–3 % Cr, Graphit, Oldhamit und verschiedenen gemischten Sulfiden, wie Zinkdaubréelit $(FeZn)Cr_2S_4$ (ca. 5 % Zn), Niningerit (Fe,Mg)S sowie Ferroalabandin (Mn,Fe)S. Die Struktur ist chondritisch, die Chondren mehr oder weniger gut ausgeprägt, womit eine gewisse Aussage hinsichtlich der Metamorphosetemperatur möglich wird. Von Keil wird ein genetischer Zusammenhang zwischen den Enstatitchondriten des Typs I mit jenen des Typs II nicht für wahrscheinlich erachtet. Für die Chondrite des Typs I wird nach deren Agglomeration rasche Abkühlung angenommen, wodurch Rekristallisation verhindert wird. Milde Metamorphose kann jedoch nicht ganz ausgeschlossen werden.

Die Enstatit-Chondrite des Typs II bestehen zu 40–60 % aus Orthoenstatit der Zusammensetzung $(Mg_{1,96}Ca_{0,03}Fe_{0,005})Si_2O_6$, Nickel-Eisen (mit ca. 1 % Si), Troilit (mit ~1 % Cr) und Plagioklas; daneben die schon bei Typ I erwähnten Minerale. Die Meteorite dieses Typs sind stark rekristallisiert und zeigen gut kristallisierten Orthopyroxen. Chondren sind sehr selten und meist nur noch fragmentarisch zu erkennen. Nach Keil wird für diese Chondrite langsame Abkühlung der Mutterkörper angenommen, was nicht nur Rekristallisation, sondern auch das weitgehende Aufgehen der Chondren in der Matrix, also eine Zerstörung der chondritischen Struktur, erklären würde. Dies würde aber auch eine nachträgliche Metamorphose bewirken, wobei Temperaturen von bis zu 1000° C notwendig wären.

6.2. Achondrite

Wie schon der Name sagt, sind sie durch das Fehlen von Chondren gekennzeichnet. Ihre Klassifikation erfolgt üblicherweise nach dem Calciumgehalt. Sie stellen differenziertes Material dar, welches durch magmatische Vorgänge aus primitiverem Material generiert wurde. Über die Genese der einzelnen in diese Gruppe fallenden Meteorite wurden in letzter Zeit viele Hypothesen aufgestellt, und obwohl die postulierten Vorgänge auf deren Mutterkörpern von partiellem Schmelzen bis zur fraktionierten Kristallisation in einem Gravitationsfeld reichen, konnten diese Prozesse bislang in Laboratorien noch nicht exakt dupliziert werden. Wenn auch vielleicht die zur Diskussion stehenden magmatischen Geschehnisse bei der Genesis dieser Meteorite nicht unbedingt voll zutreffend sind, so dürfte es sich doch nur um geringfügige Varianten davon handeln.

Nach Fish sollte auch die Größe des Mutterkörpers kein großes Problem darstellen, denn wenn einmal die für die Differentiation nötigen Temperaturen erreicht worden sind, können auch in relativ kleinen Körpern Phasenseparationen erfolgen.

Einer Verallgemeinerung dieser Ansicht sollte man jedoch skeptisch gegenüber stehen, wie am Beispiel des calciumreichen Achondrits Nakhla demonstriert sein soll. Der Meteorit stellt stark differenziertes Material dar, das offenbar das Ergebnis der Kristallisation einer partiellen Schmelze ist. Der kaum ausgebildete Zonarbau der Kristalle und die nahezu monomineralische Zusammensetzung (75 % Diopsid) deuten auf einen sogenannten Kumulat-Ursprung in oberflächennahen Schichten hin.

Kumulate nennt man Gesteine, die durch magmatische Sedimentation in einem abkühlenden Magma entstehen. Die gebildeten Kumulus-Kristalle kommen dabei unter dem Einfluß des Gravitationsfeldes zur Ruhe. Im Falle des Nakhla kann kein genetischer Zusammenhang zu einer bisher bekannten Meteoritenklasse hergestellt werden. Hingegen existiert eine gewisse Beziehung zu Olivin-Pyroxeniten aus den ultramafischen Plutonen orogener Provinzen im Südosten Alaskas und des Urals. Besonders interessant ist das Verteilungsmuster der Seltenen Erdelemente, aus dem eine Fraktionierung ähnlich zu terrestrischen Basalten abgeleitet werden kann. Die leichten Seltenen Erdelemente sind bei Nakhla um den Faktor 4 stärker angereichert als in gewöhnlichen Chondriten. Das schwere Ende dagegen liegt mit chondritischer Häufigkeit vor. Ein derartiges Verteilungsmuster ist sowohl für Mondgesteine als auch für die bisher bekannten Achondrite nicht festgestellt worden. Das Erstarrungsalter wird übereinstimmend mit $1,3 \cdot 10^9$ a angegeben und auch der bei der Bildung des Meteorits existente hohe Sauerstoffpartialdruck, der sich in der Anwesenheit von Magnetit, Pyrit sowie von Spuren Nickel im Olivin dokumentiert, spricht für einen Mutterkörper von beachtlichen Dimensionen, in dem nach der Entstehung vor $4,5 \cdot 10^9$ a noch vor $1,3 \cdot 10^9$ a magmatische Prozesse wirksam waren. Es gibt, und das darf an dieser Stelle vorweggenommen werden, allerdings starke Einwände gegen Meteoritenmutterkörper, die Mondgröße oder darüber erreichen. Leider wird in vielen Fällen, wo ein Vergleich mit terrestrischem Material angebracht erscheint, dieser durch den Umstand erschwert, daß besonders im Bereich der Spurenelemente für die entsprechenden terrestrischen Gesteine zu wenig geeignetes Datenmaterial vorliegt.

In vielen Achondriten sind die Spurenelemente eingehend analysiert worden. Es ist erwiesen, daß ganz allgemein deren Verteilung zwischen verschiedene Phasen einen Hinweis auf magmatische Prozesse liefert. Vom Verfasser und seinen Mitarbeitern wurden in dieser Hinsicht schon vor vielen Jahren umfassende Arbeiten ausgeführt. In den letzten Jahren wurde diesem Aufgabenbereich auch von anderen Forscher-Teams immer größere Aufmerksamkeit gewidmet. Dennoch ist das vorliegende Datenmaterial noch ziemlich lückenhaft.

Ich beschränke mich hier auf die bereits öfter zitierte Gruppe der Seltenen Erdelemente, die ja eine ganz besondere Rolle bei der Erklärung magmatischer Vorgänge spielt.

Die Abb. 13 zeigt beispielsweise die Verteilung der Seltenen Erdelemente in einigen Achondriten. Nach Jerome und McCarthy dürften Diogenite, Eucrite und Howardite in ihrer Genese ziemlich verwandt sein. Es zeigt nämlich der Vergleich des Verteilungsmusters von Shalka mit jenem des Eucriten Juvinas, daß bei chondritischer Häufigkeit der Seltenen Erdelemente für das Ausgangsmaterial eine Massenbilanz von 9 : 1 zugunsten von Shalka-Material existieren sollte. Dennoch gibt es Einwände (Wasson) gegen dieses einfache Zweikomponentenmodell. Es sollte nämlich die Häufigkeit der schweren Seltenen Erdemente im Eucrit Juvinas etwas geringer sein als dargestellt, denn wie aus der Abbildung 13 zu ersehen ist, ist im Shalka das schwere Ende der Seltenen Erden leicht angereichert. Außerdem begünstigt die Fallstatistik die Eucrite gegenüber den Diogeniten, doch sind gerade statistische Überlegungen für kosmische Dimensionen und Ereignisse mit Vorsicht zu betrachten.

Eine Ähnlichkeit zeigt ferner die Verteilung der Seltenen Erdelemente des Aubrits Norton County mit jenen des Pyroxens aus dem Juvinas-Eucrit. Der Norton County-Meteorit besteht nun hauptsächlich aus einem calciumarmen, magnesiumreichen Klinopyroxen, weshalb eine mögliche Beziehung hergestellt werden kann. Nach Schnetzler ist das Material, das den Moore County aufbaut, ein Kumulat von Pigeonit und Plagioklas aus einem eucritischen Magma.

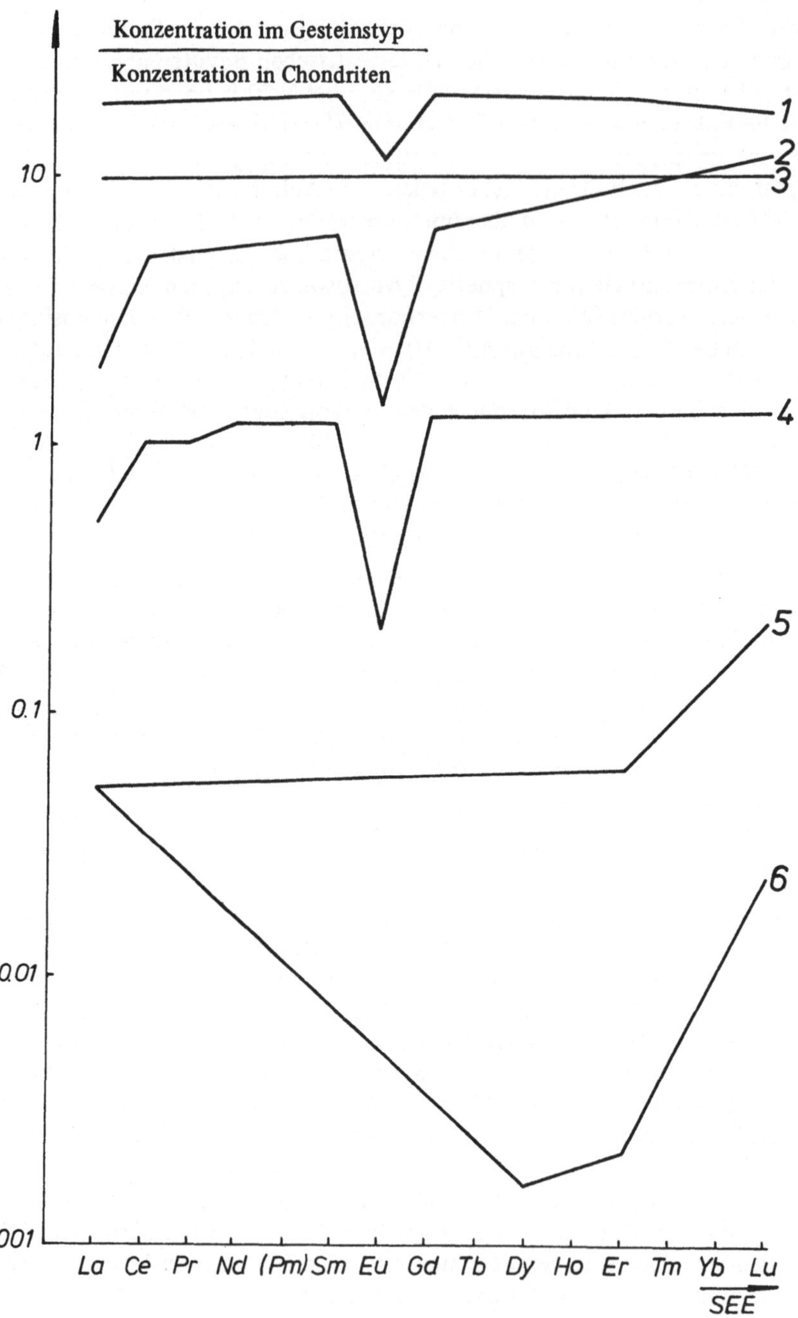

Abb. 13: Verteilung der Seltenen Erdelemente in einigen Achondriten

1 Stannern (Eucrit)	4 Norton County (Aubrit)
2 Pyroxen aus Juvinas (Eucrit)	5 Shalka (Diogenit)
3 Juvinas (Eucrit)	6 Olivin aus Brenham (Pallasit)

Die flachen Verteilungsmuster der Seltenen Erden werden jedenfalls durch mäßige bis starke partielle Schmelzvorgänge während der Magmenbildung erklärt. Weitgehende Übereinstimmung besteht jedoch darin, daß die Achondrite ihren Ursprung in oberflächennahen Regionen ihrer Meteoritenmutterkörper gehabt haben müssen.

6.2.1. *Calciumarme Achondrite*

Die calciumarmen Achondrite werden wieder unterteilt in Enstatit-Achondrite (Aubrite), Olivin-Pigeonit-Achondrite (Ureilite), Bronzit-Achondrite (Diogenite) und Olivin-Achondrite (Chassignite).

6.2.1.1. *Enstatit-Achondrite oder Aubrite (nach dem Meteorit Aubres benannt)*

bestehen zu etwa 90 % aus reinem Enstatit ($MgSiO_3$). Gelegentlich sind dem Hauptmaterial noch Forsterit, Diopsid und Oligoklas beigesellt. Zusätzlich treten Nickel-Eisen, Graphit, Troilit und eine weitere Anzahl minorer Phasen hinzu. Die meisten Aubrite sind brekziös, es gibt keine bekannten terrestrischen Analoga. Die auf 100 % berechnete Analyse der silikatischen Anteile ist in der Tabelle 13 wiedergegeben.

6.2.1.2. *Olivin-Pigeonit-Achondrite oder Ureilite*

sind nach dem Meteorit Novo-Urei benannt. Sie bestehen hauptsächlich aus Olivin mit ~21 Mol-% Fe_2SiO_4, Pigeonit und enthalten neben größeren Anteilen Nickel-Eisen noch Diamant.

Diamant wurde in keiner anderen Gruppe von Steinmeteoriten aufgefunden, und auch der ungewöhnlich hohe Anteil an Nickel-Eisen unterscheidet die Ureilite von den übrigen Achondriten.

Nach Ringwood sollten Ureilite aus den Innenregionen von Körpern stammen, die mindestens Mondgröße aufwiesen und die Bildung von Diamant erlaubten. Akzeptiert man Körper dieser Größe nicht als Meteoritenmutterkörper, kann die Bildung von Diamant nur während einer Kollision durch Druckschockwirkung erklärt werden (Lipschutz und Anders). Tatsächlich konnte von De Carli und Jamieson 1961 Diamant durch Impakt synthetisiert werden. Mögliche Entstehungsvorgänge für Ureilite werden bei Higuchi (1976) und Wasson (1976) diskutiert.

Auch für Ureilite existieren keine terrestrischen oder extraterrestrischen Analoga. Die auf 100 % aufgerechnete Silikatphase der Meteoritenklasse kann der Tabelle 13 entnommen werden.

6.2.1.3.   *Bronzit-Achondrite oder Diogenite*

bestehen aus Bronzit (ca. 25 Mol-% $FeSiO_3$) und Klinobronzit; daneben Plagioklas (85 Mol-% Anorthit), Olivin, Chromit, Troilit und geringe Anteile Nickel-Eisen.

Wie die Aubrite sind sie nahezu monomineralisch und brekziös. Terrestrische magmatische Hypersthen- und Bronzit-Pyroxenite sind bekannt und mit den Diogeniten zu vergleichen. Die erwähnten terrestrischen Gesteine treten in großen Magmenkammern auf. Die Tabelle 13 enthält die auf 100 % aufgerechnete mittlere Zusammensetzung der Silikatkomponente der Diogenite.

6.2.1.4.   *Olivin-Achondrite oder Chassignite*

Der einzige bekannte Olivin-Achondrit ist der Meteorit Chassigny. Er ist ein monomineralischer Meteorit und besteht zu 90 % aus Olivin (33 Mol-% Fe_2SiO_4) und zu 4 % aus Chromit; daneben minore Anteile Pyroxen und Plagioklas. Seine Zusammensetzung ist der Tabelle 13 zu entnehmen. Er weist starke Ähnlichkeit mit terrestrischem Dunit auf.

Tabelle 13: Zusammensetzung der Silikatphasen der calciumarmen Achondrite in Masse-%

Bestandteil	Aubrite[1]	Ureilite[2]	Diogenite[3]	Chassigny[4]
H_2O	1,20	1,24	0,14	0,24
Na_2O	0,59	0,05	<0,01	0,19
MgO	37,80	39,40	26,35	32,06
Al_2O_3	0,70	0,42	1,20	1,26
SiO_2	57,15	42,88	53,14	37,14
P_2O_5	0,23	0,08	0,01	0,10
K_2O	0,10	<0,01	<0,01	0,09
CaO	0,95	0,87	1,43	0,56
TiO_2	0,06	0,10	0,20	0,16
Cr_2O_3	0,06	0,47	0,81	0,88
MnO	0,15	0,38	0,32	0,49
FeO	1,01	14,10	16,38	26,83

1) Metallanteil: ca. 2,5 %
   Troilitanteil: ca. 1,2 %
   Oldhamitanteil: ca. 0,5 %
2) Metallanteil: ca. 8 %
   Kohlenstoffanteil: ca. 1 %

3) Metallanteil: ca. 1 %
   Troilitanteil: ca. 1 %
4) Troilitanteil: ca. 0,6 %

6.2.2. *Calciumreiche Achondrite*

Die calciumreichen Achondrite werden unterteilt in Orthopyroxen-Pigeonit-Plagioklas-Achondrite (Howardite), Pigeonit-Plagioklas-Achondrite (Eucrite), Diopsid-Olivin-Achondrite (Nakhlite) und Augit-Achondrite (Angrite).

6.2.2.1. *Orthopyroxen-Pigeonit-Plagioklas-Achondrite oder Howardite*

bestehen aus Orthopyroxen mit bronzitischer bis ferrohypersthenischer Zusammensetzung, Pigeonit mit > 45 Mol-% $FeSiO_3$, Feldspat mit 75–97 Mol-% Anorthit; daneben Olivin, Augit, Nickel-Eisen, Chromit und anderen minoren Komponenten. Sie sind gewöhnlich stark brekziös und enthalten Kristalle und Gesteinsfragmente, die unter verschiedensten Bedingungen entstanden sind. Es besteht möglicherweise ein genetischer Zusammenhang mit den Diogeniten. Die mittlere Zusammensetzung der auf 100 % aufgerechneten Silikatphase ist der Tabelle 14 zu entnehmen.

6.2.2.2. *Pigeonit-Plagioklas-Achondrite oder Eucrite*

Die Hauptminerale sind Pigeonit der Zusammensetzung $(Ca_{0,17}Mg_{0,33}Fe_{0,50})SiO_3$ bis $(Ca_{0,10}Mg_{0,45}Fe_{0,45})SiO_3$, Augit $(Ca_{0,32}Mg_{0,25}Fe_{0,43})SiO_3$ und Plagioklas-Feldspat mit 84–92 Mol-% Anorthit. Minore Minerale sind Magnetit, Chromit, Troilit und Nickel-Eisen. Diese Meteorite sind wohl ohne Zweifel magmatischen Ursprungs und den terrestrischen Diabasen mineralogisch nahestehend. Die Zusammensetzung ihrer auf 100 % aufgerechneten Silikatphasen ist in Tabelle 14 angegeben.

6.2.2.3. *Diopsid-Olivin-Achondrite (Nakhlite)*

wurden nach dem Meteorit Nakhla benannt. Neben Nakhla ist nur noch der Meteorit Lafayette in die Gruppe einzuordnen. Nach jüngsten Untersuchungen sind die beiden Meteorite offensichtlich Bruchstücke ein und desselben Körpers. Beide sind nahezu monomineralisch und bestehen aus $\sim$75 % Diopsid $(Ca_{0,39}Mg_{0,37}Fe_{0,24})SiO_3$ und $\sim$15 % Olivin (65 Mol-% Fe_2SiO_4) sowie Plagioklas mit $\sim$35 % Mol-% Anorthit. Als minore Komponenten treten Magnetit und Troilit auf. Sie sind nicht brekziös. Die chemische Zusammensetzung ist der Tabelle 14 zu entnehmen.

6.2.2.4. *Augit-Achondrite (Angrite)*

Der einzige bisher bekannte Augit-Achondrit ist der Meteorit Angra dos Reis. Auch er ist ein nahezu monomineralischer Meteorit, der aus einem titanhältigen Augit der Zusammensetzung $(Ca_{0,50}Mg_{0,27}Fe_{0,15}Al_{0,04}Ti_{0,03}Na_{0,01})(Si_{0,87}Al_{0,13})O_3$ aufgebaut wird. Daneben treten noch Olivin und Troilit auf. Dieser Meteorit ist nicht brekziös und entspricht den eher seltenen terrestrischen Augit-Pyroxeniten.

Tabelle 14: Zusammensetzung der Silikatphasen der calciumreichen Achondrite in Masse-%

Bestandteil	Howardite[1]	Eucrite[2]	Nakhlite[3]	Angrit[4]
H_2O	0,34	0,62	0,24	n.b.
Na_2O	0,28	0,44	0,44	n.b.
MgO	12,13	8,67	12,00	10,14
Al_2O_3	10,25	13,20	1,73	8,80
SiO_2	50,15	48,43	48,85	44,40
P_2O_5	0,08	0,10	0,05	0,13
K_2O	0,06	0,06	0,12	<0,01
CaO	7,85	10,39	15,20	24,75
TiO_2	0,10	0,44	0,38	2,40
Cr_2O_3	0,54	0,37	0,33	n.b.
MnO	0,67	0,48	0,09	n.b.
FeO	17,55	16,80	20,57	8,60

n.b. = nicht bestimmt

1) Metallanteil: ca. 0,5 %
   Troilitanteil: ca. 0,5 %
2) Metallanteil: ca. 1 %
   Troilitanteil: ca. 0,5 %

3) Troilitanteil: ca. 0,1 %
4) Troilitanteil: ca. 1 %
   0,78 % für die Summe von H_2O, Na_2O,
   Cr_2O_3 und MnO.

6.3. Stein-Eisen-Meteorite

Die Meteorite, die hier eingeordnet werden, teilt man aufgrund ihrer Zusammensetzung selbst wieder in 4 Untergruppen, nämlich die Pallasite, Mesosiderite, Siderophyre und Lodranite. Für die beiden letztgenannten sind allerdings nur jeweils Einzelmeteorite bekannt.

Von diesen Untergruppen stellt insbesondere die der Mesosiderite ein sehr heterogenes Sortiment von Meteoriten dar, das zum Teil Schockbrekzien beinhaltet, welche nicht notwendigerweise Innenregionen der Meteoritenmutterkörper entstammen müssen. Pallasite dagegen werden als Material angesehen, welches der Metall-Silikat-Grenzfläche differenzierter Mutterkörper zugeordnet werden kann. Dafür spricht die Assoziation von Metall und Olivin. Der Olivin ist das dichteste Silikatmaterial und schmilzt erst bei sehr hohen Temperaturen. Es ist also nicht abwegig, in einem Meteoritenmutterkörper eine über dem Metall-Core liegende Olivin-Metallschicht zu postulieren.

Auch ist es von Interesse, hier jene Meteorite zu erwähnen, die faktisch das Gegenstück zu den Pallasiten bilden. In diesen Meteoriten ist der Olivin durch Eisensulfid (Troilit) ersetzt. Zwei Beispiele dafür sind die Meteorite Soroti und Mundrabilla, die in eine eigene Gruppe, die sogenannten anomalen Meteorite, eingeordnet werden.

Die Tabelle 15 enthält die chemische Zusammensetzung der von meinen Mitarbeitern untersuchten Meteorite Ahumada (Pallasit) und Mundrabilla (anomaler Meteorit), deren Phasenzusammensetzung möglicherweise charakteristisch für die Core-Mantel-Übergangsregion der terrestrischen Planeten ist.

Tabelle 15: Phasenzusammensetzung der Meteorite Ahumada und Mundrabilla (nach Hermann, Weinke und Kluger)

Bestandteil (in %)	Ahumada Olivin	Ahumada Metall	Bestandteil (in %)	Mundrabilla Metall	Mundrabilla Troilit
MgO	48,03	n.b.	C	0,26	1,24
Al_2O_3	0,07	0,31	P	0,345	n.b.
SiO_2	40,44	0,44	S	0,006	36,20
CaO	0,09	n.b.	Cr	Spur	1,42
Cr_2O_3	0,09	n.b.	Mn	n.b.	0,40
MnO	0,27	87,41	Fe	91,15	60,48
FeO	10,75	0,53	Co	0,52	0,003
		11,18	Ni	7,88	0,06
Spuren (ppm)					
	n.b.	n.b.	Cu	68	410
	8,0	0,34	Zn	19,5	112
	n.b.	n.b.	Ga	67	$\leq$1,0
	n.b.	n.b.	Ge	173	n.b.
	0,14	23	As	15,0	0,61
	0,01	0,01	Se	$\leq$0,01	101,0
	0,10	9,32	Mo	6,2	3,7
	$\leq$0,01	1,30	Ru	2,44	0,082
	$\leq$0,005	0,05	Re	0,037	0,0023
	$\leq$0,01	0,10	Os	0,63	0,012
	0,001	0,023	Ir	0,92	0,025
	0,001	1,95	Au	1,29	0,37
	0,015	$\leq$0,01	Hg	0,037	0,078

Obwohl einige dieser Meteorite offensichtlich in den Innenregionen ihres Mutterkörpers gebildet wurden, erhält man keinen Hinweis auf dessen mögliche überdimensionale Größe.

Der Olivin beginnt bei ca. 1750° C zu schmelzen, also einige hundert Grade über dem Schmelzpunkt der Nickel-Eisen-Phase. Die in den Meteoriten festgestellten, gut ausgebildeten Olivinkristalle deuten darauf hin, daß sie bereits kristallisiert vorlagen, als die Metallphase noch flüssig war. Wenn also das Gravitationsfeld des Mutterkörpers nicht stark genug war, um eine Phasentrennung zu bewirken, so sollte Asteroidengröße kaum überschritten worden sein.

Damit konform gehen auch die von Buseck festgestellten Abkühlgeschwindigkeiten, die um 1–10° C/Million Jahre liegen, woraus Fricker für die Tiefe der Bildungsregionen der Pallasite ca. 200 km ableitete.

Auch der Siderophyr von Steinbach hat in dieser Hinsicht Bedeutung. Er enthält ca. 15 % Tridymit, die Metallphase zeigt gut ausgebildete Widmanstätten-Struktur.

Tridymitkristalle kristallisieren aus einer Schmelze mit einer Temperatur von ca. 1500° C. Der Druck nach ihrer Bildung darf 3 kb nicht übersteigen, andernfalls wird Tridymit in Quarz umgewandelt. Da die Widmanstätten-Struktur der Metallphase bei Temperaturen unter 1400° C entwickelt wird, ist dies ein direkter experimenteller Beweis auch für die Bildung dieser Struktur unter geringen Drucken.

6.3.1. *Pallasite*

Pallasite bestehen zu 25–65 % aus Metallphase, der Rest ist Olivin mit ca. 10–20 Mol-% Fe_2SiO_4. Minore Minerale sind Troilit, Chromit, Magnetit, Graphit und andere. Die Metallphase weist die Widmanstätten-Struktur auf, der Olivin liegt in gut ausgebildeten Kristallen vor.

Untersuchungen über die Verteilung einer Anzahl von Spurenelementen zwischen Metall und Olivin in Pallasiten wurden von Hermann und Wichtl (siehe Tabelle 15) vorgenommen. Die Resultate entsprechen der Trennung in siderophile und lithophile Elemente nach einer über lange Zeiträume erfolgten Gleichgewichtseinstellung.

6.3.2. Mesosiderite

Mesosiderite weisen einen Metallanteil von ca. 50 % auf. Die Silikatphase ist ein Orthopyroxen, gewöhnlich Bronzit, mit 20–30 Mol-% $FeSiO_3$. Im Vaca Muerta wurden allerdings von Marvin und Klein drei Phasen mit einem Anteil von jeweils 30, 25 bzw. 19 Mol-% $FeSiO_3$ aufgefunden. Daneben kommen noch Anorthit, Olivin und Troilit vor. Minore Bestandteile sind etwa Chromit, Schreibersit und Ilmenit. Die Silikatphase vieler Mesosiderite ist in chemischer und mineralogischer Hinsicht den Howarditen ähnlich. Wo der Eisenanteil sehr hoch ist, ist der Meteorit gewöhnlich stark brekziös.

Bei Mesosideriten mit geringem Metallanteil, die nicht brekziös sind, haben die Silikatphasen die Charakteristik der Eucrite oder Diogenite.

6.3.3. Siderophyre

Der Meteorit von Steinbach ist der einzige bisher bekannte Siderophyr. Er besteht zu 50 % aus Metallphase, 35 % Bronzit (mit 12 Mol-% $FeSiO_3$) und etwa 15 % Tridymit. Daneben Troilit, Schreibersit und Chromit. Der Meteorit wurde von Dörfler eingehend untersucht.

6.3.4. Lodranite

Auch der Meteorit von Lodran stellt das einzige Material einer Zusammensetzung dar, die 30 % Metallphase, 30 % Olivin (14 Mol-% Fe_2SiO_4), 30 % Bronzit (17 Mol-% $FeSiO_3$) und rund 7 % Troilit ausweist.

In gewisser Hinsicht den Pallasiten ähnlich, sind doch im Falle des Lodran die Kristalle der Silikatphase sehr klein. Der Meteorit von Lodran zeigt auch eine ausgeprägte Widmanstätten-Struktur.

6.4. *Eisenmeteorite*

Eisenmeteorite werden u.a. aufgrund der Bandbreite der Kamazit-Lamellen oder auf der Basis ihres Nickelgehaltes in mehrere Gruppen eingeordnet.

Die Einteilung in genetisch korrelierte Gruppen wurde 1967 von Wasson begonnen und seither von diesem Autor in einer Serie von Arbeiten weitergeführt, wobei nahezu alle Eisenmeteorite erfaßt wurden.

Wir beschränken uns jedoch auf die Kenntnis des Ni-Gehaltes, die es gestattet, die Struktur der Eisenmeteorite nach dem Eisen-Nickel-Phasendiagramm zu interpretieren.

Wie aus dem Phasendiagramm in Abb. 14 zu ersehen ist, erniedrigt ein Nickelzusatz die Umwandlungstemperatur von γ- in α-Phase und führt gleichzeitig zum Auftreten einer Zweiphasenregion, in welcher eine nickelarme α-Phase mit einer nickelreichen γ-Phase koexistiert. Diese Zweiphasenzone verbreitert sich mit fallender Temperatur, gleichzeitig nimmt der Nickelgehalt beider Phasen zu, wobei jedoch der Nickelgehalt der γ-Phase viel rascher ansteigt als der der α-Phase. Bei der Abkühlung ändert sich demnach die Zusammensetzung des Taenitgleichgewichtes nach BC, die Zusammensetzung des Kamazitgleichgewichtes nach B'C'. Das Diagramm, welches für einen Druck von einer Atmosphäre gilt, soll dabei den wirklichen Gegebenheiten im großen und ganzen entsprechen, und wir wollen nun den Ereignissen in einer sich langsam abkühlenden Nickel-Eisen-Legierung mit 10 % Nickel folgen, einer Zusammensetzung also, die etwa der der Oktaedrite entspricht.

Zwischen 1430 und 700° C liegt reiner Taenit vor. Bei 700° C scheiden sich Kristalle von Kamazit aus, deren Gleichgewichtszusammensetzung durch den Punkt B' gegeben ist. Bei weiterem Abkühlen ändern sich die Zusammensetzungen der beiden Phasen nach BC bzw. B'C'. Der Nickelgehalt beider Phasen nimmt zu. In einem System konstanten Nickel-Gehaltes ist dies jedoch nur dann möglich, wenn die Kamazit-Phase auf Kosten der nickelreicheren Taenit-Phase wächst. Nickel diffundiert dabei durch die Kamazit-Taenit-Grenzflächen und wird durch Konversion von nickelreichem Taenit in nickelarmen Kamazit gewonnen. Es wird jedoch alsbald ein Punkt erreicht, von wo an Nickel nicht mehr schnell genug im Taenit diffundieren kann, um diese Kristalle in der Gleichgewichtszusammensetzung zu halten. Das Zentrum des Kristalls, welches am weitesten von den Rändern entfernt ist, wird gegenüber den Randzonen nickelärmer, der Taenit beginnt inhomogen zu werden.

Die Nickeldiffusion im Kamazit erfolgt weiters rascher als im Taenit und wird erst bei niedrigeren Temperaturen, etwa unter 450°C, merklich behindert.

In diesem Temperaturbereich kehrt sich nun die Gleichgewichtskurve für Kamazit um. Das bedeutet, daß Nickel im abkühlenden System eher aus dem Kamazit als hinein diffundiert. Eine Folge davon ist, daß der Kamazitkristall in seiner Mittelregion nickelreicher als an den Rändern wird, wie dies durch Mikrosondenuntersuchungen festgestellt werden konnte.

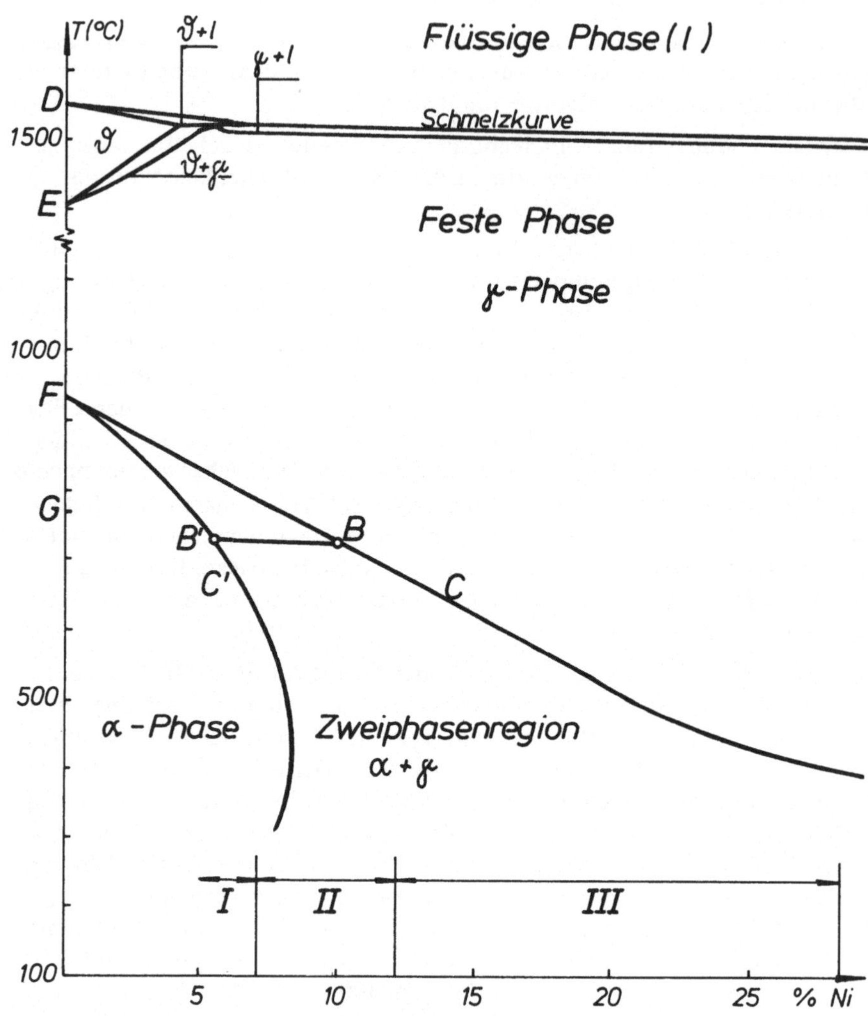

Abb. 14: Eisen-Nickel-Phasendiagramm

I   Bereich der Hexaedrite und nickelarmen Ataxite
II   Bereich der Oktaedrite
III   Kamacit, Taenit und Umwandlungsprodukte (Bereich der nickelreichen Ataxite)
D   Schmelzpunkt reines Eisen (1528° C)
E   1406° C (Umwandlungspunkt ϑ-Eisen in γ-Eisen)
F   906° C (Umwandlungspunkt γ-Eisen in α-Eisen)
G   Curie-Punkt (768°)

Bei weiterem Abkühlen wandelt sich nun die Zentralregion des Taenit in eine metastabile Phase (Martensit) um, die schließlich in eine feinkristalline Mischung aus Kamazit und Taenit, den sogenannten Plessit, zerfällt.

Aus der Gestalt der Gleichgewichtskurven erkennt man, daß beim Abkühlen einer Nickel-Eisen-Legierung mit einem Nickelgehalt bis zu 8 % die γ-Phase ganz verschwinden kann. Diese Tatsache ist von großer Bedeutung für die Struktur der Eisenmeteorite. Die Hexaedrite und nickelarmen Ataxite bestehen nur aus α-Phasen-Kamazit, doch die Hauptmasse der Eisenmeteorite stellen die Oktaedrite und nickelreichen Ataxite dar, die aus einer Mischung von α-Phasen-Kamazit und γ-Phasen-Taenit bestehen.

Hexaedrite sind nach den Flächen des Würfels spaltende Eisenmeteorite und, wie erwähnt, einheitlich aus Kamazit aufgebaut. Im polierten und geätzten Anschliff zeigen solche Meteorite Parallelscharen von feinen Linien, die nach ihrem Entdecker Neumannsche Linien genannt werden. Dabei handelt es sich um Zwillingslamellen, die dem Haupteisenkristall parallel eingelagert sind.

Bei den Oktaedriten entspricht die Anordnung der Lamellen den vier Flächen-lagen des Oktaeders. In den Anschliffen kreuzen einander die Lamellen je nach der Schnittlage unter verschiedenen Winkeln. Diese charakteristischen Figuren nennt man nach ihrem Entdecker Widmanstättensche Figuren. Es handelt sich dabei um Lamellen aus nickelärmerem Eisen (Kamazit), auf welche beiderseits eine dünne Schichte von nickelreichem Eisen (Taenit mit 25—35 % Nickel) auf-gelagert ist. Die Zwischenräume zwischen den Balken bestehen aus Plessit oder Fülleisen.

Die Ataxite sind sehr feinkörnig und lassen keine Struktur erkennen. In einigen Fällen ist es sicher, daß sie aus Oktaedriten durch nachträgliche Er-hitzung hervorgegangen sind, denn die Oktaedritstruktur weicht beim Erhitzen auf 900° C einem feinkörnigen Gefüge, das auch beim Wiedererkalten erhalten bleibt. Nickelreiche Ataxite haben mehr als 14 % Nickel und bestehen aus Kama-zit in einer Matrix aus Plessit; steigt ihr Nickelgehalt über 27 %, so bestehen sie aus Taenit.

Im Prinzip ist es nun möglich, die Geschwindigkeit anzugeben, mit der ein Meteoritenmutterkörper im Temperaturbereich von 700—500° C abkühlte. Dazu ist neben dem Verlauf der Nickelkonzentration durch den Kamazit und Taenit nur noch die Kenntnis der Breite der Kamazitbänder nötig. Die Arbeiten auf diesem Gebiet sind von Wood, Goldstein und Ogilvie begonnen worden. Heute ist es mit Hilfe einer von Short und Goldstein entwickelten raschen Methode möglich, die Bestimmung der Abkühlgeschwindigkeit auszuführen, wozu man nur noch den Nickelgehalt des Meteorits in Gew.-% und die mittlere Bandbreite B des Kamazits (in mm) zu wissen braucht. Wasson konnte zeigen, daß die graphischen Daten der Autoren in Form einer Gleichung ausgedrückt werden können, nach der sich der Logarithmus der Abkühlgeschwindigkeit A in Celsius-Graden pro Million Jahre berechnen läßt.

$$\log A = -2{,}040 \cdot \log B - 8{,}940 \log [Ni] + 8{,}700$$

Die Gleichung gilt für Nickelkonzentrationen von 7–14 %, womit praktisch alle Oktaedrite erfaßt werden können.

6.4.1. Hexaedrite

Hexaedrite enthalten gewöhnlich < 6 % Ni und bestehen nur aus Kamazit. Mit in diese Gruppe werden auch die nickelarmen Ataxite gezählt, da sie den Hexaedriten chemisch und mineralogisch sehr ähnlich sind. Wahrscheinlich sind die nickelarmen Ataxite (die praktisch strukturlose Aggregate sind) nur thermisch metamorphisierte Hexaedrite. Sie enthalten darüber hinaus noch variierende Anteile Troilit, Schreibersit, Daubréelit, Graphit und Chromit.

6.4.2. Oktaedrite

Die Oktaedrite werden noch auf der Basis der Breite ihrer Kamazitlamellen unterteilt: nämlich in sehr grobe Oktaedrite (Ogg; Kamazitbandbreite > 2,5 mm, 6–7 % Ni), in grobe Oktaedrite (Og; 1,2–1,5 mm, 6,5–7,5 % Ni), mittlere Oktaedrite (Om; 0,5–1,2 mm, 6,5–10% Ni), feine Oktaedrite (Of; 0,2–0,5 mm, 7,5–10,5 % Ni) und sehr feine Oktaedrite (Off; < 8–15 % Ni).

Von allen diesen sind die mittleren Oktaedrite am häufigsten. Akzessorische Minerale sind Troilit, Schreibersit, gediegenes Kupfer, Graphit, Daubréelit, Ilmenit, Rutil, Cristobalit und Lawrencit ($FeCl_2$).

6.4.3. Nickelreiche Ataxite

Nickelreiche Ataxite mit Nickelgehalten > 9 % bestehen entweder aus einer feinkörnigen, irregulären Mischung von Kamazit und Taenit oder reinem Taenit; daneben Schreibersit, Troilit, Graphit und eventuell Silikatnester.

6.5. Asteroiden

Es wurde bereits erwähnt, daß die Meteorite höchstwahrscheinlich Bruchstücke der "Kleinen Planeten" sind, die auch Planetoiden oder Asteroiden genannt werden und die mehrheitlich jenseits der Marsbahn die Sonne umlaufen. Die Ceres, mit einem Durchmesser von ca. 1000 km, ist der größte unter den Kleinen Planeten.

Die Ermittlung der Durchmesser der Planetoiden ist nach wie vor ein gewisses Problem. Heute sind 2 Methoden gebräuchlich, deren Resultate für einige Kleine Planeten in Tabelle 16 dargestellt sind.

Die radiometrische oder Infrarot-Methode benutzt als Maß für den Durchmesser die Strahlungsleistung, die die Sonne an einen Planetoiden in bekanntem Sonnenabstand abgibt. Die Strahlung wird zum Teil reflektiert bzw. absorbiert. Die vom Planetoiden aufgenommene Energie wird schließlich als Infrarot-, aber auch als Radiostrahlung wieder abgegeben. Beide Anteile lassen sich aus Strahlungsmessungen ableiten, sodaß die Gesamtstrahlungsleistung meßbar wird. Nach dieser Methode bestimmte Durchmesser sind mit einem Fehler von etwa ± 10 % behaftet.

Eine zweite empirische Methode zur Ermittlung der Durchmesser beruht auf Rückschlüssen, die aus Unterschieden in der Polarisation des in verschiedenen Richtungen reflektierten Lichtes auf das Reflexionsvermögen einer Fläche erhalten werden. Es genügen zur Bestimmung des Durchmessers Messungen im Bereich des sichtbaren Lichtes. Die Polarisationsmethode liefert für den Fall von Flächen mit nicht allzu kleiner Albedo ganz brauchbare Resultate, soweit man das eben für eine empirische Methode erwarten kann.

Ungefähre Werte für die Masse kennt man nur für die drei größten Planetoiden, die infolge von Anziehungseffekten aus der Bahnbewegung anderer Asteroiden berechnet werden können. Die vorliegenden Werte für die Dichte von Ceres, Vesta und Pallas variieren von $2-3,4\,g \cdot cm^{-3}$ für jeden der drei Asteroiden, sodaß keine eindeutige Zuordnung zu einer der bekannten Meteoritenklassen möglich ist.

Daher hat man versucht, über die Eigenschaften des Oberflächenmaterials der Planetoiden, die sich im Reflexionsvermögen dokumentieren, einen Aufschluß über deren Zusammensetzung zu erhalten.

In Abb. 15 sind einige typische Kurven dargestellt, die die Abhängigkeit der Albedo von der Wellenlänge zeigen. Entsprechend ihrem Aussehen liegen die Meteorite mit dunkler Albedo alle im Bereich < 0,1, während mittlere Albedowerte für Eucrite erreicht werden. Einige für Asteroiden ermittelte Kurven weisen nun einen ganz charakteristischen Verlauf auf. Sehr deutlich zeigt z.B. die Kurve der Vesta bei 0,95 μm eine Einsenkung. Diese Einsenkung hängt mit dem Gehalt an bestimmten Silikatmineralen zusammen. Die Kurve der Vesta gleicht deutlich jener des Eucrits Nuevo Laredo. In der Tabelle 16 sind die aus dem Reflexionsvermögen abgeleiteten Oberflächenzusammensetzungen einiger Asteroiden angegeben.

Tabelle 16:   Durchmesser und Beschaffenheit einiger Kleiner Planeten

Nummer	Name	Durchmesser in km		Beschaffenheit
		Infrarot	Polarisation	
1	Ceres	1040	1050	Undiff. Kohlechondrit
2	Pallas	570	570	metamorpher Kohlechondrit
3	Juno	250	222	chondritisch bis Stein-Eisen
4	Vesta	540	490	basaltischer Achondrit (Eucrit)
5	Astraea	128	110	?
6	Hebe	215	190	chondritisch bis Stein-Eisen
7	Iris	207	190	chondritisch bis Stein-Eisen
8	Flora	165	156	chondritisch bis Stein-Eisen
9	Metis	214	157	?
10	Hygiea	410	-	?
15	Eunomia	270	279	?
17	Thetis	100	90	?
23	Thalia	120	90	?
40	Harmonia	120	95	?
63	Ausonia	110	110	?
324	Bamberga	244	182	?
511	Davida	300	270	?
532	Herculina	170	120	?

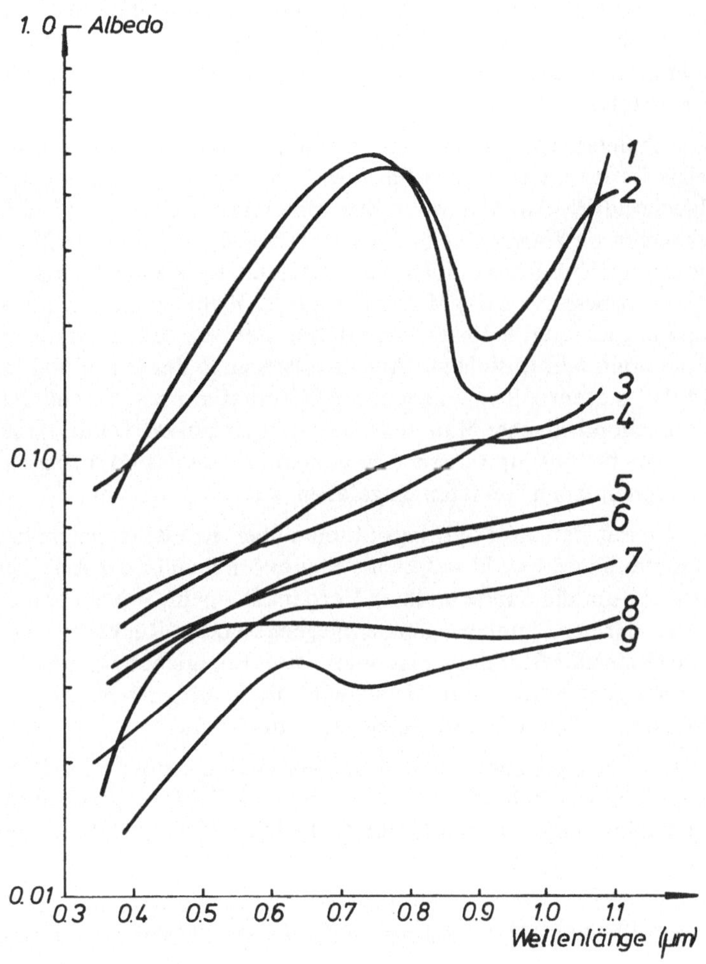

Abb. 15: Spektren von Meteoriten und Asteroiden
1 Basaltischer Achondrit
2 Asteroid Vesta
3 Asteroid Athamantis
4 Stein-Eisen-Meteorit
5 Asteroid Psyche
6 Gewöhnlicher Chondrit
7 Asteroid Eos
8 Kohlechondrit
9 Asteroid Iduna

Zusammenfassend kann festgestellt werden, daß von den bisher untersuchten Asteroiden ca. 60 % ein Reflexionsverhalten zeigen, das gewöhnlichen Chondriten oder Stein-Eisen-Meteoriten ähnlich ist, ~35 % sind vermutlich Kohlechondrite und ~3 % Eisenmeteorite. Der Rest von ~2 % zeigt hohe Albedowerte, ähnlich denen der Enstatitchondrite.

Es ist jedoch überraschend, daß ausgerechnet die beiden größten Planetoiden Ceres und Pallas Reflexionseigenschaften zeigen, die mit mehr oder weniger metamorpher kohlechondritischer Materie in Zusammenhang zu bringen sind. Dies steht gewissermaßen im Widerspruch zu Ansichten, daß sich durch Differentiationsvorgänge auf größeren Asteroiden die verschiedenen Meteoritenklassen gebildet hätten. Da insbesondere die Mutterkörper der Kohlechondrite nur sehr kleine Körper von mehreren Kilometern Durchmesser sein sollten, wäre auch im Hinblick auf die noch sehr unsicheren Angaben bezüglich der Masse und Dichte der Ceres und Pallas eventuell eine nach ihrer Differentiation akkumulierte Staubschicht aus kohlechondritischer Materie in Betracht zu ziehen. Dafür käme Material in Frage, welches aus jupiternahen Regionen infolge des Poynting-Robertson-Effektes nach sonnennahen Gebieten eingefallen war.

Der Effekt leitet sich aus Poyntings Studien über die elektromagnetische Theorie des Lichtes ab und wirkt auf kleine Staubkörnchen in der Art, daß diese bei ihrer Bewegung um die Sonne an ihrer Vorderseite mehr Sonnenstrahlung empfangen als an der der Bahnbewegung entgegengesetzten Rückseite. Da nun eine bestimmte Quantität Strahlung einem gewissen Energiebetrag entspricht und folglich auch einer ganz bestimmten Masse, wird die Staubpartikel kontinuierlich abgebremst und fällt auf Spiralbahnen gegen die Sonne.

So lange also keine genauen Aufschlüsse bezüglich der physikalischen Parameter der Asteroiden möglich sind, wird man diesen Effekt des Strahlungsdruckes heranzuziehen haben, um die kohlechondritische Oberflächenbeschaffenheit der größten Objekte des Asteroidengürtels zu erklären.

Andernfalls wäre man doch in die Lage versetzt, Revisionen an den Ansichten über Art und Effektivität der Wärmequellen in den Meteoritenmutterkörpern anzubringen.

Was die Größe dieser Meteoritenmutterkörper selbst anlangt, haben schon bedeutende Wissenschafter wie Brown, Uhlig, Lovering und Ringwood Dimensionen von Mondgröße oder darüber vorgeschlagen. Gegen diese Ansicht wurden jedoch drei Hauptgründe vorgebracht.

Erstens ist es evident, daß in den Zentralregionen der Mutterkörper Temperaturen herrschten, die ausreichten, Silikate und Metall zu schmelzen. Aus den Oktaedriten konnte ja auf eine langsame Abkühlperiode geschlossen werden, zumindest was den Temperaturbereich von 700-500° C anlangt. In einem Himmelskörper von Mondgröße kann aber die Zentraltemperatur im Zeitraum des Alters unseres Planetensystems nicht auf derart niedrige Temperaturen abgesunken sein.

Zweitens sollte ein Körper von Mondgröße durch Kollision schwer aufzubrechen sein. Unter der Annahme, daß zwei Objekte dieser Größe kollidieren, ist es nach energetischen Berechnungen von Anders und Goles eher wahrscheinlich, daß die Materie verdampft oder zumindest aufgeschmolzen wird.

Drittens wird häufig darauf verwiesen, daß die Gesamtmasse, die gegenwärtig im Asteroidengürtel angesammelt ist, nur 3 % der Mondmasse beträgt.

Über die Art des Wärmebeitrages schließlich haben Allan und Jacobs Überlegungen angestellt. Dabei wurden Beiträge durch Zerfall der Radionuklide ^{235}U, ^{238}U, ^{232}Th und ^{40}K berücksichtigt, die, mit chondritischer Häufigkeit vorliegend, das Core eines Asteroiden von > 300 km Radius vollständig aufschmelzen würden. Der Schmelzvorgang sollte einen Zeitraum von 10^9 a beanspruchen, weitere 10^9 a würde die Abkühlphase währen.

Von Fish wurde schließlich gezeigt, daß Schmelzvorgänge auch in Mutterkörpern mit einem Radius < 250 km ablaufen können, wenn die Beiträge aus kurzlebigen Radionukliden (etwa ^{26}Al) in Betracht gezogen werden. Diese kurzlebigen Radionuklide aus der Nukleosynthese wurden möglicherweise bei der Geburt der Asteroiden vor $4,5 \cdot 10^9$ a in das Material eingebaut, lagen mit gewissen Häufigkeiten vor und wiesen Halbwertszeiten unter 10^6 a auf.

Ein Beitrag zur Temperatursteigerung während der Akkretion durch Gravitationsenergie ist bei den betrachteten Dimensionen wohl von untergeordneter Bedeutung, selbst wenn man schnelle Akkretionszeiten von 10^8 a ansetzt.

6.6. *Genese der Meteorite und Asteroiden*

In den vorangegangenen Kapiteln wurde schon herausgestrichen, daß Akkretion primitiver Materie zu den Meteoritenmutterkörpern stattfand und je nach deren Größe mehr oder weniger starke Metamorphose bzw. Differentiation das Spektrum der beobachteten Meteoritenklassen gestaltete. Die Akkretion der Planetesimalen, d.s. die Körper von der Größe bis zu 100 m Durchmesser, kam in der Region des Asteroidengürtels infolge ihrer zu geringen Anzahl zum Stillstand (Alfvén und Arrhenius), während sie bei Merkur, Venus, Erde und Mars bis zur Bildung der Protoplaneten weiterging. Nichtsdestoweniger besteht aber die hohe Wahrscheinlichkeit, daß der Vorgang der Akkretion der Planetesimalen zu den Planeten selbst nicht vollständig ablief. Es wurde schon erwähnt, daß zumindest die Enstatitchondrite Reste größerer Körper gewesen sein könnten, die in Merkurbahnnähe entstanden.

Jedenfalls wurden die zwischen Mars und Jupiter entstandenen Planetoiden durch Kollisionsfragmentation mit der Zeit zerstört, also in primäre Fragmente gespalten, welche ihrerseits wieder kollidierten, eventuellen Bahnveränderungen unterlagen, die sie schließlich in Erdnähe brachten, wo sie von der Erde eingefangen werden konnten.

Es gibt einige Hinweise darauf, daß diese Vorgänge tatsächlich so abliefen.

Über das bereits bekannte ^{87}Rb-^{87}Sr-Alter konnte für calciumreiche Achondrite ein Alter von $4,4 \cdot 10^9$ a erhalten werden. Da Fraktionierungsvorgänge Temperaturen von $> 1000°$ C erfordern, wird deutlich, daß die intensiven Schmelzprozesse auf den meisten Meteoritenmutterkörpern vor $4,4{-}4,6 \cdot 10^9$ a endeten.

So dürfen wir ein Entstehungsalter von $4{,}5-4{,}7 \cdot 10^9$ a ansetzen, was in guter Übereinstimmung mit dem Alter der Erde, des Mondes und dem Alter unseres Sonnensystems ist.

Da die Uhr, wie bereits bekannt, nur für fraktionierte Proben läuft, mußte man für Eisenmeteorite nach einer anderen Möglichkeit suchen, da in diesen Meteoriten Rb und Sr in nicht nennenswerten Konzentrationen auftritt.

Von Herr, Hofmeister, Hirt, Geiss und Houtermans wurde eine Datierungsmethode vorgeschlagen, die auf der Bestimmung von Rhenium und Osmium bzw. deren Isotopen beruht, obwohl beide Elemente stark siderophilen Charakter haben und daher die Fraktionierung etwas mangelhaft ist. Die kalkulierten Alterswerte sind mit einem größeren Fehler behaftet, da von den Autoren vorerst noch die Halbwertszeit von ^{187}Re zu ermitteln war, die wegen der niedrigen Energie des ß-Überganges nicht direkt, sondern nur indirekt aus Rhenium-Osmium-Messungen an Mineralen bekannten Alters erhalten werden konnte. Jedenfalls sind die auf diese Weise ermittelten Alter der Eisenmeteorite von $\sim 4 \cdot 10^9$ Jahren ebenfalls im Rahmen der Erwartungen.

Den Hinweis auf ein Auseinanderbrechen eines Meteoritenmutterkörpers erhält man schließlich aus dem sogenannten Bestrahlungsalter. Es dokumentiert sich in der Zeitdauer der Einwirkung der kosmischen Strahlung auf ein Stück Materie kleiner Dimension. Viele Meteorite sind zum Zeitpunkt ihres Einfanges durch die Erde eher klein, mit einem Radius von < 1 m. Die Eindringtiefe der primären kosmischen Strahlung in Materie ist von der Größenordnung der Dimension dieser Körper. Größere Meteorite verlieren gewöhnlich ihre Oberflächenschichten während ihres Fluges durch die Atmosphäre, sodaß es in diesen Fällen sehr schwierig ist, das Bestrahlungsalter zu bestimmen.

Die kosmische Strahlung besteht zu etwa 87 % aus Protonen, 12 % α-Teilchen und zu 1 % aus Kernen mit höherer Ordnungszahl.

Durch die hochenergetischen Protonen beispielsweise werden in Materie Spallationsreaktionen ausgelöst, bei denen Edelgase entstehen, die im Gitter der Kristalle quasi steckenbleiben. Die Zertrümmerung eines Eisenkerns durch ein hochenergetisches kosmisches Proton beschreibt die folgende Gleichung

$$^{56}\text{Fe} + {}^1\text{H} \rightarrow {}^{36}\text{Cl} + 3{}^1\text{H} + 2{}^4\text{He} + {}^3\text{He} + {}^3\text{H} + 4\text{n},$$

wobei ein ^{36}Cl-Kern, 3 Protonen, 2 Helium-Kerne der Massenzahl 4, 1 Helium-Kern der Massenzahl 3, Tritium und 4 Neutronen entstehen.

Ein sicheres Bestrahlungsalter kann u.a. erhalten werden, wenn die Konzentration eines stabilen, kosmogenen Nuklids und zusätzlich dessen Bildungsgeschwindigkeit im entsprechenden meteoritischen Material bestimmt werden kann. Bedeutende Arbeiten auf diesem Gebiet wurden von Voshage, Eberhardt und Geiss ausgeführt. Das höchste bisher beobachtete Bestrahlungsalter sind die $2{,}3 \cdot 10^9$ a für den Ataxit Deep Springs. Es zeigt an, daß der Mutterkörper dieses Meteorits vor eben dieser Zeit durch Kollision zertrümmert wurde.

Literatur zu Kapitel 6.

Allan, D.W., and Jacobs, J.A.: Geochim.Cosmochim.Acta 9, 256 (1956)

Anders, E.: Space Sci.Rev. 3, 583 (1964)

Brown, H., and Patterson, C.: J.Geol. 56, 85 (1948)

Buseck, P.R., and Goldstein, J.I.: Bull.Geol.Soc.Am. 80, 2141 (1969)

Chapman, C.R.: Scientific American 232, 1, 24 (1975)

Dörfler, G., Hecht, F., und Plöckinger, E.: Tschermaks mineral. petrograph.Mitt. 10, 413 (1965)

Eberhardt, P., and Geiss, J.: Isotopic and Cosmic Chemistry, p. 452, North Holland Publ. Co.
        Amsterdam (1964)

Fish, R.A., et al.: Astrophys.J. 134, 243 (1960)

Fredriksson, K.: Trans. N. Y. Acad. Sci. 25, 756 (1963)

Fricker, P.E., et al.: Geochim. Cosmochim. Acta 34, 475 (1970)

Geiss, J., et al.: Space Sci.Rev. 1, 197 (1962)

Goldstein, J.I., and Ogilvie, R.E.: Geochim.Cosmochim.Acta 29, 893 (1965)

Haskin, L.A., et al.: Physics and Chemistry of the Earth 7, 167 (1966)

Hermann, F., et al.: Mikrochim.Acta 1971, 225

Hermann, F., und Wichtl, M.: In: Analyse extraterrestrischen Materials, p. 163 ff, Eds.: W.Kiesl
        und H.Malissa jun., Springer, Wien-New York (1974)

Herr, W., et al.: Z.Naturforschung 16a, 1053 (1961)

Hey, M.: Catalogue of Meteorites. Trustees of the British Museum (Natural History) London,
        1966.

Keil, K., and Fredriksson, K.: J.Geophys.Res. 69, 3487 (1964)

Keil, K.: In: Handbook of Geochemistry, Ed.: K.H. Wedepohl, Springer, Berlin-Heidelberg-
        New York (1969)

Kiesl, W., et al.: Monatshefte Chemie 98, 972 (1967)

Kiesl, W.: In Activation Analysis in Geochemistry and Cosmochemistry, p. 243 ff,
        Eds.: A.O. Brunfelt and E. Steinness, Universitetsforlaget, Oslo (1971)

Lovering, J.F., et al.: Geochim.Cosmochim.Acta 11, 263 (1957)

Mason, B.: J.Geophys.Res. 65, 2965 (1960)

Mason, B.: Meteorites, Wiley, New York, (1962)

Mason, B.: Am.Sci. 55, 429 (1967)

Mason, B.: Handbook of Elemental Abundances in Meteorites, Gordon and Breach Sci.Publ.,
        New York (1971)

Mason, B.: Meteorites 6, 59 (1971)

McCord, T.B., and Chapman, C.R.: Astrophys.J. 197, 781 (1975)

Morrison, D.: Geophys.Res.Letters 3, 701 (1976)

Ringwood, A.E.: Geochim.Cosmochim.Acta 24, 159 (1961)

Scholl, H.: Sterne und Weltraum 8, 256 (1974)

Schubart, J.: Naturwissenschaften 62, 565 (1975)

Seitner, H., et al.: J.Radioanal.Chem. 7, 235 (1971)

Short, J.M., and Goldstein, J.I.: Science 156, 59 (1967)

Sorby, H.C.: Nature 15, 495 (1877)

Tschermak, G.: Die mikroskopische Beschaffenheit der Meteorite. E. Schweizerbart,
        Stuttgart (1885)

Uhlig, H.H.: Geochim.Cosmochim.Acta 6, 282 (1954)

Uhlig, H.H.: Geochim.Cosmochim.Acta 7, 34 (1955)

Urey, H.C.: J.Geophys.Res. 66, 1988 (1961)

Van Schmus, W.R., and Wood, J.A.: Geochim.Cosmochim.Acta 31, 747 (1967)

Van Schmus, W.R., and Hayes, J.M.: Geochim.Cosmochim.Acta 38, 47 (1974)

Voshage, H.: Z.Naturforschung 17a, 422 (1962)
Voshage, H., and Hintenberger, H.: In: Radioactive Dating, p. 367 ff, IAEA, Vienna (1963)
Wasson, J.T.: Rev.Geophys.Space Phys. 10, 711 (1972)
Wasson, J.T.: Meteorites, Springer, Berlin-Heidelberg-New York (1974)
Weinke, H.H.: Ricerche Spettroscopiche 3, 531 (1977)
Whipple, F.L.: Science 153, 54 (1966)
Wood, J.A.: In: The Moon, Meteorites, and Comets (The Solar System, Vol.IV), Eds.:
          B. Middlehurst and G.P. Kuiper, The University of Chicago Press (1963)
Wood, J.A.: Icarus 2, 152 (1963)
Wood, J.A.: Icarus 3, 429 (1964)

7. Das System Jupiter–Jupitermonde

7.1. Jupiter

Obwohl im Jahre 1973 durch die Raumsonde Pionier 10 und im darauffolgenden Jahr durch Pionier 11 nahe Vorbeiflüge an dem größten Planeten des Sonnensystems stattfanden, ist die Kenntnis über den inneren Aufbau und damit die chemische Zusammensetzung Jupiters nach wie vor mehr oder weniger spekulativ.

Ursprünglich hatte man gehofft, daß zufolge der geringen Dichte Jupiters und Saturns der innere Aufbau über die physikalischen Parameter der beiden Gase Wasserstoff und Helium dargestellt werden kann. Beide Elemente tragen zwar hauptsächlich zum chemischen Aufbau dieser Planeten bei, doch ergaben sich bedeutende Schwierigkeiten bei der Berechnung der physikalischen Daten der Elemente und deren Mischung für die zu erwartenden hohen Temperaturen und Drücke im Planeteninneren.

Wasserstoff wird bei 14 °K fest, seine Dichte bei 4 °K beträgt 0,089 g/cm^3. Entlang der 4 °K-Isotherme hat Stewart Druckversuche ausgeführt und bei ~20000 bar eine Dichte von 0,18 g/cm^3 erhalten. Schon 1935 wurde von Wigner und Huntington darauf verwiesen, daß fester Wasserstoff bei sehr hohen Drücken in eine metallische Modifikation übergehen könnte. Die Drücke liegen allerdings außerhalb der experimentellen Möglichkeiten. Die von verschiedenen Forschern unternommenen Berechnungen stimmen zwar für die metallische Modifikation gut überein, doch ist die Übereinstimmung bei den theoretischen Berechnungen für die molekularkristalline Modifikation, den festen Wasserstoff also, viel weniger zufriedenstellend. Nach Grigoryev sollte die Umwandlung der beiden Modifikationen ineinander bei einem Druck von 2,8 Mbar stattfinden.

Helium ist in der Nähe des absoluten Nullpunktes im atomaren, superfluiden Zustand und wird, wie experimentell bekannt ist, bei einem Druck von 26 bar fest.

Auch das Verhalten der Mischung aus Wasserstoff und Helium ist überaus schwierig zu beschreiben. Berechnungen haben gezeigt, daß nicht nur eine Mischungslücke, d.h. begrenzte Mischbarkeit, im System metallischer Wasserstoff-Helium, sondern auch im System molekularer Wasserstoff-Helium existieren sollte.

Die Ableitung einer Zustandsgleichung für Modelle der Riesenplaneten setzt aber nicht nur entsprechende Zustandsgleichungen für die jeweiligen Komponenten voraus, es muß auch die Temperatur entsprechend berücksichtigt werden, da sie einen großen Einfluß auf den Zustand sehr kalter Materie hat. Wie man heute weiß, dürften in den Innenregionen der Riesenplaneten ziemlich hohe Temperaturen herrschen. Auch die thermische Leitfähigkeit dichter Wasserstoff-Helium-Mischungen gibt zu derartigen Überlegungen Anlaß.

Zudem ist die Kenntnis der Masse, des Radius, der Rotationscharakteristik (der Abplattung) sowie der Terme höherer Ordnung des Gravitationsfeldes nötig.

Während die Masse des Planeten Jupiter gut bekannt ist, $1,899 \cdot 10^{30}$ g nach Pionier 10, ist der Radius schon etwas schwieriger festzulegen, da der Himmelskörper keine direkt beobachtbare Oberfläche aufweist, sollte er eine solche überhaupt besitzen. Daher ist auch der Wert für die Abplattung (d.i. das Verhältnis der Differenz zwischen Äquatorialradius und Polarradius zum Äquatorialradius) ziemlich unsicher. Messungen der Multipolkoeffizienten des externen Gravitationsfeldes eines rotierenden flüssigen Planeten sind schließlich der Schlüssel zur Erforschung des inneren Aufbaus. Voraussetzung ist auch die Aufrechterhaltung hydrostatischen Gleichgewichtes. Für Jupiter und Saturn trifft dies wohl zu, die Gravitationsfelder beider Planeten werden durch Rotation stark gestört, was Hinweis auf deren vorwiegend fluiden Zustand ist.

So gibt es eine Anzahl von Modellen zur Konstruktion der beiden Riesenplaneten. Wir beschränken die Diskussion jedoch auf jene, die von DeMarcus, Podolak und Cameron postuliert wurden, da sie von der vernünftigen Annahme ausgehen, daß das Wasserstoff/Helium-Verhältnis dem solaren Wert entspricht. Sollte es gelingen, das solare H/He-Verhältnis im Planeten Jupiter zu bestätigen, würde dies auch einen großen Einfluß auf kosmologische Überlegungen haben. Damit wäre wohl auch das H/He-Verhältnis des solaren Urnebels festgelegt.

Modelle, die — mit Ausnahme eines kleinen Planetenkerns — ein einheitliches H/He-Verhältnis zum Aufbau des Planeten ansetzen, haben, um die mittlere Dichte, die Gravitationskoeffizienten usw. erklären zu können, für Jupiter 40 Masse-% He anzunehmen, für Saturnmodelle einen noch größeren Heliumanteil. Nach Podolak und Cameron ist es jedoch schwierig, durch Gravitationsverlust in der Zeit des Alters des Universums Wasserstoff abzureichern. Auch der Sonnenwind kann nicht dazu herangezogen werden, um vornehmlich den Wasserstoff zu entfernen, denn der Sonnenwind sollte ja in Saturnregionen schwächer, der Heliumanteil des Saturn demnach geringer als der des Jupiter sein.

Geht man daher von der Annahme eines solaren H/He-Verhältnisses aus, so hat man einen dichten Zentralkern für den Planeten anzusetzen, um dessen Masse richtig zu erhalten.

DeMarcus hat schon 1958 ein Modell für Jupiter konstruiert, welches einen Kern von etwa kohlechondritischer Zusammensetzung aufweisen sollte (Zentraldichte 31 g/cm^3), darüber eine sogenannte Eisfraktion (Eis, festes Methan, fester Ammoniak und Schwefelwasserstoff), darüber ein Mantel aus der metallischen Modifikation von Wasserstoff (Dichte $1-4$ g/cm^3) sowie der molekularen Wasserstoffmodifikation und eine gasförmige Oberfläche.

Folgen wir dem neuen Modell von Podolak und Cameron, so ist in der Region des Jupiter vorerst die Akkretion von Silikaten zu einem Jupiterkern erfolgt. Zur Frage einer Eisschicht um den Jupiterkern, der, wenn er groß genug ist, auch imstande sein soll, eine Atmosphäre aus Wasserstoff und Helium einzufangen, wird die Temperaturfrage von besonderer Bedeutung. Wasser kondensiert aus dem Urnebel bei Temperaturen $< 170\ °$K. War die Temperatur in der

Jupiter-Region nach der Corebildung unter diesen Wert gefallen, so durfte eine Eisschicht um den Kern erwartet werden. Doch sollte das anschließend daran einfallende Gas die Eisschichte verdampfen und unter die atmosphärischen Komponenten mischen. Das aber würde bedeuten, daß schließlich der atmosphärische Wassergehalt höher sein sollte, als er sich nach der solaren Sauerstoffhäufigkeit berechnen ließe. Über dem Silikatkern sollte also eine Hülle aus Wasserstoff, Helium, Methan und Ammoniak in solaren Proportionen, doch etwas erhöhtem Wasseranteil liegen. Wird dieser Wasseranteil mit dem 7,5fachen des solaren Wertes in die Berechnung eingesetzt, ergibt sich das Jupiter-Modell, wie es in der Tabelle 17 dargestellt ist. Der Radius des Kerns beträgt $1,286 \cdot 10^9$ cm, der Zentraldruck 309 Mbar, die Zentraltemperatur ca. 20000 °K. Für die Masse des Kerns werden 42,33 Erdmassen, für die Masse an Wasser (Eis) 13,77, Methan 1,14 und Ammoniak 0,3 Erdmassen angegeben.

Tabelle 17: Jupiter-Modell nach Podolak und Cameron

Radius $(10^9$ cm)	Temperatur (°K)	Druck (Mbar)	Dichte (g/cm^3)	
0,05	19750	309	41,15	
1,29	19750	60,4	20,27	Core
1,29	19750	60,4	4,72	metallischer
4,95	10663	4,27	1,36	Wasserstoff
4,95	10663	4,27	1,21	
7,00	1061	$3,9 \cdot 10^{-4}$	0,01	molekularer
7,04	192	$1,0 \cdot 10^{-6}$	$1,4 \cdot 10^{-4}$	Wasserstoff

Von Smoluchowski wurde jedoch auf gewisse Schwierigkeiten hingewiesen, die dieser Berechnung aus dem Umstand erwachsen, daß zu geringe Werte für den Gravitationskoeffizienten in die Berechnungen eingesetzt wurden, was Auswirkungen auf die Helium- und Wasser-Häufigkeiten hat.

An dem wiedergegebenen Jupitermodell wurden deshalb von den beiden Autoren Abänderungen vorgenommen. Auf der Basis neuer Gravitationsdaten und einer neuen Zustandsgleichung für molekularen Wasserstoff wurden Modelle mit gegenüber dem solaren Verhältnis kleineren H/He-Verhältnissen berechnet, d.h. also mit höherem Heliumanteil, was schließlich für die Größe des Silikat-Cores 16−18 Erdmassen und in der Hülle einen Anteil von 20−50 Erdmassen an Wasser ergab. Es kann aber auch die Möglichkeit nicht ausgeschlossen werden, daß ein Teil des Wassers in der Hülle durch silikatisches Material ersetzt ist.

In der Atmosphäre des Jupiter tritt molekularer Wasserstoff als Hauptbestandteil auf. Zur Ermittlung des Anteils von Helium haben Evans und Hubbard Versuche bei Bedeckungen von hellen Sternen gemacht, doch konnte kein genauer Wert für das so wichtige H/He-Verhältnis erhalten werden. Als untergeordnete Komponenten der Jupiteratmosphäre wurde Methan und Ammoniak nachgewiesen. Jüngste spektroskopische Untersuchungen haben für gewisse exotische Moleküle Konzentrationsobergrenzen erbracht, wobei deren Nachweis für die Deutung der Farben des Planeten wichtig erscheint. Zu diesen Molekülen zählen u.a. Acetylen, Äthylen, Äthan, Methylamin, Cyanwasserstoff, Cyan, Schwefelwasserstoff usw.

Die Abb. 16 zeigt das Profil durch die Jupiteratmosphäre nach Ingersoll im Druckbereich von 0,1 bis 6 bar. Das Temperaturprofil wurde aus Infrarotdaten von der Erde aus bzw. den von Pionier 10 und 11 übermittelten Werten zusammengestellt. Man kann zwischen drei verschiedenen Wolkenschichten unterscheiden, die bei ~270 °K (Eiswolken), 200 °K (Ammoniumhydrogensulfid) und 140 °K (Ammoniak) übereinander liegen.

Von der Erde aus sind auf dem Planeten 17–20 permanente, grauweiße bis braunrote horizontale Bänder zu erkennen. Es handelt sich dabei um Auswirkungen der Coriolis-Kräfte, die infolge der raschen Eigenrotation des Planeten besonders stark sind, auf die ab- und aufsteigenden atmosphärischen Gase. Infrarotmessungen der Pionier-Sonden zeigten, daß der obere Teil der Wolken die hellen Bänder bildet, in denen auch Ammoniakkristalle enthalten sind. Die dunklen Bänder liegen ca. 20 km tiefer und stellen die absteigenden Wetterzellen dar, in denen Ammoniumhydrogensulfid auftritt. In den aufsteigenden hellen Bändern fließen die Wolken sowohl nach Norden als auch nach Süden zu den angrenzenden kühleren dunklen Bändern. Dabei wird das in Richtung Äquator fließende Gas durch die Coriolis-Kraft gegen die Drehrichtung des Planeten abgelenkt. Die entgegengesetzte Richtung ergibt sich für das zum Pol fließende Gas. An den Grenzflächen der Bänder werden Sturmgeschwindigkeiten bis 600 km/h erreicht. Dabei wird ein komplexes System von Wirbeln mit Durchmessern von einigen tausend Kilometern gebildet.

Der große rote Fleck ist offensichtlich ein derartiger, schon seit Jahrhunderten wütender Wirbelsturm mit einem Durchmesser von 40000 km. Er ragt über die umgebende Wolkenschichte 8 km hinaus. Pionier 10 hat einen ähnlichen, aber kleineren Fleck auf der nördlichen Hemisphäre von Jupiter entdeckt.

Es gilt als erwiesen, daß die innere Wärmequelle die meteorologischen Vorgänge steuert. Die Wärme im Inneren des Riesenplaneten entsteht dabei möglicherweise durch gravitative Kontraktion. Wenn der Schrumpfungsprozeß des Planeten noch heute anhält, so würde bereits die Verringerung des Durchmessers um 1 mm/Jahr ausreichen, um den beobachteten Energieüberschuß zu erzeugen.

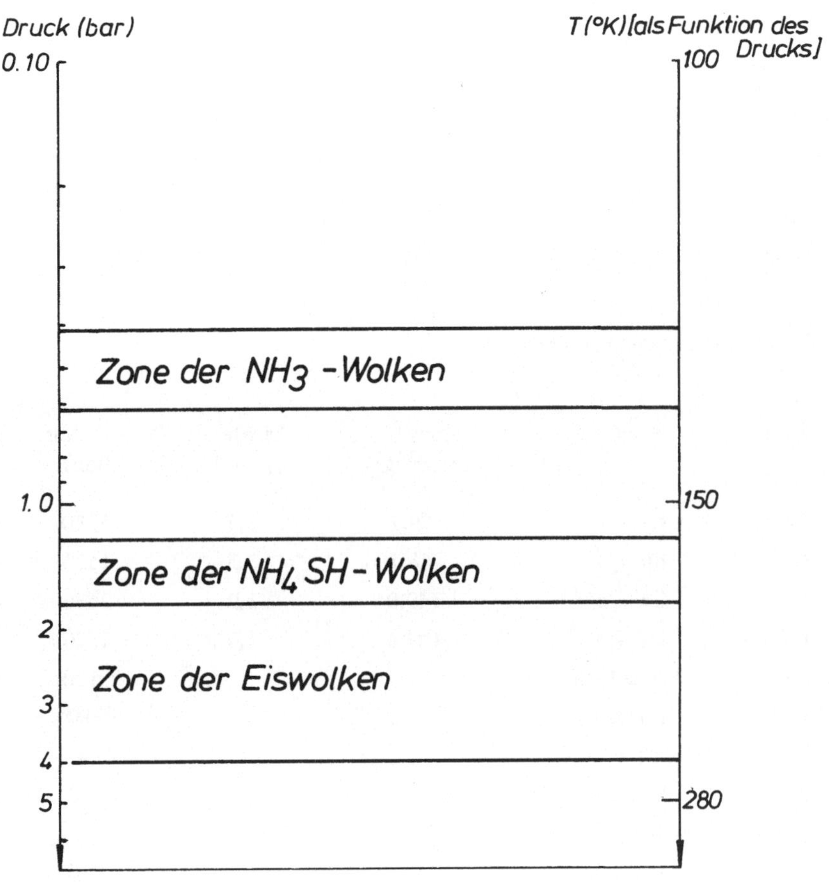

Abb. 16: Druck- und Temperaturprofil der Jupiteratmosphäre mit Lage der Wolkenschichten

7.2. Jupitermonde

Bisher sind 13 (14?) Satelliten des Jupiter bekannt, die der Reihenfolge ihrer Entdeckung nach durchnumeriert wurden. Die Namensgebung stellt nämlich schon seit der Entdeckung der 4 galileischen Monde eine Streitfrage dar. Die Namen der in der Tabelle 18 aufgeführten Satelliten folgen dem Beschluß der IAU-Task-Gruppe.

Tabelle 18: Die Satelliten Jupiters

Satellit	Name	Masse* ($\cdot 10^{24}$g)	Dichte (g/cm^3)	Radius (km)
J I	Io	89,1	3,5	1820
J II	Europa	48,7	3,3	1525
J III	Ganymed	149,0	1,9	2635
J IV	Callisto	107,4	1,6	2570
J V	Amalthea			~120
J VI	Himalia			~80
J VII	Elara			~40
J VIII	Pasiphae			20
J IX	Sinope			11
J X	Lysithea			10
J XI	Carme			12
J XII	Ananke			10
J XIII	Leda			?

* Die Masse der Monde wurde von Anderson aufgrund der Bahnstörungen von Pionier 10 berechnet.

Jupiter hat mehr Satelliten um sich vereinigt als jeder andere Planet unseres Sonnensystems. Die Jupitersatelliten können in 3 Gruppen eingeteilt werden. Die dem Planeten am nächsten stehenden Monde sind Amalthea (J V) mit einem Abstand von 109000 km und weiter nach außen die 4 galileischen Monde Io, Europa, Ganymed und Callisto. Ihre Bahnen sind kreisförmig und liegen in der Ebene des Jupiteräquators.

Anschließend daran existiert eine Gruppe von 4 Satelliten (J VI, J VII, J X und J XIII) mit Durchmessern von etwa 20—60 km. Einer von diesen ist der erst 1974 von Kowal entdeckte Satellit Leda (J XIII). Ihre Bahn ist 28° gegen die Ekliptik geneigt und stark exzentrisch. Ihr Abstand vom Planeten beträgt ca. 12 Millionen km.

Im Abstand von rund 22 Millionen km schließlich umrunden 4 weitere Satelliten den Planeten, ebenfalls auf stark zur Äquatorebene geneigten Bahnen (25°) hoher Exzentrizität. Was aber besonders auffällt ist, daß diese kleinen Monde, mit Durchmessern von 20—40 km, retrograd um den Planeten laufen.

Im Jahre 1975 dürfte von Kowal mit dem 48-inch Schmidt-Teleskop der 14. Satellit Jupiters entdeckt worden sein.

Mit Ausnahme von Amalthea sind die inneren Monde Jupiters von beachtlicher Größe. Ganymed und Callisto sind größer als Merkur. Io und Europa weisen Erdmondgröße auf.

Ihre chemische Zusammensetzung wird gegenwärtig noch untersucht, doch dürfte es sich um Objekte handeln, die in 3 Gruppen einzuteilen sind.

Io und Europa sind in ihren Dichten ziemlich ähnlich. Von diesen Satelliten ist bisher nur Io eingehend studiert worden. Der Satellit weist rötlich gefärbte Polkappen auf. Der Größe nach zu schließen sollte dieser Jupitermond nach seiner Entstehung einen Differentiationsprozeß durchgemacht haben, der das ursprünglich kohlechondritische Material verändert hat. Dies würde u.a. bedeuten, daß sein Wassergehalt stark vermindert wurde, schließlich aus seiner Atmosphäre entwich, die darin gelösten Salze jedoch nach wie vor seine Oberfläche bedecken. Bei den dunkelroten Stellen dürfte es sich um Schwefelablagerungen handeln. Schwefel wird ebenfalls bei der vermuteten thermischen Geschichte im Frühstadium der Entstehung nach oberflächennahen Schichten transportiert. Das Element ist ja bekanntlich in kohlechondritischem Material des Typs I in beachtlicher Quantität vorhanden. Daß Salze, hauptsächlich Natriumchlorid oder Natriumsulfat, Bestandteil der Oberflächenschichten sein dürften, geht auch aus spektroskopischen Untersuchungen hervor. In der Atmosphäre des Satelliten wurde die charakteristische D-Linie von Natrium in Emission festgestellt. In der sehr dünnen Atmosphäre wurde von Gross neben Natriumdampf auch Ammoniak und Stickstoff nachgewiesen. Interessant war auch die Beobachtung, daß Io nach dem Eintritt in den Jupiterschatten für einige Zeit heller als gewöhnlich erscheint. Dies wird der Kondensation von Eis auf seiner Oberfläche zugeschrieben. Möglicherweise sind die Atmosphären Ios und der anderen galileischen Satelliten nicht stabil. Die Entweichgeschwindigkeiten für schwerere Komponenten wie Stickstoff und Neon zeigen, daß diese Monde ihre primordialen Atmosphären rasch verloren haben dürften. Eventuell werden diese Gase aus den Himmelskörpern heute noch entgast oder aufgrund des Partikelbombardements aus den Oberflächenschichten in Freiheit gesetzt. Wasserstoff, Helium und Methan konnten jedenfalls nicht als atmosphärische Bestandteile registriert werden.

Mit 1,6 g/cm³ weist Callisto die geringste Dichte der galileischen Monde
auf. Bei diesem Mond des Jupiter dürfte es sich um eine Aggregation aus Eis und
silikatischem Material handeln. Überraschenderweise erscheint Callisto dunkler
als die anderen galileischen Monde, was darauf deutet, daß silikatisches Material
an seiner Oberfläche exponiert sein könnte. Trotz seiner Größe, doch infolge
seines chemischen Aufbaus sollten keine thermisch bedingten Differentiationsvorgänge in seinem Inneren abgelaufen sein.

Stellvertretend für alle anderen Satelliten dürften die Untersuchungen an
J V, Amalthea, stehen. Der Mond hat eine gegenüber den galileischen Monden
sehr geringe Albedo. Er gleicht in dieser Hinsicht den Asteroiden, für die eine
kohlechondritische Zusammensetzung postuliert werden kann. Amalthea und
die weiter außen liegenden kleineren Jupitersatelliten sind wahrscheinlich aus
kaum veränderter kohlechondritischer Materie aufgebaut. Infolge ihrer geringen
Größe ist für diese Objekte auch keine Atmosphäre zu erwarten.

7.3.   Die Entstehung des Systems Jupiter–Jupitermonde

In Kapitel 7.2. wurde schon festgestellt, daß die Satelliten Jupiters in
3 Gruppen unterteilt werden können. Die Gruppe der Satelliten J I bis J V bezeichnet man als das System der regulären Satelliten. Ihre Bahnen weisen geringe
Exzentrizität auf und liegen in der Äquatorebene des Planeten. Es drängt sich
daher förmlich ein Vergleich mit dem Planetensystem auf. Aufgrund ihrer Bahn-
parameter ist es eher unwahrscheinlich, daß diese Objekte vom Planeten nach
seiner Bildung eingefangen wurden. Vielmehr ist nach Cameron die Möglichkeit
in Betracht zu ziehen, daß sich die regulären Satellitensysteme als Kondensa-
tionen in Subnebelscheiben um den Planeten ausgebildet haben. Eine derartige
gasförmige Nebelscheibe sollte das natürliche Ergebnis eines dynamischen Pro-
zesses sein, nach welchem der Zentralkörper große Gasmengen eingefangen hat.
Die Erhaltung des Drehimpulses während des dynamischen Zusammenbruchs
des Sonnennebels bietet die Gewähr dafür, daß ein Teil des Gases in eine Bahn
um den Planeten gezwungen wird. Für einen derartigen dynamischen Vorgang
kommen praktisch nur die beiden größten Planeten Jupiter und Saturn in Frage.
Ist nun diese gasförmige Scheibe um den Planeten einmal ausgebildet, so sollten
ähnliche Vorgänge der Akkumulation, wie sie bei der Bildung der Planeten wirksam waren, auch in der Sub-Nebelscheibe erwartet werden können. Die "Haupt-
planeten" Jupiters weisen alle sehr geringe mittlere Dichten auf, was darauf hindeutet, daß sie aus beträchtlichen Anteilen Wasser oder Eis aufgebaut werden.
Außerdem zeigt sich eine Abnahme der mittleren Dichte mit dem Abstand von
Jupiter, was in Analogie mit dem Planetensystem gleichbedeutend mit fallender
Temperatur in der Sub-Nebelscheibe in Richtung nach äußeren Regionen ist. Bezüglich der diesen Vorgang betreffenden allgemeinen Konditionen darf auf das
Kapitel 8.3. hingewiesen werden.

Die beiden Gruppen der äußeren Satelliten wurden wahrscheinlich von Jupiter eingefangen. Die Idee des Einfanges dieser sogenannten irregulären Satelliten wurde 1951 von Kuiper geäußert. Nach der Theorie von Bailey wurde die Gruppe der Satelliten mit direkter Umlaufbahn während eines Periheldurchganges des Jupiter eingefangen, während die Gruppe der retrograd umlaufenden Monde während eines Apheldurchganges in eine Umlaufbahn um Jupiter gezwungen wurde. Verschiedentlich werden aber gegen diese Theorie Einwände vorgebracht. So ist Heppenheimer der Ansicht, daß für die Gruppen der direkten und retrograden äußeren Satelliten unterschiedliche Mechanismen ihrer Entstehung wirksam gewesen sein sollten.

Literatur zu Kapitel 7.

Anderson, J.D., et al.: Science 183, 322 (1974)
Bailey, J.M.: J.Geophys.Res. 76, 7827 (1971)
Cameron, A.G.W.: Space Sci.Rev. 14, 383 (1973)
DeMarcus, W.C.: Astron.J. 63, 2 (1958)
Evans, D.S., and Hubbard, W.B.: Sky Telesc. 42, 337 (1971)
Gehrels, T.: Jupiter. Univ.of Arizona Press, Tucson (1976)
Grigoryev, F.V., et al.: IETP Letters 16, 201 (1972)
Gross, S.H.: J.Atmospheric Sci. 31, 1413 (1974)
Gross, S.H., and Ramanathan, G.V.: Icarus 29, 493 (1976)
Hall, C.F.: Science 188, 445 (1975)
Hartman, W.K.: Scientific American 233, 3, 143 (1975)
Heppenheimer, T.A.: Icarus 24, 172 (1975)
Hubbard, W.B.: Ann.Rev.Earth Planetary Sci. 1, 85 (1973)
Hunt, G.E.: Endeavour 33, 23 (1974)
Hunten, D.H.: Scientific American 233, 3, 131 (1975)
Ingersoll, A.P.: Space Sci.Rev. 18, 603 (1976)
Morrison, D., and Cruikshank, D.P.: Space Sci.Rev. 15, 641 (1974)
Opp, A.G.: Science 188, 447 (1975)
Owen, T.: Icarus 29, 159 (1976)
Podolak, M., and Cameron, A.G.W.: Icarus 22, 123 (1974)
Podolak, M.: Icarus 30, 155 (1977)
Ponnamperuma, C.: Chemical Evolution of the Giant Planets, Academic Press, New York (1976)
Smoluchowski, R.: Icarus 25, 1 (1975)
Stewart, J.W.: J.Phys.Chem.Solids 1, 146 (1956)
Whitten, R.C., Reynolds, R.T., and Michelson, P.F.: Geophys.Res.Letters 2, 49 (1975)
Wigner, E., and Huntington, H.B.: J.Chem.Phys. 3, 764 (1935)
Wolfe, J.H.: Scientific American 233, 3, 119 (1975)

8. *Das System Saturn—Saturnmonde—Saturnring*

8.1. *Saturn*

Mit wachsendem Abstand von der Erde wird es immer schwieriger, Datenmaterial durch Beobachtungen von der Erde aus zu gewinnen, das eine Aussage über den chemischen Aufbau zuläßt. Pioniersonden sollten einen Beitrag leisten, was insbesondere für den zweitgrößten Planeten unseres Sonnensystems von großer Bedeutung wäre.

Bei Saturn beginnen die Probleme schon mit der genauen Festlegung des Radius. Da das Volumen eines Planeten proportional der dritten Potenz des Radius ist und die mittlere Dichte vom Volumen abhängt, bringen schon kleine Fehler bei der Ermittlung dieser Größe starke Abweichungen im Volumen und der Dichte mit sich.

Für den chemischen Aufbau des Planeten, der in vieler Hinsicht Jupiter gleicht, gelten ähnliche Überlegungen, wie sie bereits in Kapitel 7.1. angestellt wurden. Diesbezüglich folgen wir wieder dem Modell von Podolak und Cameron, die für die Rotationsperiode des Planeten 10 h 36 min 36 sec festlegen, was dem Mittel der Rotationsgeschwindigkeiten der verschiedenen Breiten entspricht und daher noch am ehesten der wahren Rotationsgeschwindigkeit des Planeteninnern nahekommt. Für die Masse wurden $5{,}685 \cdot 10^{29}$ g und für den mittleren Radius $5{,}777 \cdot 10^{9}$ cm in die Berechnungen eingesetzt. Für die Gravitationskoeffizienten wurden die Daten von Brouwer und Clemence herangezogen.

Da von den beiden Wissenschaftern wieder ein silikatisches Core, umgeben von einer konvektiven Hülle, angenommen wird, mußte in dieser ebenfalls ein Anreicherungsfaktor für Wasser angesetzt werden. Mit einem solchen von 24,6 berechnet sich für Saturn ein Kern von 19,57 Erdmassen, ein Zentraldruck von 76,1 Mbar, eine Zentraldichte von $22{,}5 \text{ g/cm}^3$ und eine Zentrumstemperatur von 10600 °K. Der Massenanteil von Wasser in der Atmosphäre des Planeten beträgt 11,1, der von Methan 0,281 und der von Ammoniak 0,0722 Erdmassen. Die Tabelle 19 zeigt das Saturnmodell von Podolak und Cameron für den Wasseranreicherungsfaktor 24,6. Der gegenüber Jupiter höhere Faktor wird mit den zur Zeit der Core-Bildung herrschenden tieferen Temperaturen in der Saturn-Region begründet.

Die Atmosphäre des Planeten wurde hauptsächlich mit Hilfe der Absorptions- und Emissions-Spektrographie studiert. Das Absorptions-Spektrum des von Saturn reflektierten Sonnenlichtes gibt Anhaltspunkte über die Häufigkeit gasförmiger Komponenten, die bei verschiedenen Wellenlängen absorbieren. Das Emissions-Spektrum wieder gibt Auskunft über die thermische Emission des Planeten selbst.

Tabelle 19: Saturnmodell nach Podolak und Cameron

Radius (10^9 cm)	Temperatur (°K)	Druck (Mbar)	Dichte (g/cm^3)	
0,05	10580	76,0	22,37	
1,23	10580	11,0	10,05	Core
1,23	10580	11,0	2,21	metallischer
2,34	8560	3,88	1,44	Wasserstoff
2,34	8560	3,88	1,29	
2,99	7398	2,32	1,00	molekularer
5,00	3615	0,184	0,36	Wasserstoff
5,78	149	$1,02 \cdot 10^{-6}$	$1,84 \cdot 10^{-4}$	

Wie die oberen Schichten der Erdatmosphäre durch Absorption der solaren UV-Strahlung erwärmt werden, sind auch auf den Riesenplaneten solche Vorgänge für eine Erwärmung verantwortlich, nur daß die Natur der absorbierenden Substanz eine andere ist. In der Atmosphäre von Saturn handelt es sich dabei um Methan, Äthan, Äthylen und Acetylen. Die drei letztgenannten werden offensichtlich aus Methan unter Beihilfe der solaren UV-Strahlung gebildet.

Von Caldwell und Podolak wurde eine Anreicherung von Methan in der Saturnatmosphäre festgestellt, die sich in der Erhöhung des C/H-Verhältnisses gegenüber dem solaren Wert dokumentiert. Noch nicht geklärt ist die Anwesenheit von Ammoniak in der Atmosphäre des Planeten. Der Sublimationspunkt bei solarem N/H-Verhältnis liegt in der Nähe von 150 °K. Diese Temperatur wird in der konvektiven unteren Atmosphäreschicht des Planeten erreicht. Möglicherweise ist Ammoniak in Form von Kristallwolken in der tiefen Atmosphäre vorhanden.

8.2. Saturnmonde

Saturn schart nicht nur 10 Satelliten um sich, wovon einer, Titan, mit 5800 km Durchmesser nur etwas kleiner als der Planet Mars ist, sondern weist auch ein charakteristisches Ringsystem in seiner unmittelbaren Nähe auf. Dies galt lange Zeit als einmalig in unserem Sonnensystem, bis erst kürzlich entdeckt wurde, daß auch der Planet Uranus von einem System aus mehreren Ringen umgeben wird.

Die Tabelle 20 enthält die Namen der Satelliten des Saturn und, soweit bekannt, ihre physikalischen Daten.

Die drei äußeren Satelliten Hyperion, Japetus und Phoebe werden infolge ihrer starken Bahnexzentrizität und der starken Inklination der Bahn zur Äquatorebene des Planeten als irreguläre Satelliten bezeichnet und bilden, ähnlich wie bei Jupiter, eine Gruppe offensichtlich eingefangener Himmelskörper.

Tabelle 20: Die Satelliten Saturns

Name	Masse (10^{24}g)	Dichte (g/cm^3)	Radius (km)
Ring B			
Ring A			
Janus	?	?	?
Mimas	0,037	~1,1	~200
Enceladus	0,085	~1,3	?
Tethys	0,63	~1,2	~500
Dione	1,16	~1,5	575
Rhea	?	?	800
Titan	140	~2,2	2900
Hyperion	?	?	?
Japetus	?	?	900
Phoebe	?	?	?

Ihrer Dichte nach zu urteilen, bestehen alle Monde vorwiegend aus Wassereis und/oder einer Eisfraktion, zu der neben Wassereis noch gefrorenes Methan, Ammoniak und Schwefelwasserstoff zu zählen sind.

Sollten die drei irregulären Satelliten aus inneren Teilen des Planetensystems stammen, etwa aus der Asteroiden- oder Jupiterregion, könnten sie aus kohlechondritischem Material aufgebaut sein. Das Infrarotspektrum von Japetus, welches von Fink und Mitarbeitern aufgenommen wurde, zeigt allerdings starke charakteristische Absorptionsbanden von Wassereis. Von Morrison und Mitarbeitern wurde dagegen für die dunkle Seite von Japetus ein Spektrum erhalten, welches darauf hinweist, daß nahezu kein Eis vorhanden ist.

Aussagen über den chemischen Aufbau der Saturnsatelliten sind jedoch im Hinblick auf die Unsicherheit im Wert für die Dichte (± 50 %) vorwiegend spekulativ.

Ein Modell für den inneren Aufbau des Titan sieht ein kleines silikatisches Core vor, an das sich eine Eis-Silikatschichte anschließt; darüber ein "Magma" aus einer Lösung von Ammoniak in Wasser. Die Kruste sollte aus Wassereis und beträchlichen Mengen Methan bestehen. Möglicherweise ist diese auch geschmolzen und stellt sich dann als Methanmeer dar, das auf einer Wasser-Ammoniak-Lösung aufschwimmt.

Titan ist auch der bisher einzige bekannte Satellit unseres Sonnensystems, der eine bedeutende Atmosphäre aufweist. Diese ist wahrscheinlich dichter als jene der Erde und setzt sich aus Wasserstoff und Methan zusammen. Zumindest wurden diese beiden Gase nachgewiesen. Man ist natürlich sofort in Versuchung, einen Zusammenhang mit einer Mischung solarer Häufigkeit herzustellen, was bedeuten würde, daß die Satellitenatmosphäre noch Helium, Neon und Ammoniak enthalten sollte; daneben natürlich Wasser, Stickstoff und Schwefelwasserstoff. Man erhofft sich jedenfalls von Raumsonden in den nächsten Jahren Aufschlüsse hinsichtlich dieses einzigartigen Phänomens der Titan-Atmosphäre. Dieser Mond ist offensichtlich auch in der Lage, eine massive Wasserstoffatmosphäre an sich zu binden, obwohl er kleiner als Mars, doch vergleichbar mit den großen galileischen Satelliten Jupiters ist, auf denen aber keine Anzeichen einer ausgeprägten Atmosphäre festzustellen sind. Das Ringsystem des Planeten, das eine Dicke von ca. 2 km aufweist, besteht vorwiegend aus sehr kleinen Wassereisstückchen, es ist aber nicht ausgeschlossen, daß auch Clathrathydrate von Methan und Ammoniak am chemischen Aufbau beteiligt sind, wie dies Cook und Lebofsky vermuten.

8.3. *Die Entstehung des Systems Saturn—Saturnmonde—Saturnring*

Wenn von den drei irregulären, äußeren Satelliten abgesehen wird, sollte ein genetischer Zusammenhang, die Bildung des Saturn-Systems betreffend, postuliert werden können. Es wird in einem späteren Kapitel (14.1.) noch gezeigt, daß die Dichte und die Zusammensetzung der Planeten, ihrer Satelliten und der Asteroiden in Abhängigkeit von den Temperaturbedingungen im solaren Nebel verstanden werden können. Da die Temperatur in der Nebelscheibe zum Zeitpunkt der Entstehung des Planetensystems monoton mit der Entfernung von der Sonne fiel, konnten sich auch gasförmige Komponenten am Aufbau der äußeren Planeten beteiligen. Die beobachtete Systematik der Dichte der galileischen Satelliten legt einen ähnlichen Temperaturverlauf auch in der Umgebung der sich bildenden Großplaneten nahe.

Die Entstehung der Planeten Jupiter und Saturn ist allerdings ein sehr komplexes Problem, welches zu einer großen Anzahl kontroverser Ansichten Anlaß gab. Wie im vorangegangenen Kapitel schon ausgeführt, startete die Bildung der Riesenplaneten mit einem silikatischen Core, das um sich in der Folge eine massive Hülle aus Wasserstoff, Helium und anderen gasförmigen Bestandteilen ansammelte. Der auf diese Weise generierte Protoplanet kontrahierte im Laufe der Zeit zu seiner gegenwärtigen Größe. Gleichzeitig oder etwas nach der Entstehung des Protoplaneten formten sich seine Satelliten aus einer Mischung von silikatischem Material und Eis. Da die Bildung des Protoplaneten mit einer Temperatursteigerung in seiner unmittelbaren Umgebung verbunden war, konnte Wasser vorerst sich nicht kondensieren. Die Temperatur erreichte allerdings auch kaum jene Werte, die notwendig waren, um die silikatische Komponente der interstellaren Körnchen zu verdampfen.

Von Pollack und Mitarbeitern wurden kontrahierende Jupiter- und Saturn-Modelle berechnet, wobei jedoch homogene Akkretion angenommen wurde. Wie die Autoren zeigen konnten, sind bei Annahme inhomogener Akkretion, d.h. also einer primären Ausbildung eines silikatischen Kerns, um den schließlich eine Hülle aus Gasen solarer Zusammensetzung liegt, keine dramatischen Änderungen zu erwarten. Das Saturnmodell ist dann sogar in besserer Übereinstimmung mit den gegenwärtigen Beobachtungen.

Die Chronologie der Ereignisse wäre folgendermaßen zu beschreiben: Während oder zeitlich etwas nach dem Protoplanetenstadium bildete sich eine flache Nebelscheibe aus. Noch bevor sich Eis aus diesem Nebel kondensieren konnte, fielen die silikatischen Staubkörner gegen die Mittelebene, wo infolge von Gravitationsinstabilitäten Planetesimale entstanden. Diese vereinigten sich sodann zu den Satelliten. Bei fallender Temperatur in der Scheibe kam es anschließend daran zur Bildung von Eis, welches ebenfalls in Form kleiner Partikeln gegen die Zentralebene einfiel und sich am Aufbau der Monde beteiligte.

Der Dichteunterschied zwischen den galileischen Satelliten kann mit einem abrupten Ende der Akkumulation erklärt werden, welches wahrscheinlich auf die Zerstreuung des Nebels zurückzuführen war. Dafür werden zwei Möglichkeiten in Betracht gezogen. Entweder gingen die kleinen Eispartikeln in der Nähe des Planeten dadurch verloren, indem sie auf den Zentralkörper einfielen, oder der starke Sonnenwind während des T-Tauri-Stern-Stadiums der Sonne zerstreute die um den Riesenplaneten ausgebildete Materiescheibe.

Der Ring des Saturn besteht aus Eispartikeln mit einer Größe bis zu einigen Zentimetern. Er wurde möglicherweise zu einer Zeit ausgebildet, als die Satelliten Saturns in den Anfängen ihrer Entstehung waren. Die Akkretion der Ringmaterie zu einem Himmelskörper wurde jedoch durch die Gezeitenkräfte des Planeten verhindert. Das Fehlen einer silikatischen Komponente in der Ringmaterie ist darauf zurückzuführen, daß der Protoplanet seinerzeit über jene Regionen hinausreichte, die heute das Ringsystem beinhalten. Die Silikate gingen daher weitgehend verloren.

Es ist jedoch auch die Möglichkeit nicht auszuschließen, daß ein sogenannter verirrter Eissatellit infolge einer nahen Begegnung mit Saturn durch dessen Gezeitenkraft innerhalb der Rocheschen Grenze zerstört wurde.

Zur Beschreibung der Gezeiteninstabilität kann folgende Überlegung angestellt werden: Wenn zwei kleine Massen $(m_1 + m_2)$ durch ihre gegenseitige Anziehung zusammengehalten werden sollen, müssen sie gegenüber Gezeitenkräften einer großen, benachbarten Masse (M) stabil sein. D.h. ihre gegenseitige Anziehung muß mindestens so groß sein wie die Differenz zwischen der Anziehung der großen, benachbarten Masse auf die beiden einzelnen Massen.

Die Näherungsgleichung für kugelförmige Massen gilt in der Form

$$\frac{m}{r^3} = \frac{16\,M}{a^3}$$

$m = (m_1 + m_2) = $ Masse des kleineren Körpers.

$r = $ Radius des kleineren Körpers.

$M = $ Masse des großen, benachbarten Körpers.

$a = $ Abstand zwischen den beiden Körpern.

Für m kann man die Beziehung $m = \frac{4\pi}{3} r^3 \rho$ einsetzen, wobei ρ die Dichte des gegen die Gezeitenkraft der Großmasse stabilen Körpers sein soll. In grober Näherung erhält man dann

$$\rho \geqq \frac{4\,M}{a^3}$$

Damit ein Körper oder eine Materieverdichtung gegen Gezeitenkräfte stabil sein kann, muß also seine Dichte in einem gegebenen Punkt größer sein als die vierfache Masse des großen, benachbarten Körpers dividiert durch die dritte Potenz des Abstandes.

Aus den Gleichungen ergibt sich die Bedingung für die Stabilität eines Himmelskörpers (etwa eines Mondes) in unmittelbarer Nachbarschaft zu einem anderen (Planeten) unter der Annahme gleicher Dichte. Setzt man für

$$M = \frac{4\pi}{3} \cdot R^3 \cdot \rho,$$

so ist leicht zu zeigen, daß Stabilität dann erreicht wird, wenn das Verhältnis der Abstände der beiden Himmelskörper zum Radius R der großen Verdichtung $\geqslant 2{,}55$ ist. (Der genaue Wert wird mit 2,45 angegeben.)

$$\frac{a}{R} = \sqrt[3]{\frac{16 \cdot \pi}{3}}$$

Literatur zu Kapitel 8.

Brouwer, D., and Clemence, G.M.: In: Planets and Satellites (The Solar System, Vol. VIII), Eds.: B. Middlehurst and G.P. Kuiper, The University of Chicago Press (1961)
Caldwell, J.: Icarus **30**, 493 (1977)
Cook, A.F., Franklin, F.A., and Palluconi, F.D.: Icarus **18**, 317 (1973)
Fink, U., et al.: Astrophys.J. **207**, L 63 (1976)
Gross, S.H.: Rev.Geophys.Space Physics **12**, 435 (1974)
Hartmann, W.K.: Scientific American **233**, 3, 143 (1975)
Hunten, D.M.: Icarus **22**, 111 (1974)
Hunten, D.M.: Scientific American **233**, 3, 131 (1975)
Lebofsky, L.A., et al.: Icarus **13**, 226 (1970)
Morrison D., and Cruikshank, D.P.: Space Sci.Rev. **15**, 641 (1974)
Morrison, D., et al.: Astrophys.J. **207**, L 213 (1976)
Podolak, M., and Cameron, A.G.W.: Icarus **22**, 123 (1974)
Podolak, M., and Danielson, R.E.: Icarus **30**, 479 (1977)
Pollack, J.B.: Space Sci.Rev. **18**, 3 (1975)
Pollack, J.B., et al.: Icarus **29**, 35 (1976)

9. Das System Uranus–Uranusmonde–Uranusring

9.1. Uranus

Die Oberfläche des Planeten ist infolge seiner Entfernung zur Erde sehr schwierig zu beobachten. Von den Astronomen konnte jedoch eine schwache Bänderung beobachtet werden, die auf eine ausgedehnte Atmosphäre schließen läßt. Die Absorptionsbanden von Methan sind stark ausgeprägt. Sie liegen vorwiegend im roten Spektralbereich, was bewirkt, daß der Planet eine grünliche Färbung aufweist. Besonders auffällig ist außerdem die starke Neigung der Äquatorebene (98°) gegen die Bahnebene.

Überdies gestalten unsichere Angaben hinsichtlich der Abplattung, der Rotationsperiode und der übrigen für Modellberechnung wichtigen Parameter Aussagen, seine chemische Zusammensetzung betreffend, ziemlich schwierig. So wird für den Planeten von einigen Wissenschaftern ein silikatisches Core von etwa 8000 km Radius erwartet, anschließend daran eine Eisschicht mit einer Dicke von 8000 km. Die Hülle schließlich wird aus Wasserstoff gebildet. Allerdings wird nur die molekularkristalline Modifikation des Wasserstoffes in tieferen Zonen auftreten, da der Druck an der Core-Hüllen-Grenze nicht die für das Auftreten der metallischen Modifikation erforderliche Größenordnung erreicht.

Podolak und Cameron haben mehrere Uranus-Modelle berechnet, für welche vollständige Akkumulation der silikatischen Komponente und der Eisfraktion zum Core des Protoplaneten angenommen wurde. Bei der nachfolgenden Ausbildung der Hülle dürfte aus der Eisfraktion nur Ammoniak verdampft sein, während Wassereis Bestandteil des Kerns blieb. Die Anteile an Methan, Wasserstoff und Helium wurden für das Modell in solaren Proportionen angesetzt, nur das NH_3/H_2-Verhältnis erscheint gegenüber dem solaren Verhältnis erhöht.

Ein Uranusmodell ohne Eisschicht um den Kern ist in Tabelle 21 angegeben. Danach herrscht in den Zentralregionen des Uranus ein Druck von 15,3 Mbar, eine Temperatur von ca. 4000 °K und eine Dichte von 11,6 g/cm³.

Podolak selbst hat jedoch darauf verwiesen, daß keines der Modelle die beobachtete optische Abplattung in befriedigender Weise erklären kann. Gerade die optische Abplattung ist aber noch der am besten bekannte, den Planeten charakterisierende Parameter. Außerdem konnte von Owen in der Uranusatmosphäre eine starke Überhöhung des CH_4/H_2-Verhältnisses gegenüber dem solaren Wert festgestellt werden, sodaß auch in dieser Richtung eine Modifikation der früheren Modelle angebracht erscheint.

Tabelle 21: Uranus-Modell nach Podolak und Cameron (ohne Eisschichte)

Radius (10^9 cm)	Temperatur (°K)	Druck (Mbar)	Dichte (g/cm³)	
0,05	4035	15,3	11,56	
1,03	4035	2,29	6,18	Core
1,03	4035	2,29	1,77	
1,83	2544	0,45	0,97	Hülle
2,43	749	$4,86 \cdot 10^{-3}$	0,237	(Wasserstoff)
2,52	83	$1,01 \cdot 10^{-6}$	$3,33 \cdot 10^{-4}$	

9.2. Uranusmonde

Der Planet besitzt fünf reguläre Satelliten, die in Bahnen mit geringer Exzentrizität und überdies in der Äquatorebene des Uranus umlaufen, d.h. ihre Bahnen sind ebenfalls 98° gegen die Bahnebene des Planeten geneigt. Der dem Planeten nächste Mond führt den Namen Miranda, hat einen Radius von ca. 275 km und eine Masse von ca. $2,8 \cdot 10^{23}$ g. Nach außen schließen sich Ariel (750 km, $5,1 \cdot 10^{24}$ g), Umbriel (500 km, $1,5 \cdot 10^{24}$ g), Titania (900 km, $8,7 \cdot 10^{24}$ g) und Oberon (800 km, $6,7 \cdot 10^{24}$ g) an.

Am 10. März 1977 dürfte von Bhattacharyya und Kuppuswamy ein weiterer Satellit des Planeten entdeckt worden sein. Dieses Datum ist auch deshalb von besonderem Interesse, da an diesem Tag von mehreren Forscherteams anläßlich der Bedeckung des Sterns SAO 158687 durch den Planeten ein Ringsystem, ähnlich dem des Planeten Saturn, entdeckt werden konnte.

Nach Angaben von Marsden ist der Uranusring kreisförmig, liegt in der Ebene des Uranusäquators und erstreckt sich in einer Entfernung von 42000–54000 km, vom Zentrum des Planeten aus gerechnet.

Was die chemische Zusammensetzung der Monde und des Ringsystems anlangt, hat man bisher kaum Anhaltspunkte. Für die Dichte der Satelliten errechnen sich Werte um 3 g/cm³, was aber bedeutend zu hoch sein dürfte. Es ist vielmehr zu erwarten, daß es sich um Körper handelt, die aus der bereits mehrfach erwähnten Eisfraktion des solaren Gases bestehen, eventuell mit Anteilen der silikatischen Komponente.

9.3. Die Entstehung des Systems Uranus–Uranusmonde–Uranusring

Hier gelten ähnliche Überlegungen, wie sie unter Kapitel 8.3. angestellt wurden. Da es sich um ein reguläres Satellitensystem handelt, bereitet nur der Umstand Schwierigkeiten, wie die Inklination der Satellitenbahnen gegen die Umlaufbahn des Planeten zu erklären ist. Bei Singer werden verschiedene Möglichkeiten diskutiert.

Die Satelliten existierten bereits zu einem Zeitpunkt, als der Planet durch einen Zusammenstoß mit einem großen Körper eine radikale Änderung seiner Bahnneigung erfuhr. Diese wäre ursprünglich nur unwesentlich gegen die Ekliptik geneigt gewesen. Einer derart raschen Änderung der Position der Rotationsachse können jedoch Satelliten nicht folgen.

Nach Goldreich wäre dies hingegen bei einer langsamen Änderung der Rotationsachse möglich. In diesem Fall müßte ein kontinuierliches Bombardement des Planeten durch kleine Staubpartikel erfolgt sein. Die Impaktverteilung von Staubpartikeln im interplanetaren Raum ist aber isotrop und nicht selektiv gerichtet, sodaß auch dieser Mechanismus sehr unwahrscheinlich scheint.

Viel wahrscheinlicher ist die Bildung der Satelliten, nachdem der Planet die Änderung der Rotationsachse erfahren hat. Dafür könnte wieder ein größerer Himmelskörper verantwortlich sein. Es ist bemerkenswert, daß an dieser Stelle wieder die Möglichkeit eines großen Himmelskörpers postuliert wird, dessen Herkunft allerdings nicht näher spezifiziert wird. Seine Masse sollte 10 % der Uranusmasse betragen haben, um die erwähnte Änderung der Rotationsachse zu bewirken. Dies würde aber bedeuten, daß das Objekt die beachtliche Masse von 1,5 Erdmassen aufweisen hätte müssen.

Literatur zu Kapitel 9.

Bhattacharyya, J.C., and Kuppuswamy, K.: Nature **267**, 331 (1977)
Danielson, R.E.: Icarus **30**, 462 (1977)
Dermott, S.F., and Gold, T.: Nature **267**, 590 (1977)
Elliot, J.L., et al.: Nature **267**, 328 (1977)
Goldreich, P.: Astron.J. **70**, 5 (1965)
Hughes, D.W.: Nature **266**, 587 (1977)
Hunten, D.M.: Scientific American **233**, 3, 131 (1975)
Marsden, B.: IAU Circ. 3048, 3051
Millis, R.L., et al.: Nature **267**, 330 (1977)
Owen, T., and Cess, R.D.: Astrophys.J. **197**, L 37 (1975)
Podolak, M., and Cameron, A.G.W.: Icarus **22**, 123 (1974)
Podolak, M.: Icarus **27**, 473 (1976)
Singer, S.F.: Icarus **25**, 484 (1975)

10. Das System Neptun–Neptunmonde

10.1. Neptun

Die charakteristischen Parameter Neptuns sind etwas besser bekannt als jene
des Uranus. Nach neueren Messungen beträgt die Masse $1{,}029 \cdot 10^{29}$ g, der mittlere
Radius $2{,}455 \cdot 10^{9}$ cm. Dies bedeutet, daß Neptun eine größere Masse bei einem
kleineren Volumen als sein Nachbar Uranus aufweist. Die beiden Planeten werden sich jedoch nicht grundsätzlich in ihrem chemischen Aufbau voneinander
unterscheiden. Der Planet Neptun wird eher weniger thermisch expandiert sein
als Uranus, was in Einklang mit tieferen Temperaturen bei seiner Entstehung zu
bringen ist.

Für Neptun haben Podolak und Cameron ebenfalls Modellberechnungen ausgeführt, wobei sie von der Annahme ausgingen, daß Wasser und Ammoniak nun
vollständig im Kern konzentriert sind. Den spektroskopischen Beobachtungen
zufolge wurde Methan mit höherer Konzentration in Neptuns Außenschichten
in die Berechnungen eingesetzt. Für das Verhältnis von H/He haben die beiden
Forscher solare Proportion angenommen. Das Modell mit dem Methananreicherungs-
faktor 500 gegenüber dem solaren Methan/Silikat-Verhältnis zeigt Neptun mit einem
Kern aus Silikat (3,5 Erdmassen) und Eis (8,1 Erdmassen), einem Zentrumsdruck
von 16,6 Mbar, einer Zentraltemperatur von 1800 °K und einer Dichte im Mittel-
punkt von $12{,}1$ g/cm^3.

Es wird von den beiden Autoren jedoch auch ein Modell angegeben, in dem
die Neptunatmosphäre die Bestandteile Wasser, Ammoniak und Methan in solaren Proportionen enthält (Tab. 22). Dieses Modell ist allerdings nicht im Einklang
mit der von Moore und Menzel im Jahre 1928 aus Dopplereffekt-Messungen berechneten Rotationsperiode von $15{,}8 \pm 1$ h. Es verlangt eine Rotationsperiode
von 14,8 h für den Planeten, sodaß sichere Angaben, diese Größe betreffend, zum
besseren Verständnis des inneren Aufbaus des Planeten unbedingt erforderlich
wären.

Dieses Modell zeigt übrigens eine kleine Zone über dem Core an, die aus der
metallischen Modifikation des Wasserstoffs bestehen sollte, was im Einklang mit
der gegenüber Uranus schwereren Masse des Planeten wäre.

Tabelle 22: Neptun-Modell nach Podolak und Cameron (ohne Eisschichte)

Radius (10^9 cm)	Temperatur (°K)	Druck (Mbar)	Dichte (g/cm³)	
0,05	3170	19,5	12,86	Core
1,04	3170	3,23	6,80	
1,04	3170	3,23	2,32	metallischer
1,08	3140	3,03	2,28	Wasserstoff
1,08	3140	3,03	2,11	
1,53	2595	1,32	1,54	molekularer
2,38	740	$1,62 \cdot 10^{-2}$	0,40	Wasserstoff
2,45	57	$1 \cdot 10^{-6}$	$4,81 \cdot 10^{-4}$	

10.2. Die Satelliten Neptuns

Der Planet besitzt 2 Satelliten. Mit 3000 km Radius ist Triton der größte aller bekannten Monde, sollte diese Angabe in naher Zukunft nicht noch nach kleineren Radien korrigiert werden. Mit $1,5 \cdot 10^{26}$ g weist er in etwa die Masse Ganymeds auf. Das würde eine mittlere Dichte von 1,32 g/cm³ bedeuten.

Nereid, der zweite Satellit des Planeten, ist wesentlich kleiner. Sein Radius beträgt ca. 250 km bei einer Masse von $\sim 5 \cdot 10^{22}$ g. Über beide Satelliten ist, was ihren chemischen Aufbau anlangt, ziemlich wenig bekannt. Die große Unsicherheit ihre Dichten betreffend läßt selbst aus diesen Angaben keine eindeutigen Schlüsse ziehen. Es ist sehr wahrscheinlich, daß sie aus der bereits mehrmals erwähnten Eisfraktion bestehen. Der Satellit Triton dürfte möglicherweise in seinem chemischen Aufbau dem Saturnmond Titan oder dem Jupitermond Ganymed ähnlich sein.

10.3. Die Entstehung des Systems Neptun—Neptunmonde

Bei Triton handelt es sich um einen Mond, der den Planeten in retrogradem Sinn umkreist. Kuiper und Lyttleton haben einen genetischen Zusammenhang zwischen Neptun, Triton und Pluto hergestellt. Pluto, der auf stark exzentrischer Bahn um die Sonne läuft, steht nämlich der Sonne fallweise näher als Neptun. Es kann also der Einfang des Triton durch Neptun das ursprüngliche System Neptun-Pluto dermaßen beeinflußt haben, daß Triton in retrograder Bahn eingefangen, Pluto dagegen dem Gravitationsfeld des Planeten entwichen ist und nun als 9. Planet seine Bahn um die Sonne zieht.

Literatur zu Kapitel 10.

Hartmann, W.K.: Scientific American 233, 3, 143 (1975)
Moore, J.H., and Menzel, D.H.: Publ. Astron.Soc.Pac. 40, 234 (1928)
Newburn jr., R.L., and Gulkis, S.: Space Sci.Rev. 14, 179 (1973)
Podolak, M., and Cameron, A.G.W.: Icarus 22, 123 (1974)

11. *Pluto*

Die bisher bekannten physikalischen und astronomischen Daten sprechen sehr dafür, daß Pluto eine Sonderstellung unter den Planeten einnimmt. Der Gedanke (siehe auch Kapitel 10.3.), daß Pluto ein "verlorener Mond" Neptuns ist, erscheint in diesem Licht keineswegs unmöglich. Die Spekulationen gehen jedoch auch in Richtung eines Mitgliedes aus einem Planetoidenring jenseits der Neptunbahn, wofür die Neigung und die starke Exzentrizität der Plutobahn sprechen würde.

Erst kürzlich wurden von Cruikshank und Mitarbeitern am Kitt-Peak-Observatorium die Reflexionseigenschaften des Planeten studiert, wobei besonders der Bereich des nahen Infrarot ($1-4$ μm) untersucht wurde. In diesem Bereich weisen die Eiskomponenten charakteristische Absorptionsbanden auf. So konnte die charakteristische Absorptionslinie von Methan bei 1,7 μm festgestellt werden, wohingegen die 0,95 μm – Absorption von Fe^{2+} nicht beobachtet werden konnte. Der Planet zeigt nach photometrischen Beobachtungen jedoch Helligkeitswechsel, die Änderungen in den Oberflächenmerkmalen während der Rotation zugeschrieben werden können. Die Oberfläche wird daher nicht vollständig mit Methanfrost bedeckt sein. Stellenweise wird kohlechondritisches Material exponiert sein.

Den chemischen Aufbau betreffende Aussagen sind bei diesem Planeten jedoch noch mit großer Vorsicht zu tätigen. Zufolge der Unsicherheit in den Werten für den Radius und die Masse wird in der Literatur ein breites Spektrum von Dichtewerten angegeben. Maximale Dichtewerte von 4,5 g/cm^3 sind nicht selten.

Für den Durchmesser werden nach neueren Angaben ca. 3300 km angenommen, der Planet dürfte daher etwas kleiner als der Erdmond sein. Werte, die Masse betreffend, hat man aus den Abweichungen der Bahnbewegungen von Neptun und Uranus erhalten. Nach Ash ist die Masse Plutos allerdings sehr unbestimmt. Da nämlich aus den Oberflächenbeobachtungen vermutet werden kann, daß Pluto ein Tieftemperaturkondensat des äußeren solaren Nebels sein dürfte, wird eine Dichte im Bereich von $1-2$ g/cm^3 anzusetzen sein. Diese Dichte und der Radius ergeben andererseits eine zu geringe Masse, um die Bahnstörungen von Uranus und Neptun erklären zu können.

In jüngster Zeit gab jedoch das Lowell-Observatorium in Arizona die Entdeckung eines Plutomondes mit einem Radius von $400-500$ km bekannt. Mit dieser Entdeckung wird es eventuell möglich sein, Durchmesser und Masse von Pluto neu zu berechnen.

Literatur zu Kapitel 11.

Ash, M.E., Shapiro, I.I., and Smith, W.B.: Science **174**, 551 (1971)
Cruikshank, D.P., Pilcher, C.B., and Morrison, D.: Science **194**, 835 (1976)
Hart, M.H.: Icarus **21**, 242 (1974)
Manning, P.G.: Nature **230**, 234 (1971)

12. Kometen

Obwohl der Planet Pluto bereits in einer Entfernung von etwa 40 astronomischen Einheiten von der Sonne seine Bahn zieht, gibt es noch eine Anzahl kleiner Körper, die Kometen, welche ebenfalls Mitglieder unseres Sonnensystems sind und vielfach Bahnen mit einem Aphel von weit über 40 AE aufweisen.

1950 entwickelte Oort die Theorie eines großen Kometenreservoirs, oder besser einer Kometenwolke, um die Sonne. In ca. 50000 AE umgibt diese Wolke die Sonne, von der durch Jupiterstörungen oder infolge stellarer Einflüsse Kometen in die inneren Regionen des Planetensystems abgelenkt werden. Über den Ort der Entstehung dieser Körper gibt es nach wie vor stark divergierende Ansichten. Wenn man jedoch die Existenz der Oortschen Kometenwolke akzeptiert, ist es vernünftig, auch die Bildung der Kometen in diese Region zu verlegen, wie dies Cameron vorgeschlagen hat. Die Schwierigkeit, in dieser Entfernung noch genügend dichte Materie vorzufinden, wurde durch die Annahme kleiner, den Sonnennebel umgebender Gasnebel gelöst, die Massen in der Größenordnung von 0,01 bis 0,1 Sonnenmassen aufwiesen. Diese Annahme hat jedoch gewisse Konsequenzen. Mit der Entstehung der Sonne und der Planeten sollte auch die Akkumulation der Kometen aus ihrer Wolke erfolgt sein, d.h. das Alter der Kometen wäre wie das Alter des Sonnensystems mit 4,5 Milliarden Jahren zu veranschlagen. Wenn die Kometen tatsächlich so weit entfernt von der Sonne entstanden sind, dann müßten die Komponenten, aus denen sie aufgebaut sind, identisch sein mit den in den letzten Jahren entdeckten interstellaren Atomen und Molekülen.

Aus dieser Sicht wird die kosmogonische Bedeutung der Kometen offenkundig. Haben doch aufgrund ihrer geringen Größe keine dramatischen metamorphen Änderungen ihrer Materie durch Gravitation, innere Erwärmung, Meteoritenimpakt und dgl. stattgefunden.

Basis für das Verständnis der Kometenphänomene ist die physikalische Struktur und die chemische Zusammensetzung des Kometenkerns. Dieser ist jedoch kaum zu beobachten. Bei Annäherung an die Sonne umgibt sich der Kern mit einer dichten Atmosphäre aus Gas und Staub, die infolge der Sonneneinstrahlung und des Sonnenwindes entsteht.

Die allgemeine Morphologie eines hellen Kometen, der im Abstand 1 AE von der Sonne beobachtet wird, kann der Abb. 17 entnommen werden.

Der Kometenkopf besteht aus einem expandierenden Halo, der durch explosionsartige Gasausbrüche aus dem Kometenkern entsteht. Diese Halos expandieren mit einer Geschwindigkeit von ca. 500 m/sec. Unmittelbar um den Kometenkern liegt die sogenannte Koma, in der die Gasdichte von 10^{12} bis 10^{14} Molekülen/cm^3 in Kernnähe bis auf $10^2 - 10^4$ Moleküle/cm^3, in Richtung des äußeren Randes, abnimmt. Die aus dem Kometenkern in Freiheit gesetzten Gase und Staubteilchen werden in die der Sonne entgegengesetzte Richtung getrieben und bilden den Schweif des Kometen. Dieser kann in 2 Typen unterteilt werden.

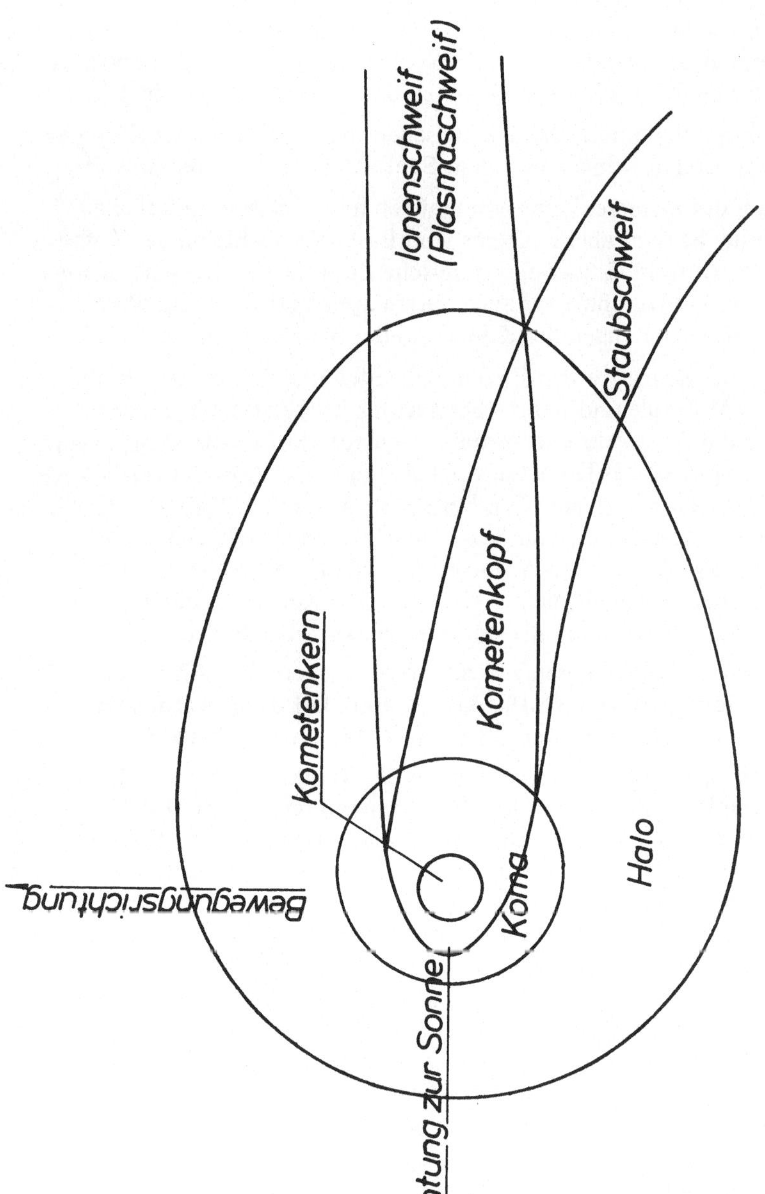

Abb. 17: Allgemeine Morphologie der Kometen

Der Ionen- oder Plasmaschweif ist normalerweise langgestreckt und nur
schwach gekrümmt. Der Staubschweif ist stärker gekrümmt als der Plasmaschweif
und meistens auch sehr viel kürzer als dieser. Üblicherweise treten beide Schweif-
typen zusammen auf, es kommt jedoch fallweise vor, daß sie einzeln zu beobachten sind.

Untersuchungen hinsichtlich der chemischen Zusammensetzung der Kometen sind an den sehr lichtschwachen Objekten nur mit lichtstarken Spektrographen
möglich. Analysen haben gezeigt, daß drei verschiedene Spektrentypen erwartet
werden können, die den verschiedenen Gebieten des Kometen zugeordnet sind.

So kann man deutlich unterscheiden zwischen dem Spektrum des Kometenkerns, der ihn umgebenden Koma sowie dem Spektrum des Kometenschweifs.

Das Spektrum des Kometenkerns ist identisch mit dem kontinuierlichen
Spektrum der Sonne. Es wird aber meistens vom Emissionsspektrum der Kome-
tenkoma überlagert. Aufschluß über die chemische Zusammensetzung des Kerns,
für den maximal 100 km Durchmesser zu veranschlagen sind, kann nur über
spektroskopische Untersuchungen der Koma und der Schweife erhalten werden.

Im Spektrum der Koma werden Emissionsbanden und -linien einer Reihe
neutraler Radikale, Moleküle und Atome beobachtet. Diese erscheinen in unmittelbarer Nachbarschaft des Kerns und verteilen sich von dort in alle Richtungen.
Die "neutrale Atmosphäre" des Kometen zeigt sich in einem Abstand von $\leqslant 3$ AE
vorerst durch die Banden von Cyan (CN). Bei einem Abstand $\leqslant 2$ AE von der Sonne
erscheinen die Banden von C_2, C_3 und NH_2. Die Emissionsbande von OH ist
von der Erde aus infolge der starken Absorption durch terrestrisches Ozon sehr
schwierig nachzuweisen. Sie stellt nach Beobachtungen von außerhalb der Erdatmosphäre durch Satelliten jedoch die stärkste Emissionsbande dar.

Wenn der Abstand des Kometen von der Sonne kleiner als 1 AE ist, erscheinen die Linien des neutralen Sauerstoffs, die bekannte D-Linie des atomaren
Natrium sowie die Linien der Elemente Cr, Mn, Fe, Co, Ni, Cu, K und Ca.

Darüber hinaus kann man noch die Banden der Radikale NH und CH, die
Linien des atomaren Wasserstoffs und die Banden mehrerer stabiler Moleküle
wie etwa Methylcyan (CH_3CN), Cyanwasserstoff (HCN) und Wasser (H_2O) registrieren. Die beobachteten Radikale sind an sich instabil und können nur bei
den sehr geringen Dichten in der äußeren Koma existieren. Sie können daher
als solche nicht Bestandteile des Kerns sein, sodaß man für ihr Auftreten Strahlungs-
dissoziation stabiler, aber nicht beobachtbarer Ausgangsmoleküle (Muttermoleküle) verantwortlich zu machen hat. Dafür kommen Moleküle wie Wasser, Methan,
Ammoniak und die oben erwähnten drei komplexeren Moleküle in Frage. Die
spektroskopische Identifikation ist nicht nur infolge ihrer raschen Dissoziation
in Kernnähe schwierig, sondern auch deshalb, weil sie im optischen Spektralbereich nur sehr schwache Linien aufweisen. Die Banden der bisher in den Kometen Kohoutek (1973) und Bradfield (1974) nachgewiesenen komplexen Moleküle liegen durchwegs in der Radiofrequenzregion.

Methylcyan (CH_3CN) und Cyanwasserstoff (HCN) wurden interessanterweise zuerst in dichten interstellaren Wolken von Litvak entdeckt und sind wahrscheinlich die Muttermoleküle des CN-Radikals. Nach der Strahlungsdissoziationsgleichung

$$CH_3CN + h\nu \rightarrow CH_3 + CN^*$$

entsteht ein angeregtes Cyan-Radikal, welches unter Emission einer Bande bei 3883 Å in den Grundzustand übergeht. Ähnlich ist die Dissoziation des Cyanwasserstoffmoleküls zu beschreiben.

Für das Auftreten von NH wurde verschiedentlich Ammoniak als Muttermolekül vorgeschlagen, doch konnte die Bande durch Photodissoziation im Laborversuch nicht beobachtet werden. Vielmehr konnte sie durch Photolyse von Hydrazin (NH_2-NH_2) erhalten werden, womit dieses Molekül oder andere primäre Amine (R-NH_2, R = Kohlenwasserstoffrest) als Ausgangsmoleküle für das NH-Radikal angesehen werden können. Die Reaktionsgleichung hat die Form

$$R\text{-}NH_2 + h\nu \rightarrow NH^* + R\text{-}H$$

Primäre Amine sind u.a. Bestandteile der kohligen Chondrite, sodaß der Kern auch aus diesem Material bestehen könnte. Andererseits wurde Methylamin (CH_3-NH_2) als Bestandteil interstellarer Wolken ermittelt, daher ist als Ausgangssubstanz auch diese Verbindung denkbar. Auch die interstellar detektierten Moleküle Isocyansäure (HNCO), Methylenimin ($H_2C = NH$) und Formamid (H_2NCHO) sind mögliche Kandidaten.

Ammoniak wird als Muttermolekül für das NH_2-Radikal angesehen, während für C_2 Acetylen (C_2H_2) und für C_3 Diazomethylacetylen ($HC \equiv C \cdot CHN_2$) in Frage kämen. Wasser ist schließlich für das Auftreten des Hydroxylradikals (OH) verantwortlich.

Neben den Atomlinien der eingangs erwähnten Metalle, die erst dann auftreten, wenn der Komet der Sonne sehr nahesteht und die Staubpartikel zu verdampfen beginnen, beobachtet man in der Koma auch ionisierte Moleküle des Kohlenmonoxids (CO^+), Kohlendioxids (CO_2^+), Stickstoffs (N_2^+) und Wassers (H_2O^+), die aus der jeweiligen gasförmigen Komponente durch Verlust eines Elektrons elektrisch positiv geladen vorliegen.

Diese ionisierten Moleküle treten auch — und das ausschließlich — im Ionenschweif des Kometen auf. Von ihnen ist das ionisierte Kohlenmonoxid am häufigsten.

Die Staubschweife schließlich sind stärker gekrümmt und kürzer als die Ionenschweife. Es zeigen sich in ihnen keinerlei Emissionsbanden ionisierter Gase. Sie bestehen zur Gänze aus kleinen Staubpartikeln, die infolge des auf sie wirkenden Strahlungsdrucks von der Sonne ebenfalls nicht in Richtung der Bahnbewegung des Kometen orientiert sind. Über die Größe der Partikeln selbst kann eine vereinfachte Rechnung gewisse Anhaltspunkte geben.

Wenn man eine kugelförmige Partikel im Abstand von 1 AE von der Sonne, mit einem Querschnitt von $r^2 \pi$ cm^2, betrachtet, so ist diese infolge des Strahlungsdrucks einer abstoßenden Kraft, die sich messen läßt, unterworfen. Der Strahlungsdruck

$$p_r = 4,5 \cdot 10^{-5} \cdot r^2 \cdot \pi \quad [\text{dyn}]$$

Wenn r der Radius des Teilchens ist, so gilt für dessen Masse

$$m = \frac{4 \cdot \pi \cdot r^3}{3} \cdot \rho$$

wobei ρ die Dichte des Teilchens ist.

Auf dieses Teilchen wird auch eine Anziehungskraft durch die Sonne

$$A = G \cdot \frac{M_\odot \cdot \frac{4\pi}{3} \cdot r^3 \cdot \rho}{(1,5 \cdot 10^{13})^2} \quad [\text{dyn}]$$

ausgeübt.

$$
\begin{aligned}
M_\odot &= \text{Masse der Sonne } (\sim 2 \cdot 10^{33} \text{ g}) \\
G &= \text{Gravitationskonstante } (6,6 \cdot 10^{-8} \; [\text{dyn} \cdot \text{cm}^2 \cdot \text{g}^{-2}]) \\
1 \text{AE} &= 1,5 \cdot 10^{13} \text{ cm.}
\end{aligned}
$$

Setzt man für $\rho = 3$ g/cm^3 (silikatisches Material), so sieht man, daß Gleichgewicht zwischen der abstoßenden Kraft (Strahlungsdruck) und der anziehenden Kraft (Gravitation) dann besteht, wenn der Radius der Partikel $\sim 10^{-5}$ cm ist.

$$\frac{p_r}{A} = \frac{7,6 \cdot 10^{-5}}{4 \cdot r}$$

$$\frac{p_r}{A} \approx \frac{10^{-5}}{r}$$

Da auf die Teilchen der Kometenschweife ein Strahlungsdruck ausgeübt wird, der offensichtlich die Gravitationsanziehung überwiegt, werden Radien in der Größenordnung $\leq 10^{-6}$ cm zu erwarten sein.

Hatte man früher für den Aufbau eines Kometen die Hauptbestandteile Wasser, Methan, Ammoniak und Staub ("Schmutziges Eis" der ersten Art) verantwortlich gemacht, so war man im Hinblick auf die geringe Häufigkeit von Methan im Kometen Kohoutek zu einer Revision dieser Ansicht gezwungen. Es wird nun von vielen Wissenschaftern Wasser, Kohlenmonoxid und Stickstoff als Hauptkomponente angesehen, mit minoren organischen Bestandteilen wie Cyanwasserstoff, Methylcyan, Methan und einer Staubfraktion ("Schmutziges Eis" der zweiten Art).

Dies bedeutet aber gleichzeitig, daß Kometen eine Mischung von Tieftemperaturkomponenten sind, die nicht aus einem sich abkühlenden solaren Gas entstanden sein können. Wie heute bekannt ist, sind die genannten Verbindungen im interstellaren Gas vorherrschend, womit die Ähnlichkeit zwischen Kometen und dem interstellaren Medium erwiesen scheint.

Die Kometen entstanden demnach offenbar in den äußersten Regionen des Sonnensystems; es ist aber ein geringer Beitrag von Materie aus der interstellaren Wolke, aus der das Sonnensystem entstand, nicht gänzlich auszuschließen.

Literatur zu Kapitel 12.

Biermann, L.: Sterne und Weltraum 13, 9 (1974)
Cameron, A.G.W.: Icarus 18, 407 (1973)
Delsemme, A.H.: Icarus 24, 95 (1975)
Litvak, M.M.: In: Atoms and Molecules in Astrophysics. Eds.: T.R.Carson and M.J. Roberts. Academic Press, London, p. 201 ff (1972)
Marsden, B.G.: Ann.Rev.Astron.Astrophys. 12, 1 (1974)
Mendis, D.A., and Ip, W.H.: Astrophysics and Space Sci. 39, 335 (1976)
Oort, J.: Bull.Astr.Inst.Netherlands 11, 91 (1950)
Rahe, J.: Sterne und Weltraum 16, 47 (1977)
Shimizu, M.: Astrophysics and Space Sci. 36, 353 (1974)
Whipple, F.L.: Nature 263, 15 (1976)
Whipple, F.L., and Huebner, W.F.: Ann.Rev.Astron.Astrophys. 14, 143 (1976)
Wyckoff, S., and Wehinger, P.A.: Astrophys.J. 204, 604 (1976)

13. Interstellare Materie

Der Raum zwischen den Sternen ist von Materie unregelmäßig erfüllt. Der Hauptbestandteil ist neutraler Wasserstoff [H(I)], mit einer ungefähren Dichte von 0,8 H-Atomen/cm^3, was einer Dichte von $1,3 \cdot 10^{-24}$ g/cm^3 entspricht. Im Zentrum unserer Galaxis ist die Dichte der interstellaren Materie nur etwa halb so groß. Die Spiralstruktur des galaktischen Systems bedingt, daß der Hauptteil der Sterne und der interstellaren Materie in der Nähe der Rotationsebene angesammelt ist. Das ganze System rotiert nicht wie ein starrer Körper um sein Zentrum. In der Umgebung unserer Sonne etwa, die in 2/3-Distanz vom galaktischen Kern entfernt ist, beträgt die Rotationsgeschwindigkeit $\sim$250 km/sec.

Auf der Basis kleinerer Dimensionen ist die Verteilung der Materie ungleichmäßig. Gas und Staub sind in relativ kühlen, dichten Zonen oder Wolken angesammelt, die von weniger dichten, heißen Gasen umgeben werden.

An Erscheinungsformen der interstellaren Materie unterscheidet man Emissionsnebel, Reflexionsnebel und Dunkelwolken.

Emissionsnebel befinden sich in der Nähe heißer Sterne, deren UV-Strahlung die Komponenten des Gases ionisieren und solcherart zu eigenem Leuchten anregen. Ein Beispiel für einen Emissionsnebel ist der bekannte Orion-Nebel. Seine Dichte fällt vom Zentrum nach außen hin stark ab, er dürfte überdies in eine große Anzahl Subverdichtungen zerfallen sein. Eventuell sind dies die Vorstadien der Sternentstehung. Reflexionsnebel unterscheiden sich von Emissionsnebeln nur dadurch, daß der in ihrer Nähe befindliche Stern weniger heiß ist, daher zu wenig UV-Strahlung aussendet, um das Gas zum Leuchten anzuregen. Der Nebel reflektiert das Licht des Sterns praktisch unverändert. In einigen Nebeln treten nun sowohl Emissions- als auch Reflexionserscheinungen auf. Übrigens werden in Reflexionsnebeln ebenfalls dichte Wolken beobachtet.

Dunkelwolken haben dagegen keinen hellen Stern in ihrer unmittelbaren Nachbarschaft. Es sind kalte H(I)-Gebiete, die oft noch wolkig unterteilt sind und überdies beachtliche Dimensionen aufweisen. Sie schwächen das Licht der hinter ihnen liegenden Sterne, was durch Absorption bestimmter Spektrallinien des Sternlichtes durch die Gase des Nebels bewirkt wird. Das Licht des Sterns erscheint auch etwas röter. Dies ist auf die in der Dunkelwolke enthaltenen Staubpartikeln zurückzuführen, die das Sternlicht streuen.

Den Großteil der Information hinsichtlich der chemischen Zusammensetzung der interstellaren Materie erhält man aus spektroskopischen Beobachtungen im sichtbaren Bereich, aus radioastronomischen Messungen und neuerdings mittels der UV-Spektroskopie von Raketen und Satelliten außerhalb der Erdatmosphäre.

Die Erforschung des interstellaren Mediums begann im Jahre 1937 mit der Identifizierung der diatomaren Spezies CH$^+$, CH und CN am Mount Wilson Observatorium durch Dunham und Adams.

Es hat dann immerhin 25 Jahre gedauert, bis mittels radioteleskopischer Untersuchungen das Molekül OH gefunden wurde. Zuvor war schon die Strahlung des neutralen Wasserstoffatoms, die bekannte 21-cm-Linie, entdeckt worden.

Damit wurde der wissenschaftlichen Forschung die Möglichkeit gegeben, die Verteilung des neutralen Wasserstoffs in unserer Galaxis zu studieren.

Die Tabelle 23 enthält die wichtigsten Atome und Moleküle, die im interstellaren Raum entdeckt wurden. Die mehratomigen Moleküle sind nach steigender Atomanzahl angeordnet.

Tabelle 23: Atome und Moleküle der interstellaren Materie

Anzahl der Atome	Spezies
1	H, H^+, Ca^+, Na
2	H_2, CH, CH^+, OH, CN, CO, CS, SiO, SiS, SN
3	HCN, H_2O, H_2S, OCS, HCO, SO_2, HCO^+, NH_2^+, C_2H, HNC
4	$HCHO$, $HNCO$, NH_3, C_3N
5	CH_2NH, NH_2CN
6	CH_3OH, CH_3CN
7	CH_3CHO, CH_3NH_2
8	$CHOOCH_3$
9	CH_3CH_2OH, $(CH_3)_2O$

Wir begegnen wieder Molekülen bzw. Radikalen, die uns schon aus den spektroskopischen Untersuchungen der Kometen bekannt sind. Hier wie dort macht jedoch die quantitative Behandlung der Spektren große Schwierigkeiten; die Intensitäten der Emissions- oder Absorptionslinien sind infolge der Anregung der Moleküle im interstellaren Raum, wo thermisches Gleichgewicht nicht erwartet werden kann, besonders schwer zu interpretieren. Dagegen erhält man Aufschlüsse über Konstitution und Aufenthaltsort der Atome und Moleküle sowie die Geschwindigkeit der interstellaren Wolke. Letztere Information kommt aus der Doppler-Verschiebung der detektierten Linie.

Für die chemische Zusammensetzung der interstellaren Materie werden heute folgende Angaben gemacht:

$$60 \% \text{ Wasserstoff}$$
$$38 \% \text{ Helium}$$
$$2 \% \text{ schwere Elemente.}$$

Zu den schweren Elementen zählen alle jene Elemente, deren Ordnungszahl > 3 ist.

Physikalisch läßt sich der Zustand der interstellaren Materie mit 99 % Gas- und 1 % Staubanteil angeben. Wie bereits im Kapitel 12 erwähnt wurde, weisen die Staubkörnchen einen Radius von $\sim 10^{-6}$ cm auf.

Die Existenz komplexer organischer Moleküle im interstellaren Raum wirft in erster Linie die Frage nach ihrer Bildung auf. Obwohl viele Mechanismen durchdiskutiert wurden, konnte auf diese Frage keine gänzlich befriedigende Antwort gegeben werden. Jeder Mechanismus der Molekülbildung hat entweder einen Gleichgewichtszustand zwischen Produktionsgeschwindigkeit und Zerfallsrate zu akzeptieren, oder aber eine begrenzte und vielfach kurze Lebensdauer für die organischen Komponenten zu postulieren. Die Erklärung für die Zerstörung ist nahezu ebenso wichtig wie die der Bildung.

Für die Zerstörung der Moleküle bietet sich naturgemäß die ionisierende Strahlung an. Da die meisten interstellaren Wolken nicht sehr dicht sind, kann die UV-Strahlung der Sterne durch sie hindurchdringen und Dissoziation bewirken. Die Geschwindigkeit, mit der dies geschieht, hängt im wesentlichen von der spektralen Verteilung des UV-Lichtes und dem Wirkungsquerschnitt für die Spaltung ab. So konnte gezeigt werden, daß beispielsweise einfache Moleküle wie Wasser, Ammoniak, Methan und Formaldehyd in weniger als 100 Jahren dissoziiert werden, wenn sie, nicht durch interstellaren Staub abgeschirmt, der UV-Strahlung des interstellaren Feldes ausgesetzt sind. Die Moleküle N_2 und CO haben infolge ihrer höheren Dissoziationsenergien auch eine höhere Lebensdauer von ca. 1000 Jahren. Dies ist aber gegenüber kosmischen Zeiträumen eine äußerst kurze Lebensdauer, sodaß man gezwungen ist, entweder eine rasche Bildung dieser Moleküle oder eine wirksame Abschirmung gegen die UV-Strahlung anzunehmen.

Im Zentrum einer dichten Wolke, in der die Wasserstoffdichte 1000 Atome/cm^3 beträgt und die überdies mindestens eine Ausdehnung von 1 Lichtjahr hat, kann eine völlige Abschirmung der UV-Strahlung erwartet werden. Für Dissoziationseffekte kämen dann nur noch hochenergetische Röntgenstrahlen und kosmische Strahlen in Betracht. In noch dichteren und ausgedehnteren Wolken werden selbst die letztgenannten Strahlungsarten wirksam abgeschirmt.

Ein anderer Mechanismus, der die Moleküle aus der Gasphase entfernen könnte, wäre der des Ausfrierens. Bei den sehr geringen Temperaturen von nur 20–50 °K in dichten Wolken können komplexe Moleküle an den Oberflächen der Staubkörnchen abgeschieden werden. Wenn man in die Berechnung die übliche Teilchengröße der Staubkörner einsetzt und eine Wasserstoffdichte von 10^4/cm^3 sowie mittlere Molekülgeschwindigkeiten in der Wolke von $3 \cdot 10^4$ cm/sec einsetzt, erhält man eine mittlere Lebensdauer der Moleküle von 10^5 a. Diese Zeitspanne ist etwas höher als jene für die UV-Dissoziation, der Mechanismus hingegen wirkt durch die gesamte Wolke. Unabhängig von der Entstehung der Moleküle müssen sie im Laufe der Existenz der Wolke jedoch regeneriert oder von der Staubkörnchenoberfläche wieder reemittiert werden.

Für die Bildung der organischen Moleküle wurden gleichfalls mehrere Mechanismen vorgeschlagen. Die wichtigsten sind die Bildung durch binäre Kollision in der Gasphase des interstellaren Mediums, die Bildung an der Oberfläche der Staubkörnchen, die Bildung in dichten, expandierenden Gashüllen von Sternen durch Mehrkörperkollisionen, oder schließlich die Bildung aus den Staubkörnchen durch Impakte, Schockwellen oder Erwärmungsvorgänge. Letztgenannter Mechanismus verschiebt das Problem der Entstehung der komplexen Moleküle auf die Erklärung der Entstehung der Staubkörnchen.

Primäre Kollisionen sind im Prinzip in der Lage, einfache Moleküle wie H_2, OH, CH, CH^+, CN und CO zu generieren, selbst wenn Gasdichten von nur 50 Atomen/cm^3 gegeben sind. Im Hinblick auf komplexe Moleküle ist die Wahrscheinlichkeit der Molekularkombination jedoch zu gering, um die beobachteten Häufigkeiten zu erklären.

Die Bildung von Molekülen und Staubpartikeln in Sternatmosphären durch Mehrkörperkollisionen ist durchaus zu verstehen. Der Mechanismus dürfte aber eher für die Erzeugung der Staubkörnchen wirksam sein, die neben ihrem anorganischen Grundgerüst natürlich auch organische Moleküle eingebaut haben können. Die relativ kurze Lebensdauer organischer Moleküle macht ihre Entstehung in Sternatmosphären allerdings sehr unwahrscheinlich, wenn nicht gleichzeitig für einen Abschirmeffekt gegen die Stellarstrahlung gesorgt wird, der bewirken müßte, daß diese Moleküle nicht dissoziieren, bevor sie noch dem Strahlungsfeld des Sterns entkommen konnten.

Die Bildung komplexer Moleküle an den Oberflächen der interstellaren Körnchen erscheint nach Arbeiten von Hollenbach und Salpeter hingegen doch sehr plausibel. An den aktiven Stellen dieser Körnchen kann ein Atom bis zur Annäherung eines anderen reaktiven Atoms festgehalten werden.

Dagegen ist der Mechanismus der Loslösung noch nicht ganz klar. Es käme dafür die Reaktionsenergie, der Aufprall eines energetischen Teilchens oder eines Photons in Betracht. Auch ein Temperatureffekt kann nicht ganz ausgeschlossen werden.

Komplexe organische Moleküle, wie sie im interstellaren Raum beobachtet werden, konnten durch UV-Bestrahlung eines Gasgemisches aus Wasser, Kohlenmonoxid und Kohlendioxid in Anwesenheit von Staubkörnchen erzeugt werden. Schließlich ist der Vorgang der Verdampfung von an der Oberfläche adsorbierten Molekulen durch die Erwärmung eines in der Nachbarschaft befindlichen Sterns denkbar. Dies wäre in Analogie zur Verdampfung von Molekülen und Radikalen aus Kometen bei deren Annäherung an die Sonne.

Literatur zu Kapitel 13.

Donn, B.: In: Exobiology. Ed. C. Ponnamperuma. North-Holland Publ.Comp.Amsterdam
        p. 431 (1972)
Dunham jr., T., and Adams, W.S.: Publ.Astron.Soc.Pac. **49**, 26 (1937)
Hollenbach, D., and Salpeter, E.E.: Astrophys.J. **163**, 155 (1971)
Hollenbach, D., et al.: Astrophys.J. **163**, 165 (1971)
Hoyle, F.: Mercury, p. 2 ff (1978)
Hubbard, J.S., et al.: Proc.Nat.Acad.Sci.U.S. **68**, 574 (1971)
Lequeux, J.: In: Origin of the Solar System. Centre National de la Recherche Scientifique.
        Ed. H. Reeves p. 118 (1974)
Rank, D.M., et al.: Science **174**, 1083 (1971)
Zuckermann, B., and Palmer, P.: Ann.Rev.Astron.Astrophys. **12**, 279 (1974)

II. Teil   CHEMISMUS DER ENTSTEHUNG DES SONNENSYSTEMS

1.   *Evolution der Sonne*

Milliarden Jahre vor der Geburt unseres Sonnensystems wurde unsere Galaxie aus einer kollabierenden galaktischen Gaswolke geboren. Dabei entstanden Sterne der ersten Generation, die wir als die ältesten bekannten Objekte unserer Galaxie kennen und die etwa kugelförmig um das galaktische Zentrum angeordnet sind. Im Verlauf der dynamischen Entwicklung der Galaxis konzentrierte sich das Gas in Form einer Scheibe in der galaktischen Ebene, die bekannte Spiralstruktur wurde ausgebildet. Es kam zur Bildung weiterer Sterngenerationen. Massereiche Sterne entwickelten sich rascher und reicherten das galaktische Gas mit schweren Elementen an. Novae und Supernovae waren dafür maßgebend, massereiche Sterne also, die während ihrer Evolution ihre äußeren Hüllen explosionsartig abstoßen. Im derart mit schweren Elementen angereicherten interstellaren Gas konnten sich die bereits erwähnten interstellaren Staubteilchen ausbilden.

Hatten sich schließlich genügend Sterne in der galaktischen Ebene gebildet, so wurde durch Instabilitäten deren zeitlich begrenzte Anordnung in Sternansammlungen begünstigt, es entwickelte sich die Spiralarmstruktur.

Die Spiralarme rotieren um das Zentrum der Galaxie, doch die in ihnen enthaltenen Sterne und auch die interstellaren Gaswolken sind nicht für immer an ihren Spiralarm gebunden. Es kommt zu Übergängen sowohl von Sternen als auch von Gaswolken, sodaß auch zwischen den Spiralarmen immer ein gewisser Materieanteil enthalten ist.

Die Geburt unseres Sonnensystems erfolgte nun mit Sicherheit in jenen Regionen unserer Milchstraße, wo Gas und Staub in entsprechender Menge auftraten. Dafür spricht nicht nur die beobachtbare Expansion von Sternassoziationen, sondern vor allem die Existenz heller leuchtstarker, also junger Sterne, in Verbindung mit interstellarem Gas und Staub.

Interstellare Wolken werden durch dynamische Prozesse gebildet. Die hohen Geschwindigkeiten, die das interstellare Material erreicht, haben Novae und Supernovae zur Ursache, aber auch die Vorgänge der Sternentstehung selbst tragen dazu bei, daß bedeutende Dichteunterschiede in den mit Überschallgeschwindigkeit kollidierenden Gasströmen auftreten, woraus starke Kompression resultiert.

An die Bildung der interstellaren Wolke schließt sich deren Zusammenbruch und Fragmentation an. Obwohl Beobachtungen darauf hindeuten, daß die Sternbildung in großen Gruppen erfolgt, kann doch die Möglichkeit der Entstehung individueller Sterne aus kleineren Wolken nicht ganz ausgeschlossen werden. Offenbar hat man eine derartige individuelle Bildung auch für unser Sonnensystem zu postulieren, da es keiner Sternassoziation zugeschrieben werden kann. Für den Fall der individuellen Entstehung von Sternen sind bisher keine brauchbaren Theorien erstellt worden, selbst die analytisch besser beherrschten Vorgänge bei der Ausbildung eines Sternclusters sind noch großteils ungelöst.

Es sei an dieser Stelle noch erwähnt, daß das Magnetfeld beim Zerfall einer interstellaren Wolke in kleinere Einheiten einen großen Unsicherheitsfaktor darstellt. Selbst bei Annahme einer sehr geringen Feldstärke in der interstellaren Wolke von $2 \cdot 10^{-6}$ Gauß kann man die Generation von Sternen mit Sonnenmasse nicht erklären. Verschiedentlich wurden Mechanismen vorgeschlagen, die die Elektronendichte in der Wolke senken und solcherart Abtrennung des Magnetfeldes bewirken, wodurch der Zerfall in kleinere Einheiten erreicht werden kann.

Die Endprodukte der Fragmentation der interstellaren Wolke stellen jedenfalls sehr diffuse stellare Körper dar. Wie bei Cameron ausgeführt wird, ist ein ursprünglich massereicher solarer Nebel durchaus nicht von der Hand zu weisen. Dabei soll ein beträchtlicher Teil dieses Nebels in großer Entfernung von der Sonne existent gewesen sein, um das Drehmoment des Systems aufzunehmen. Die Sonne weist nämlich nur ca. 2 % des Drehmoments unseres Sonnensystems auf, sodaß nach dem Gesetz von der Erhaltung des Drehmoments eines isolierten Systems ein Großteil davon in jupiter- und saturnnahe Bahnen transferiert werden mußte. In der Gegend dieser beiden Planeten sollen früher etwa 1,3 Sonnenmassen konzentriert gewesen sein. Im Verlauf der Entwicklung der Protosonne ging dann ein Großteil der Nebelmassen verloren, und zwar als die Sonne durch das T-Tauri-Stern-Stadium ihrer Entwicklung ging.

Die Entwicklung unserer Sonne vom diffusen, stellaren Körper zum Stern wird nun eingehend zu besprechen sein, denn diese Evolution wird die Temperatur in der Nebelscheibe weitgehend beeinflussen und für die Besprechung der chemischen Vorgänge von eminenter Bedeutung sein.

Der Entwicklungsweg unserer Sonne wird nach Hayashi anhand des Hertzsprung-Russel-Diagramms diskutiert. Das HRD stellt eine Beziehung zwischen dem Radius, der Temperatur und der Leuchtkraft eines Sterns dar. Auf der Ordinate der Abb. 18 ist der Logarithmus des Leuchtkraftverhältnisses der Sonne im jeweiligen Entwicklungsstadium ($L/L_{\odot}$, wobei $L_{\odot}$ = Leuchtkraft der Sonne heute) gegen den Logarithmus der Temperatur aufgetragen. Die Geraden entsprechen dem jeweiligen Radius der sich entwickelnden Sonne, wobei R_O gleich dem Radius der Sonne zum gegenwärtigen Zeitpunkt ist. Nach diesem Modell liegt der Anfangszustand der Protosonne bei Punkt A. Der Radius der Sonne ist $> 10^4$ $R_{\odot}$, die Temperatur der kontrahierenden Gasmasse etwa 30 °K. Von da an erfolgt adiabatische Kontraktion, das ist eine Kontraktion aufgrund des freien Falls. Adiabatische Vorgänge sind solche, bei denen das System keine Wärme mit der Umgebung austauscht. Das bedeutet, daß in der Zentralregion der sich entwickelnden Sonne die Temperatur gesteigert wird. Die Außenregion der Sonne ändert dagegen ihre Temperatur nicht, wie aus der Abbildung entnommen werden kann. Sowie nun die Dichte in der Protosonne nach äußeren Schichten abfällt, kontrahieren die inneren Zonen rascher als die äußeren. Unter adiabatischen Bedingungen bedeutet dies, daß der Druckanstieg in der Zentralregion beträchtlich wird. Von Hayashi konnte gezeigt werden, daß das damit verbundene "Puffen" des Sterns sowohl Dissoziation des Wasserstoffs als auch Ionisation der Wasserstoffatome bewirkt. Die Wechselwirkung des puffenden Sonnenkerns mit den äußeren kontrahierenden Regionen ist die Ursache für Schockwellen, mit deren Hilfe die kineti-

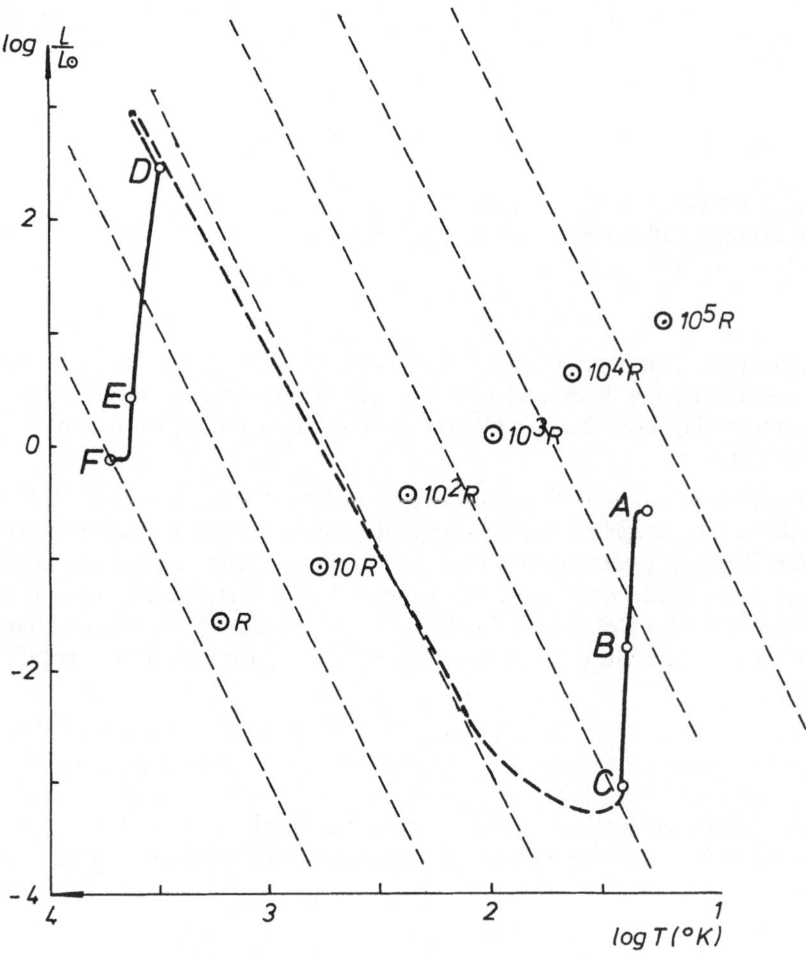

Abb. 18: Entwicklungsweg der Sonne im Hertzsprung-Russell-Diagramm
A—D   Adiabatische Kontraktion
D—E   Quasi-hydrostatische Kontraktion gegen die Hauptreihe

sche Energie zu einem Teil zerstreut, zum anderen in thermische Energie umgewandelt wird. Nach der Neuverteilung von Druck und Temperatur kontrahiert die Sonne weiter.

Im Punkt B der Abb. 18 erfolgt das Puffen der Sonne in einer sehr kleinen Zentralregion von 10^{-2} $M_\odot$, die Schockwellen werden alsbald zerstreut, indem sie die Dissoziation der Wasserstoffmoleküle anregen

$$H_2 \quad \rightarrow \quad H + H.$$

Im Punkt C erfolgt der zweite Knall des Kerns, der bereits so heftige Schockwellen erzeugt, daß der Wasserstoff ionisiert wird

$$H \quad \rightarrow \quad H^+ + e^-$$

und eine starke Temperatursteigerung eintritt. Zum Zeitpunkt des zweiten Knalls weist die Sonne einen Radius von 10^3 $R_\odot$ auf, der in der Folge rasch kleiner wird. Die Schockwellen erreichen die Oberfläche der Sonne und geben Anlaß zu ihrem Aufleuchten.

Die Zeitskala für den Evolutionsweg vom Punkt A bis zum Punkt D kann mit rund 20 Jahren angegeben werden, die Zeitspanne für das Aufleuchten, den sogenannten "flare up", beträgt etwa 100 Tage. Dafür hat man einen Beobachtungshinweis. 1936 wurde von Herbig das Aufleuchten des Sterns FU-Orionis in einer H(I)-Region beobachtet, wobei der Ausbruch 120 Tage währte. Dieses Phänomen wurde als die letzte Stufe der oben beschriebenen dynamischen Sternentwicklung interpretiert.

Vom Punkt D an erfolgt die quasi-hydrostatische Kontraktion der Sonne. Diese Phase der sogenannten Kelvin-Helmholtz-Kontraktion läuft dann ab, wenn die Opazität des Protosterns hoch genug ist, sodaß das Material eine Temperatur aufbaut, bei der ein isothermer Zusammenbruch nicht mehr möglich ist; die Energieabstrahlung erfolgt also weniger schnell als die Energieerzeugung.

Im Punkt E wird schließlich die Zentraltemperatur des Sterns so hoch, daß die Kernbrennung des Wasserstoffs zu Helium einsetzen kann. Die Zentraltemperatur der Sonne kann der Abbildung nicht entnommen werden; die aus der Abbildung abzulesende Temperatur bezieht sich auf die Oberflächentemperatur der Sonne.

Die Zeitspanne von D nach E wird mit $1-4 \cdot 10^6$ a angegeben, die von E nach F, dem Hauptsequenznullalter der Sonne, mit etwa 10^7 a.

Im Punkt F befindet sich unsere Sonne seit nunmehr ca. $4,5 \cdot 10^9$ a und liegt damit auf der sogenannten Hauptsequenz oder Hauptreihe des HRD.

Während des letzten dynamischen Stadiums sollte nach Überlegungen von Cameron die rotierende, flache Nebelscheibe um die Sonne ausgebildet werden, aus der schließlich die Planeten entstanden. Es hat jedoch den Anschein, als wäre die Lebensdauer der Nebelscheibe nicht sehr groß, sodaß sie spätestens dann aufgelöst wird, wenn die Sonne in ihrer Entwicklung durch die T-Tauri-Sternregion geht. Als T-Tauri-Sternphase wird der erste Teil der quasi-hydrostatischen Kontraktion bezeichnet. Zu diesem Zeitpunkt müßten die Vorgänge der Kondensation und zum Großteil der Akkretion zu den Protoplaneten abgeschlossen sein.

Der Temperaturverlauf im Urnebel ist von eminenter Bedeutung, da die Temperatur den physikalischen und chemischen Zustand der Nebelmaterie beherrscht. Die Temperatur des solaren Gasnebels in Abhängigkeit von der Zeit wurde von Ezer und Cameron berechnet, Larimer und Anders stellten den Temperaturverlauf als Funktion des Sonnenabstandes dar, wobei das frühe Hochtemperaturstadium der Sonne berücksichtigt wurde.

In der Abb. 19 geben die Kurvenscharen I den Temperaturverlauf in Abhängigkeit von der Zeit in der Region der Planeten Merkur (0,387 AE) bis Jupiter (5,2 AE) an. Es ist die rasche Abkühlung des Nebels nach dem Gravitationskollaps der Sonne zu erkennen. Die Kurvenscharen II geben den Temperaturverlauf unter Berücksichtigung des "flare up" der Sonne wieder. Dabei werden jedoch Abschirmung und Streuung durch Staubpartikel vernachlässigt. Abschirmung der Strahlung würde die Temperatur senken, Streuung jedoch zur Temperatursteigerung führen. Wahrscheinlich ist die Temperatur anfänglich gemäß den Kurven I rasch abgefallen und später in die Kurve II übergegangen.

In Abb. 20 ist schließlich die Temperatur im Abstand von der Sonne nach der Gleichung von Reynolds und Summers dargestellt, und zwar für den Zeitpunkt des "flare up". Die Temperatur in Merkurnähe erreichte damals ca. 3500 °K, in Erdbahnnähe 2000 °K, in der Asteroidenregion 1300 °K und in der Neptunregion etwa 600 °K. Für die Albedokorrektur wurde eine Albedo von 0,5 angesetzt. Die Gleichung hat die Form

$$ T = \frac{T_\odot}{\sqrt{2}} \sqrt{\frac{R_\odot}{a}} \cdot (1-A)^{1/4} $$

und beschreibt die Partikeltemperatur T in Abhängigkeit von der Oberflächentemperatur der Sonne ($T_\odot$), deren Radius ($R_\odot$), dem Abstand der Partikel von der Sonne (a) und der Albedo (A).

Auch Masse und Dichte des solaren Nebels sind für die Diskussion der Kondensationsprozesse von Bedeutung. Die Masse der Sonne beträgt gegenwärtig $2 \cdot 10^{33}$ g, die Summe der Masse der Planeten $\sim 2,7 \cdot 10^{30}$ g, der Satelliten $\sim 1 \cdot 10^{27}$ g, der Asteroiden $\sim 0,6 \cdot 10^{27}$ g und die der Meteore $\sim 3 \cdot 10^{18}$ g, das sind zusammen $\sim 10^{-3}$ $M_\odot$. Daraus folgt, daß die Masse des Urnebels sicher $> 10^{-3}$ $M_\odot$ gewesen sein muß. Es wurde bereits erwähnt, daß es im Frühstadium der Ausbildung der Nebelscheibe starke Unterschiede in der Nebelmasse gegeben haben dürfte. Für den für unsere Überlegungen interessierenden Zeitraum der Kondensation chemischer Komponenten können diesbezüglich nur Vermutungen angestellt werden. Außerdem ist evident, daß an den Orten der Planetenbildung Dichtemaxima der Materie existiert haben müssen. Da bezüglich der Masse des Nebels bzw. seiner Druckverteilung keine Hinweise zugänglich sind, ist man auf Annahmen beschränkt. Danach wird allgemein ein Druck von 10^{-3} bis 10^{-5} atm zum Zeitpunkt der Kondensation chemischer Verbindungen und Elemente als vernünftige Größenordnung angesehen.

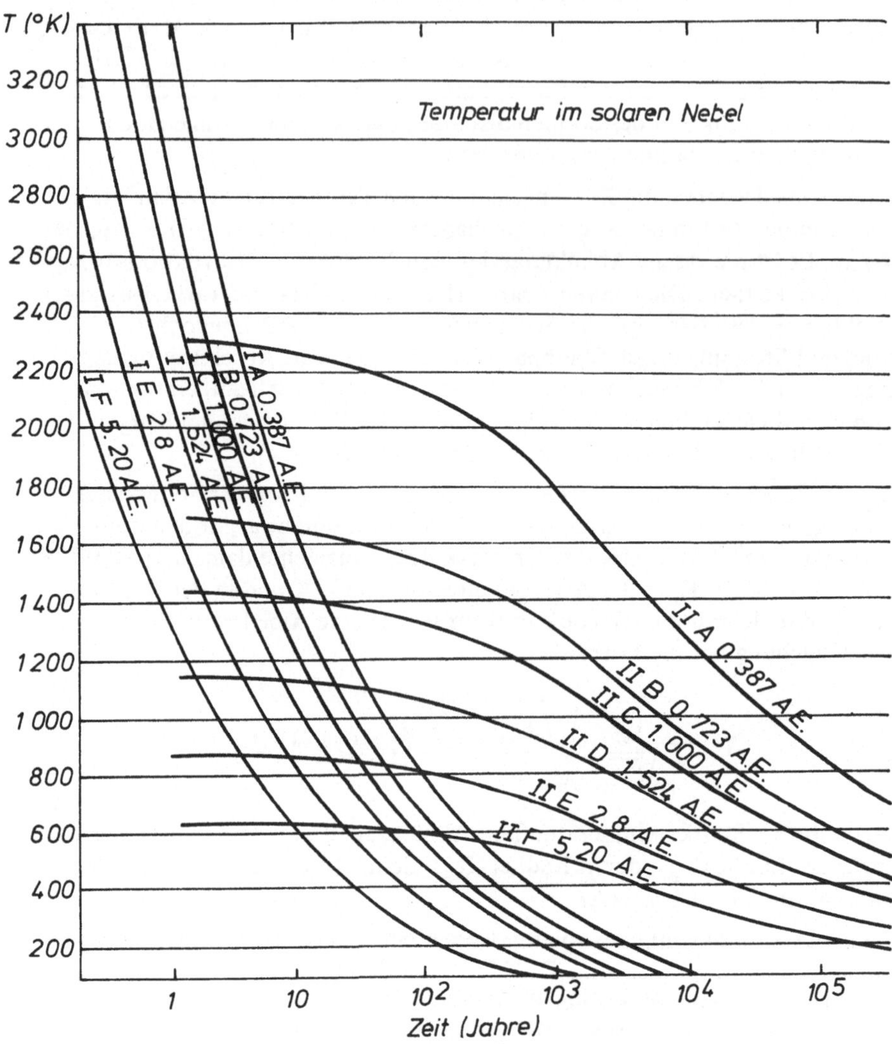

Abb. 19: Abkühlkurven des solaren Nebels in der Gegend der heutigen Planetenbahnen und in der Asteroidenregion berechnet nach den Formeln von Cameron (Kurvenschar I A–F) und Ezer und Cameron (Kurvenschar II A–F). Darstellung nach Larimer und Anders

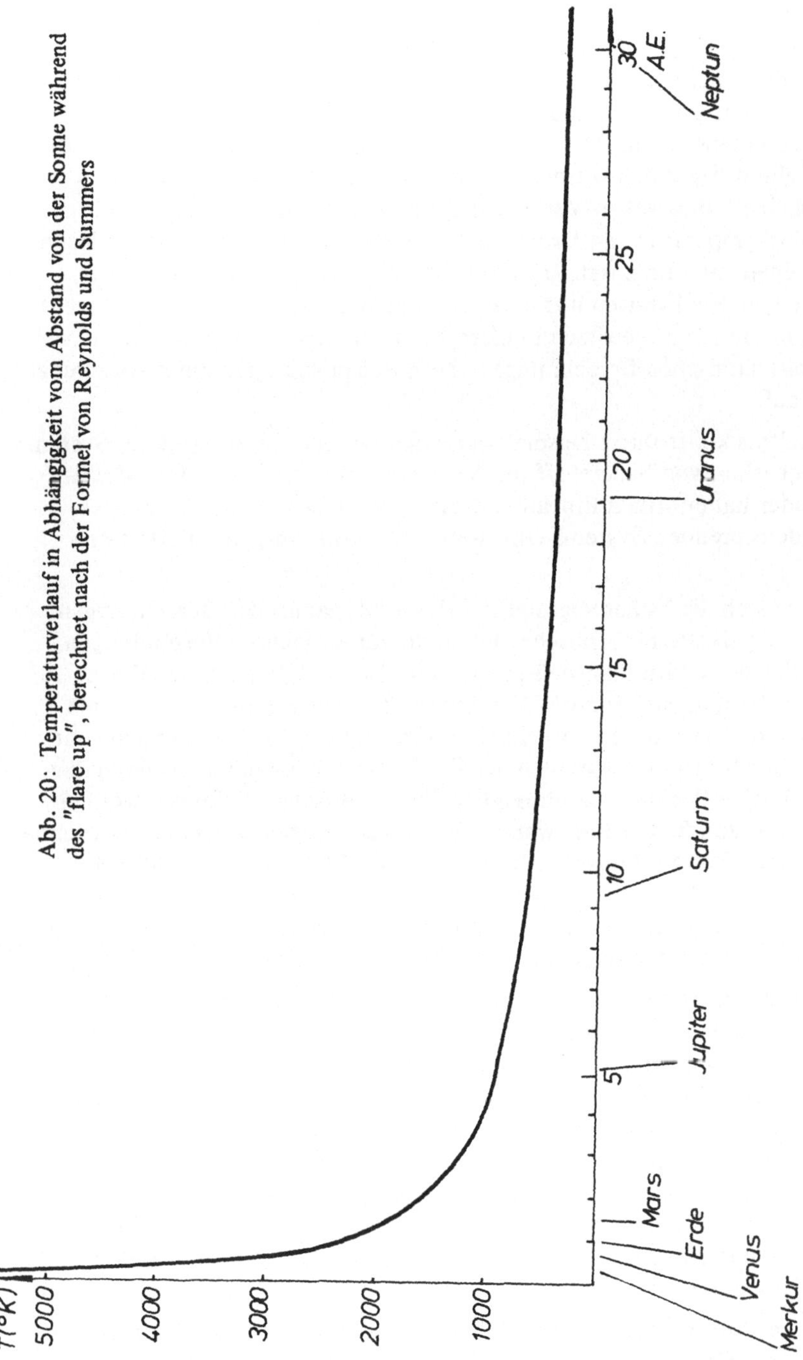

Abb. 20: Temperaturverlauf in Abhängigkeit vom Abstand von der Sonne während des "flare up", berechnet nach der Formel von Reynolds und Summers

2. *Kondensation aus der Gasphase*

Berechnungen, die Kondensation fester Körper aus der Gasphase unter
kosmischen Bedingungen betreffend, wären zweifelsohne ein wesentlicher Schritt
in Richtung einer universell akzeptablen Theorie bezüglich der chemischen Evolution unseres Sonnensystems. Die thermodynamischen Berechnungen, die in den
vergangenen Jahren begonnen wurden, lassen Aussagen über die Gleichgewichts-
konzentration einer chemischen Verbindung oder eines Elements bei bekannten
Parametern wie Temperatur und Druck zu. Voraussetzung ist jedenfalls die Kenntnis der chemischen Zusammensetzung des Systems. Was diesen Punkt betrifft,
ist man auf die heute bekannten normalen Häufigkeiten der chemischen Elemente
angewiesen. Sind diese mit gewissen Fehlern behaftet, ergeben sich Konsequenzen
für die thermodynamischen Berechnungen. Zwei Beispiele zeigen die Auswirkungen
ganz deutlich auf:

Das C/O-Verhältnis kontrolliert beispielsweise den Oxydationszustand des Systems
und die Verfügbarkeit von Sauerstoff für die kondensierten Phasen. Das Mg/Si-
Verhältnis wieder hat enormen Einfluß auf die Zusammensetzung des aus der
Gasphase kondensierenden Systems Olivin-Pyroxen-Tridymit, wie später noch
gezeigt wird.

So gründen sich die bisher angestellten thermodynamischen Berechnungen
auf nur wenige physikalisch-chemische Daten, die für einfachere Verbindungen
zugänglich sind. Damit wird klar, daß es zur Zeit nicht möglich ist, detaillierte
Aussagen zu machen, da hierzu zusätzlich kinetische Überlegungen anzustellen
wären. Doch ist die Kenntnis entsprechender Reaktionsmechanismen nicht sehr
umfassend, vor allem macht das Fehlen der Reaktionsgeschwindigkeitsdaten derzeit eine quantitative Behandlung unmöglich. Die kinetischen Faktoren werden
insbesondere dann von Bedeutung, wenn man Abweichungen vom Gleichgewichtszustand des kosmischen Systems zuläßt, wie dies von Blander, Katz und Abdel-
Gaward für wahrscheinlich erachtet wird. Die kinetischen Probleme sollen im Abschnitt über die Bildung der Chondren als mehr oder weniger unterkühlte Flüssig-
keitströpfchen angeschnitten werden.

Gewisse Unsicherheiten, die thermodynamischen Berechnungen betreffend,
resultieren auch aus der Möglichkeit, daß im betrachteten kosmischen System
eventuell gasförmige Moleküle existieren, die bislang nicht mit in die Überlegungen
einbezogen wurden. Dies gilt auch für kristalline Phasen nach erfolgter Kondensation. Darüber hinaus hat man zu realisieren, daß für komplexere Verbindungen
kaum thermodynamische Daten vorliegen und daß diese mit gewissen Fehlern
behaftet sind, die eine exakte Berechnung der Kondensationstemperatur nicht
zulassen. Dies auch deshalb, weil für Phasen, deren Kondensationstemperaturen
nicht weit voneinander getrennt liegen, Effekte ins Kalkül zu ziehen wären, die
ihr Auftreten bzw. ihr Verschwinden durch Phasenreaktionen zur Ursache hätten.

Unter den eben erwähnten einschränkenden Aspekten sind daher die folgenden Aussagen anzusehen. Sie beruhen auf der Gleichgewichtseinstellung der
Systeme in thermischer und chemischer Hinsicht über den gesamten Temperaturbereich.

Einigermaßen einfach sind die Verhältnisse bei der Kondensation der chemischen Elemente aus einem sich abkühlenden Gas darzustellen, welches vorwiegend aus Wasserstoff besteht.

Das Element beginnt sich zu kondensieren, wenn sein Partialdruck (p_i) gleich seinem Dampfdruck (p_o) wird. Der Partialdruck eines chemischen Elements in einem Gas kosmischer Zusammensetzung ist dabei gleich dem Produkt seiner Häufigkeit relativ zu Wasserstoff, multipliziert mit dem Gesamtdruck (P)

$$p_i \; = \; \frac{A(X)}{A(H_2)} \; \cdot \; P$$

$A(X)$ = normale Häufigkeit des Elements X.
$A(H_2)$ = normale Häufigkeit von Wasserstoff.

Es kann gezeigt werden, daß bei Temperaturen unter 2000 °K das Wasserstoffmolekül die häufigste Wasserstoff enthaltende Verbindung ist, sodaß für den Gesamtdruck (P) in einer Region des Sonnennebels der Wasserstoffdruck (P_{H_2}) eingesetzt werden kann. Das Wasserstoffgleichgewicht

$$2 \, H \; \leftrightharpoons \; H_2$$

ist das vorerst wichtigste Gleichgewicht in diesen Überlegungen. Bei einer Temperatur von 2000 °K und einer Häufigkeit von Wasserstoff, die gleich 1 gesetzt wurde, wird die Gleichgewichtskonstante $10^{5,6}$

$$K_p \; = \; 10^{5,6} \; = \; \frac{pH_2}{(pH)^2}$$

$$pH_2 \; = \; 4 \cdot 10^5 \cdot (pH)^2$$

Für $pH_2 = \frac{1}{2}$ Häufigkeit von Wasserstoff wird $pH = 1,1 \cdot 10^{-3}$. Bei allen Temperaturen unter 2000 °K wird der Anteil an atomarem Wasserstoff noch geringer.

Der Dampfdruck eines chemischen Elements wieder kann durch die Formel von Clausius-Clapeyron als Funktion der Temperatur ausgedrückt werden

$$\log p_o \; = \; -\frac{A}{T} \; + \; B$$

$$A \sim \frac{\Delta_V H}{2,3 \cdot R}$$

$$B \sim \frac{\Delta_V S}{2,3 \cdot R}$$

$\Delta_V H$ = Verdampfungsenthalpie

$\Delta_V S$ = Verdampfungsentropie

R = allgemeine Gaskonstante

Beginnt nun das chemische Element sich zu kondensieren, so fällt sein Partialdruck mit dem Faktor $(1 - \alpha)$, wobei α den kondensierten Anteil darstellt.

Setzt man also zur Berechnung der Kondensationstemperatur des Elements den Partialdruck gleich dem Dampfdruck, erhält man die Beziehung

$$\log (1 - \alpha) + \log \frac{A(X)}{A(H_2)} + \log P = -\frac{A}{T} + B$$

oder

$$\log (1 - \alpha) = -\frac{A}{T} + B - \log P - \log \frac{A(H)}{A(H_2)}$$

Für den realistischen Gasdruck im kosmischen Nebel von $\sim 10^{-4}$ atm wurden für eine Reihe von Elementen von Larimer, Anders und Lord die Kondensationstemperaturen berechnet.

Die Berechnungen werden zunehmend komplizierter, wenn Legierungsbildung oder das Auftreten einer komplexen Verbindung in Betracht gezogen wird.

In der Abb. 21 ist die Kondensationssequenz für den sich rasch abkühlenden solaren Nebel nach Larimer und Anders schematisch und vereinfacht dargestellt. In einem sich rasch abkühlenden Nebel wird für die Akkretion ein langer Zeitraum angesetzt. Dies wird insbesondere wichtig für die Kondensation bei tiefen Temperaturen, weil dann bei der Gleichgewichtseinstellung Verbindungen zu beachten sind, die den Chemismus des Systems wesentlich beeinflussen. Danach erscheinen über $1680\,^\circ K$ bei 10^{-4} atm vorerst die refraktiven Elemente Os, Re und Zr (als ZrO_2). Bei $1680\,^\circ K$ tritt Al_2O_3 als erste kondensierte Phase eines Hauptelements auf. Bei $1500\,^\circ K$ ist alles Ti und der Hauptteil von Ca als $CaTiO_3$ und $Ca_2Al_2SiO_7$ kondensiert.

Die Seltenen Erdelemente, U, Th, Ta und Nb kondensieren in fester Lösung mit $CaTiO_3$. Im Gegensatz zu Ca, Al und Ti sind erst geringe Anteile von Mg und Si kondensiert. $CaMgSi_2O_6$ tritt erst unter $1390\,^\circ K$ in Erscheinung, daran anschließend kondensieren Fe, Ni und Co. Bei $1370\,^\circ K$ erscheint eisenfreies Mg_2SiO_4.

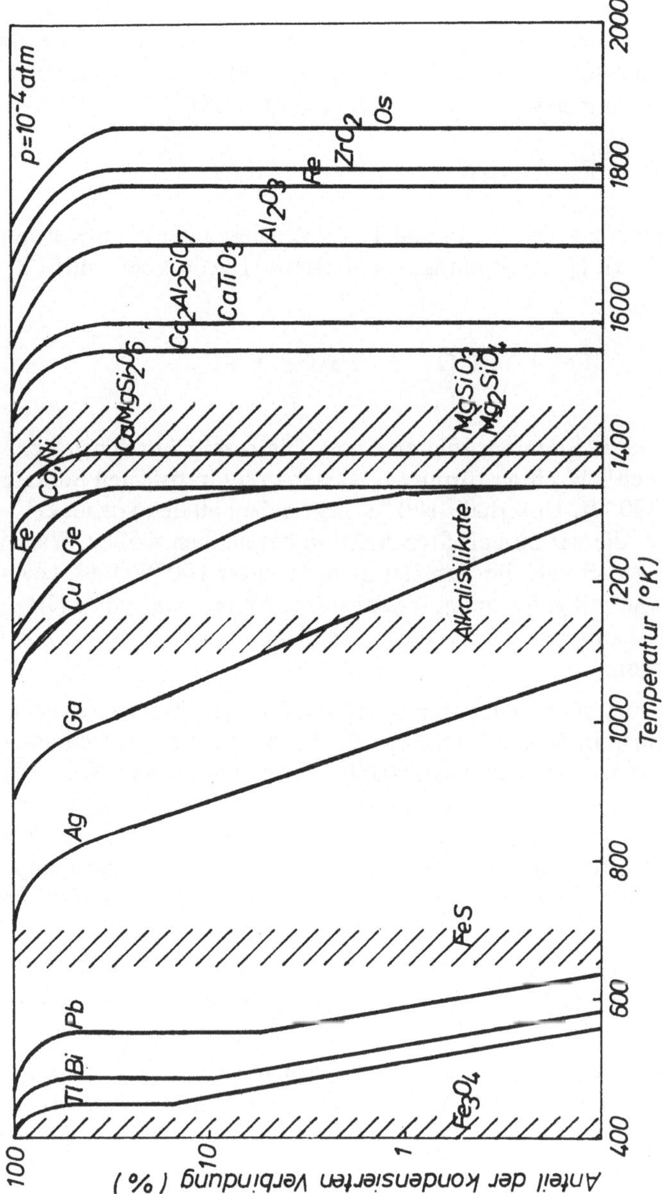

Abb. 21: Kondensationsfolge chemischer Elemente und Verbindungen im abkühlenden solaren Nebel nach Larimer und Anders

Unter 1250 °K kondensieren Cu, Ge und Ga durch Legierungsbildung mit Fe.
Die Alkalien kondensieren in Form fester Lösungen mit bereits vorher kondensiertem $CaAl_2 Si_2 O_8$.

Bei 750 °K beginnt die Oxydation von Eisen. Der Fe^{2+}-Gehalt von $Mg_2 SiO_4$
und $MgSiO_3$ steigt nun rasch an. Bei 700 °K schließlich erfolgt Reaktion von
metallischem Eisen mit dem gasförmigen $H_2 S$ zu Troilit (FeS)

$$Fe + H_2 S \rightarrow FeS + H_2.$$

Die leichtflüchtigen Elemente Pb, Bi, In und Tl kondensieren bei Temperaturen
<600 °K. Schließlich erfolgt die Bildung von Magnetit ($Fe_3 O_4$) bei $\sim$405 °K
nach der Reaktion:

$$3Fe + 4H_2 O \rightarrow Fe_3 O_4 + 4H_2.$$

Dabei reagiert verbliebenes Eisen des solaren Gases. Die bereits kondensierten
Silikate reagieren schließlich mit gasförmigem Wasser zu hydratisierten Silikaten
bei Temperaturen <350 °K. Unterhalb 180 °K liegt neben all den vorhin erwähnten Kondensaten, die wir nun als Steinfraktion bezeichnen wollen, Wasser
in fester Form als Eis vor. Sowie die Nebeltemperatur unter 100 °K fällt, erscheint
neben der Steinfraktion und gefrorenem Wasser festes Ammoniakhydrat $NH_3 \cdot H_2 O$;
unter 60 °K festes Methanhydrat $CH_4 \cdot x H_2 O$, schließlich unterhalb von 20 °K
festes Methan und Argon.

Es ist von Bedeutung hier zu erwähnen, daß die flüssigen Phasen der eben
erwähnten Verbindungen in dem betrachteten Druckbereich nicht aufscheinen.
Erst bei Drücken > 1 atm erscheinen auch stabile flüssige Phasen von $NH_3 \cdot H_2 O$
bzw. CH_4. Darüber hinaus ist es bemerkenswert, daß Ammoniak weder in flüssiger noch fester Phase stabil ist. Der Ammoniak liegt in dem gesamten Temperaturbereich als Hydrat vor, und zwar kondensiert die Verbindung schon bei Temperaturen, die weit über der Kondensationstemperatur von Ammoniak liegen, falls das
System wasserfrei wäre.

Am Beispiel des Systems Olivin-Pyroxen soll nun der Einfluß des Mg/Si-Ver-
hältnisses anschaulich dargelegt werden. Liegt das Mg/Si-Verhältnis im solaren
Nebel knapp über 1, so ist bei einem Druck von 10^{-4} atm und entsprechend hohen
Temperaturen eine Gasphase existent, in der die betrachteten Spezies als SiO und
SiS bzw. als MgH stabil sind. Als Hauptkomponenten der Gasphase wurden von
Griffiths H_2, $H_2 O$), CO, H und $H_2 S$ angenommen.

Es erscheint bei Temperaturerniedrigung vorerst der Olivin, danach der
Pyroxen. Liegt das solare Mg/Si-Verhältnis jedoch knapp unter 1, ist im abkühlenden System zwar der Olivin nach wie vor die erste kondensierende Phase, bei
niederen Temperaturen ist das System allerdings komplexer. Da nun Si im Über-
schuß vorliegt, erscheint nach dem Pyroxen Tridymit als weitere feste Phase.
Tridymit ist in Meteoriten jedoch selten im Vergleich zu Olivin und Pyroxen, sodaß

angenommen werden kann, daß das solare Mg/Si-Verhältnis ≥ 1 ist. Es ist jedoch zu bemerken, daß die von Griffiths ausgeführten Berechnungen den Einfluß von Na, K und Ca auf das System nicht berücksichtigen, was die Bildung von Feldspäten und Klinopyroxenen begünstigen könnte.

Kehren wir nun nochmals zu den Chondren zurück, jenen kugelförmigen Gebilden, die besonders in den gewöhnlichen Chondriten stark vertreten sind und von denen ein Teil der Kosmochemiker einen primären Ursprung annimmt. Auch der Autor neigt dieser Ansicht zu, wiewohl zu sagen ist, daß die Proponenten der verschiedensten Bildungsmechanismen den letzten Beweis weder in theoretischer und schon gar nicht in experimenteller Hinsicht erbringen können. Wir haben jedoch Gelegenheit, ein klein wenig kinetische Überlegungen ins Spiel zu bringen und versuchen die primäre Entstehung der Chondren aus dieser Sicht qualitativ zu stützen.

Im primären Modell der Chondrenentstehung wird sowohl die Chondre als auch die silikatische Matrix, in der sie eingebettet ist, durch Kondensation aus der Gasphase gebildet. Der Übergang vom gasförmigen in den festen Zustand erzeugt dabei kleinste Staubkörnchen, aus denen die Matrix aufgebaut wird, der Phasenübergang Gasphase zur flüssigen Phase produziert die millimetergroßen Chondren. Sehen wir nun von bereits früher erwähnten Schwierigkeiten ab, die hauptsächlich aus dem Umstand erwachsen, daß der Gasdruck im solaren Nebel zur Zeit der Kondensation für die Chondrenbildung zu gering war, die aber umgangen werden können, wenn man die Hochdruckschockwellen während der T-Tauri-Phase der Sonne in Betracht zieht, so kann man Struktur und Zusammensetzung qualitativ durch Unterkühlung der Kondensationsprodukte Olivin und Pyroxen erklären.

Die Struktur der Chondren ist danach eine unmittelbare Folge der Erstarrung der silikatischen Flüssigkeit. Definieren wir die Erstarrung als einen Prozeß, bei dem die feste Phase auf Kosten der mit ihr im Kontakt stehenden Flüssigkeit wächst, so ist ein gebräuchlicher Startpunkt für diese Überlegungen die Bedingung, unter der ein Feststoff mit einer Flüssigkeit koexistieren kann; wenn sie koexistieren – ohne Änderung ihrer relativen Mengen – so sagt man, daß die beiden Phasen im Gleichgewicht sind. Das ist aber eine Bedingung, unter der Erstarrung nicht erfolgen kann. Erstarrung erfolgt – in Übereinstimmung mit Theorie und Experiment – bei einer Abweichung vom Gleichgewichtszustand. Wir nähern uns also bei der Diskussion der Frage nach der Struktur der Chondren über den Vorgang der Verhinderung des Kristallwachstums. Es kann, vom atomaren Mechanismus der Gleichgewichtsbetrachtung, nur dann der Fall eintreten, daß die Temperatur einer Flüssigkeit unter ihren Schmelzpunkt fällt, wenn der Vorgang des Kristallwachstums verschoben werden kann. Eine wichtige Vorbedingung dazu ist, daß primär kein Feststoffanteil anwesend ist. In einer unterkühlten, metastabilen Flüssigkeit müssen vorerst extrem kleine Kristalle entstehen, damit Kristallisation spontan eintreten kann. Kristalle mit der kritischen Größe nennt man Kristallkeime. Die Größe der embryonalen Kristalle ist u.a. mit der Zeit korreliert. Die Zeit beginnt nun eine einschneidende Rolle zu spielen, die thermodynamische Beschreibung des Systems wird kaum mehr möglich. Denn hinsichtlich der Bildung und des Wachstums von Kristallen ist es nun nicht mehr gleichgültig, wie lange eine Schmelze bei einer für das Kristallwachstum günstigen Temperatur verweilt. Glasigamorphe Erstarrung der Schmelze wird primär von der Abkühlgeschwindigkeit abhängig. Allgemein bestimmen nach Arbeiten von Tammann zwei Faktoren das Verhalten einer unterkühlten Schmelze hinsichtlich glasiger oder kristalliner Erstarrung. Der erste ist verbunden mit der Anzahl der pro Volumseinheit während der Zeiteinheit sich bildenden Kristallkeime, der sogenannten Keimzahl Z. Der zweite ist die Kristallisationsgeschwindigkeit G dieser Keime.

Beide Faktoren sind abhängig vom Grad der Unterkühlung der Schmelze. G und Z zeigen in Abhängigkeit von der Unterkühlung je ein ausgeprägtes Maximum, wie der Abb. 22 zu entnehmen ist.

Der theoretische Schmelzpunkt (S) repräsentiert den Gleichgewichtszustand. Bei dieser Temperatur werden Kristallkeime weder gebildet noch wachsen sie. Die Werte für G und Z sind Null. Mit wachsender Unterkühlung nehmen G und Z zu und gehen durch ein Maximum, von wo an sie wieder auf Null abfallen, was durch die enorm gestiegene Viskosität der Schmelze bedingt wird. Diese behindert bzw. verhindert schließlich die Beweglichkeit der Gitterbausteine und damit die geordnete Kristallisation. Glasig-amorph wird eine Flüssigkeit dann erstarren, wenn die Maxima von G und Z klein und weit voneinander entfernt sind, d.h. also bei sehr verschiedenen Werten für die Unterkühlung. Kristalline Erstarrung tritt dann ein, wenn beide Maxima zusammenfallen.

Es wurde bereits erwähnt, daß Kristallisation erst dann beginnen kann, wenn Kristallkeime vorhanden sind. Dem Übergangsbereich zwischen flüssigem und festem kristallinen Zustand kommt daher besondere Bedeutung zu. Besonders bei silikatischen Glasschmelzen erfolgt auch bei langsamer Unterschreitung der Erstarrungskurve nicht spontane Keimbildung. Dies wird anhand der Abb. 23 deutlich, in der eine bei der Temperatur T' befindliche Schmelze auf die Temperatur T'' abgekühlt wird. Erst beim Überschreiten der Erstarrungskurve werden spontan Keime und Kristalle gebildet.

Der Zwischenbereich der verzögerten Keimbildung, der sogenannte Ostwald-Mierssche-Bereich, ist allerdings nicht exakt festzulegen, doch für die Existenz von Gläsern verantwortlich.

Wenn man nun diese allgemeinen Betrachtungen auf die Chondrenentstehung überträgt, muß noch erwähnt werden, daß in diesem Fall die Zusammensetzung des Kristallembryos oder Kristallkeims nicht identisch ist mit der Zusammensetzung der Schmelze und daß die Kristallkeimbildung auch durch Kontakt mit einer der Flüssigkeit suspendierten Fremdpartikel oder der Oberfläche des silikatischen Tröpfchens mit einer anderen Flüssigkeit katalysiert werden kann. Man spricht dann im Gegensatz zur homogenen Nukleation von heterogener Nukleation. Für die Chondren wird aber auch der Mechanismus der dynamisch stimulierten Nukleation von Bedeutung, bei der Kristallkeimbildung durch Druckstöße oder Vibration katalysiert werden könnte.

Die Unterkühlung der Chondren schließlich wird aus ihrer Struktur ersichtlich. Je stärker die Unterkühlung nämlich ist, desto ausgeprägter ist die Tendenz der Bevorzugung kristallographischer Richtungen. Wenig oder kaum unterkühlt

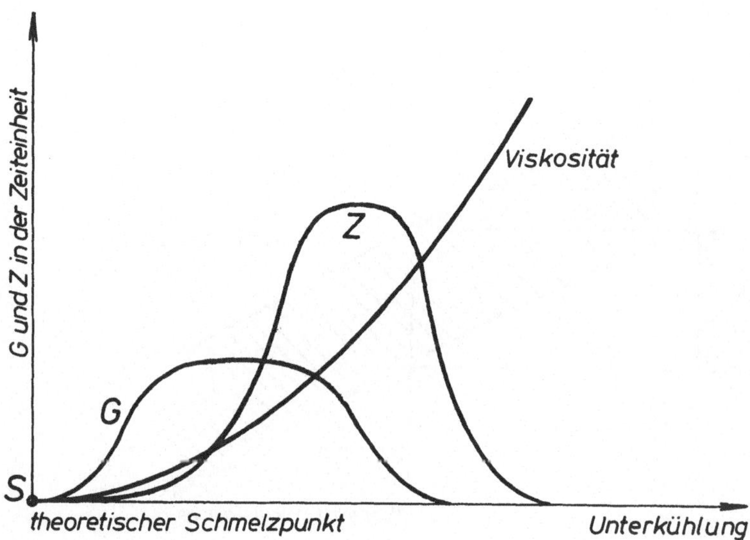

Abb. 22: Abhängigkeit der Keimzahl Z und der Kristallisationsgeschwindigkeit der Keime G von der Unterkühlung

wurden die Chondren des porphyrischen Typs, stärkere Unterkühlung dagegen ist für die Chondren mit balkenähnlicher Struktur anzunehmen, während die Chondren mit der radialfaserigen Kristallstruktur auf extrem starke Unterkühlung hinweisen.

Porphyrische Chondren wurden offenbar langsam abgekühlt, die kristallkeimbildenden Vorgänge wurden bereits oben diskutiert. Daß die Struktur der porphyrischen Chondren nicht das Ergebnis einer Rekristallisation ist, kann durch das Vorkommen dieses Chondrentyps in kaum metamorphisierten Meteoriten belegt werden. Die Bildung dieses Chondrentyps durch Impakt ist äußerst unwahrscheinlich. Selbst in den Innenregionen des Sonnensystems ist nämlich die Temperatur zur Zeit der Impaktvorgänge, die ja nach der Akkretion stattfanden, auf ziemlich tiefe Temperaturen abgesunken, sodaß hohe Temperaturen, die als Folge des Impaktereignisses erwartet werden können, sehr rasch auf tiefe Werte abfallen, womit die notwendige langsame Abkühlung nicht gegeben ist. Die in Mondproben sehr selten vorkommenden porphyrischen Chondren, die an sich schon sehr unregelmäßig abgerundet sind, kann man eher als Folge der mechanischen Abrasion fester Partikeln in der Explosionswolke nach einem Impakt verstehen. Die in diesen "Chondren" enthaltenen Olivinkristalle sind an den Chondrenrändern richtig "abgeschnitten", was zwingend auf ein nach der Kristallisation abgerundetes Gesteinsfragment hindeutet.

Chondren mit balkenartiger Struktur weisen auf stärkere Unterkühlung hin. Das Nukleationszentrum liegt meist innerhalb der Chondre und ist wahrscheinlich in Oxid- oder Metallpartikeln zu suchen. Eventuell ist auch Druck- oder Vibrationsnukleation im flüssigen Zustand möglich. Auch diese Chondren kommen in wenig metamorphisierten Meteoriten vor und sind in Mondgesteinen sehr selten.

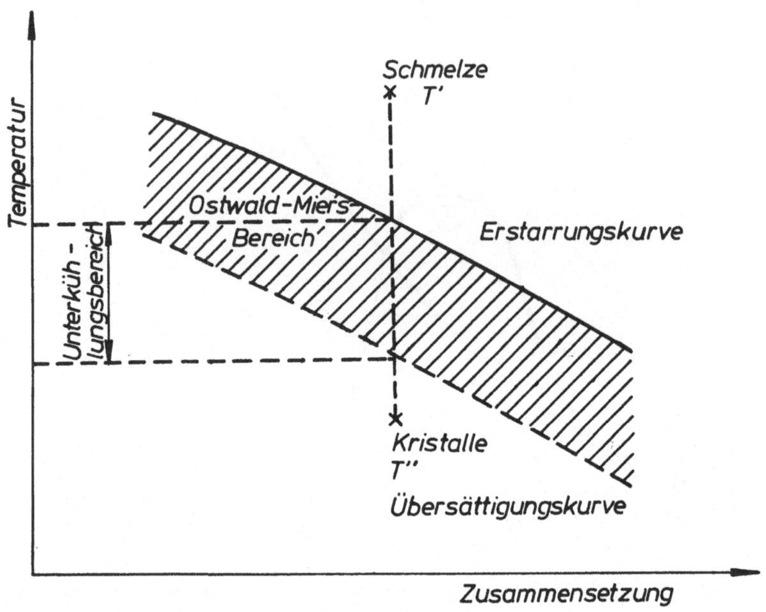

Abb. 23: Darstellung des Überganges einer hochviskosen Schmelze in den kristallinen Zustand

Die strahlenförmigen, monomineralischen Chondren der Meteorite weisen meist ein an der Oberfläche liegendes Nukleationszentrum auf. Die Struktur deutet auf starke Unterkühlung bei langsamer Abkühlung hin. Im solaren Gasnebel ist die Teilchenhäufigkeit und damit die Wahrscheinlichkeit eines Zusammenstoßes mit einer Chondre sehr klein. Nach einer derartigen Kollision hat die Chondre noch die Möglichkeit der kristallinen Erstarrung gehabt.

"Impakt-Chondren" dieses Typs sind im Mondgestein häufiger aufzufinden, unterscheiden sich aber dennoch deutlich von meteoritischen Chondren. Sie weisen als Folge der höheren Teilchendichte in der Impaktwolke mehrere Nukleationszentren auf, ihre Abkühlung erfolgte jedoch so rasch, daß der Hauptteil der Silikate glasig-amorph erstarrt ist. Von den Nukleationszentren nahm daher eher Rekristallisation ihren Ausgang, welche zur Erscheinung skelettartiger Kristallfibern führt. Mondchondren dieses Typs sind also vielmehr als Glaschondren zu bezeichnen. Glaschondren sind, wenn auch selten, ebenso in Meteoriten vertreten, sodaß zweifelsohne nur dieser "Chondrentyp" Impakten zugeschrieben werden kann, die sich selbstverständlich auch auf Meteoritenmutterkörpern ereignet haben können.

Resümierend komme ich also zu der Aussage, daß die meisten Mondchondren wohl Impakt-Chondren sind, der Großteil meteoritischer Chondren jedoch das Resultat der Kristallisation einer Schmelze nach der Kondensation aus dem abkühlenden solaren Urnebel ist.

3. *Fraktionierungsvorgänge während der Kondensation*

Es waren Urey und Craig, die erstmals auf die systematische Variation des Fe/Si-Verhältnisses bei den Chondriten verwiesen. Mit dem Eisen folgten auch andere siderophile Elemente der Variation. Weder eine gravitative Trennung während des partiellen Schmelzens im Mutterkörper noch eine Akkretion vor der vollständigen Kondensation von Metall und Silikat könnten diese Beobachtung erklären. Gravitationsseparation scheidet hingegen aus, weil ein Segregationsprozeß Metall von Silikat ein sehr effizienter Vorgang ist und, findet er statt, zur vollständigen Phasentrennung führt. Außerdem wird die Variation des Fe/Si-Verhältnisses auch bei jenen Chondriten beobachtet, von denen gewiß ist, daß sie den dafür nötigen Temperaturen nach ihrer Bildung nicht ausgesetzt waren.

Akkretion vor der völligen Kondensation des Metall- bzw. Silikatanteils kann aufgrund des Vorhandenseins von Troilit und anderer flüchtiger Komponenten ausgeschlossen werden. Es wurde daher eine Metall-Silikat-Fraktionierung nach deren Kondensation, jedoch vor der Akkretion zu Meteoritenmutterkörpern vorgeschlagen.

Auch das Mg/Si-Verhältnis ist in der Sequenz der Chondrite einer Variation unterworfen. Beide Elementverhältnisse sind Beispiele für eine Hochtemperatur-Fraktionierung im Sonnennebel. Die Tabelle 24 enthält die Zahlenwerte für das Fe/Si- und Mg/Si-Verhältnis in der Sequenz Kohlechondrite, gewöhnliche Chondrite, Enstatitchondrite.

Tabelle 24: Fe/Si- und Mg/Si-Verhältnis in der Chondritensequenz

	Fe/Si	Mg/Si
Kohlechondrite	0,89	1,05
Chondrite (H)	0,83	0,96
Chondrite (L)	0,59	0,94
Chondrite (LL)	0,53	0,94
Enstatitchondrite	0,83	0,79

Wie aus der Tabelle zu entnehmen ist, ist der Anteil von Fe in den Chondriten der L- und LL-Gruppe deutlich geringer, was auf einen bevorzugten Verlust von Metallteilchen aus dem Nebel deutet. Einen indirekten Hinweis auf einen Abtrennungsmechanismus geben die Dichteunterschiede der inneren Planeten.

Das Verhältnis von 0,89 in den Kohlechondriten dürfte dem ursprünglichen Wert am ehesten entsprechen, da in der Region, in der die Kohlechondrite gebildet wurden, kaum metallisches Eisen vorlag.

Die Abnahme des Mg/Si-Verhältnisses von den Kohlechondriten zu den Enstatitchondriten kann durch progressiven Verlust einer an Frühkondensaten reichen Fraktion verstanden werden. Für diesen Fraktionierungsvorgang existiert dagegen ein direkter Hinweis.

Am 8. Februar 1969 fiel in Nordmexiko der Kohlechondrit Allende, der weiße Einschlüsse beachtlicher Größe aufweist, die als die Hochtemperaturfraktion der Kondensationssequenz angesehen werden können. Die mineralogischen und analytischen Studien der weißen Einschlüsse wurden von Fuchs, Clarke, Keil und meinem Mitarbeiter Malissa ausgeführt, aus dessen Dissertation die nachstehenden Ergebnisse zitiert sind.

Es wurde schon ausgeführt, daß die ersten aus einem solaren Gas kosmischer Zusammensetzung kondensierenden Spezies Al_2O_3, $CaTiO_3$ (Perowskit) und $Ca_2Al_2SiO_7$ (Gehlenit) sein dürften; darüber hinaus die refraktiven Elemente wie Os, Ir, Re und Zr, um nur einige zu nennen. Hauptbestandteil der von Malissa untersuchten weißen Einschlüsse ist ein Spinell der Zusammensetzung $MgAl_2O_4$ (ebenfalls ein Hochtemperaturkondensat), ein Eisenspinell $(Mg, Fe, Ca, Ti)Al_2O_4$, in dem Magnesium und Eisen dominieren, Gehlenit $(Ca, Fe, Mg)_2Al_2SiO_7$; Calcium dominiert; sowie Ferro-Augit $(Ca, Mg, Fe, Al)_2(Al, Si)_2O_6$.

Auch die Spurenelementverteilung geht mit diesem Befund konform. Von Warren wurden in den weißen Einschlüssen hohe Konzentrationen der refraktiven Elemente Sc, V, Sm, Eu und Ir festgestellt. Umfassende Arbeiten in dieser Hinsicht wurden von Grossmann und Wänke ausgeführt.

Der Meteorit ist jedoch nicht der einzige Hinweis auf die Existenz einer Hochtemperaturfraktion. Schon früher wurden große Einschlüsse von Spinell ($MgAl_2O_4$), Perowskit ($CaTiO_3$) und Hibonit ($CaO \cdot Al_2O_3$) in Kohlechondriten festgestellt.

Ist also die Fraktionierung der silikatischen und oxidischen Hochtemperaturkomponenten aus dem solaren Nebel leicht verständlich, so bereitet die Fraktionierung der Metallphase vom Silikat gewisse Schwierigkeiten, besonders was den Zeitpunkt ihrer Abtrennung anlangt. Mit dem Zeitpunkt ist jedoch die Temperatur des Urnebels korreliert. Larimer und Anders haben für die Abtrennung eine obere Temperatur von ca. 1000 °K abgeleitet. Interessanterweise ist diese Temperatur nahe dem ferromagnetischen Curie-Punkt des Metalls, jener Temperatur, unterhalb der Eisen magnetisch wird. Durch Akkretion der ferromagnetischen Partikeln wird also bevorzugt die Metallphase aus dem solaren Nebel entfernt.

Möglicherweise war der letztgenannte Mechanismus bei der Ausbildung der Metallkerne der inneren Planeten und der Mutterkörper der Eisenmeteorite wirksam. Der Mechanismus der Fraktionierung, wie er anhand dieser beiden Beispiele diskutiert wurde, hat zweifelsohne die Modelle der inhomogenen Akkretion der inneren Planeten inspiriert. Die Schwierigkeiten allerdings, die einer konsequenten Anwendung dieser Ansicht entgegentreten, wurden bereits früher aufgezeigt. Offenbar ist es nur in einigen Teilen unseres Sonnensystems zu einer – eher unvollständigen – Fraktionierung und Akkretion von kondensiertem Material gekommen, wohingegen an den Orten der Entstehung der inneren Planeten die bevorzugte Akkretion der ferromagnetischen Metallpartikeln ein ziemlich effizienter Vorgang gewesen sein dürfte, der aber nicht nur als ein Zwischenschritt einer bereits bei hohen Temperaturen beginnenden inhomogenen Akkretion betrachtet werden darf, die den gesamten Bereich der Kondensationsfolge betraf.

Inhomogene Akkretion, d.h. also sukzessive Akkretion der eben kondensierten Phase zu größeren Himmelskörpern, bevor noch die nächste Komponente kondensiert, ist eventuell für die Bildung der äußeren Planeten in Betracht zu ziehen, da die Abkühlung im Tieftemperaturbereich über einen größeren Zeitraum erfolgte. Die Verhältnisse bei der Kondensation der gasförmigen Bestandteile des solaren Nebels, worunter alle Komponenten mit Kondensationstemperaturen unter der des Wassers verstanden werden, sind dann sehr leicht darzustellen, da die chemischen Gleichgewichte zwischen der Gasphase und den gebildeten Kondensaten nicht berücksichtigt zu werden brauchen.

Nach Lewis ist bei einem Druck von $\sim 10^{-4}$ atm bis etwa 180 °K die Steinfraktion kondensiert, unterhalb dieser Temperatur erscheint Wasser in Form von Eis. Im Falle inhomogener Akkretion wird kondensiertes Wasser aus dem System entfernt, sodaß bei weiterer Abkühlung Ammoniumhydrogensulfid (NH_4SH) erscheint. Das ist eine Folge der Reaktion von Ammoniak mit Schwefelwasserstoff

$$NH_3 \; + \; H_2S \quad \rightarrow \quad NH_4SH$$

Der Schwefelwasserstoff wurde bei Annahme vorzeitiger Separation der Metallpartikeln aus dem solaren Nebel nicht zu FeS umgewandelt und friert unter 140 °K aus der Gasphase aus. Bei weiterer Abkühlung der Gasphase erscheint bei Temperaturen unterhalb 100 °K Ammoniak und schließlich unter 30 °K festes Methan. Kühlt das System unter 20 °K ab, kann festes Argon aus der Gasphase abgeschieden werden.

4. Die abiogene Bildung organischen Materials

Vom biologischen Standpunkt aus ist der Ursprung der in den Kohlechondriten vorkommenden organischen Bestandteile von besonderem Interesse. Die Frage nach biogenem oder abiogenem Ursprung ist in den letzten Jahren wohl eindeutig zugunsten der abiogenen Bildung entschieden worden, da bisher alle Nachweise von Mikrofossilien oder optisch aktiven Molekülen in Meteoriten und Mondmaterial ergebnislos geblieben sind.

Allerdings ist das Studium der organischen Komponenten in Meteoriten infolge möglicher terrestrischer Kontamination ein sehr schwieriges analytisches Problem, welches noch zusätzlich durch die oft nur in sehr geringen Mengen vorhandenen komplexen organischen Moleküle wesentlich verschärft wird. Den höchsten Anteil organischen Materials weisen die Kohlechondrite des Typs I auf. Sie enthalten bis zu 4 % Kohlenstoff in der Form unlöslicher, aromatischer Polymere ähnlich der Kohle. Daneben kommen noch Karbonate und eine Anzahl weiterer Kohlenstoffverbindungen vor.

Daneben wurde bisher eine große Anzahl von unverzweigten, sogenannten normalen Kohlenwasserstoffen identifiziert, wobei Undecan, Dodecan, Tridecan und Tetradecan besonders häufig sind. Von verzweigten Kohlenwasserstoffen hat man bislang nur jene mit 11 C-Atomen (2,6-Dimethylnonan) und 13 C-Atomen eindeutig identifiziert. Die schweren verzweigten Kohlenwasserstoffe mit 17 bis 20 C-Atomen, wie z.B. Pristan (2,6,10,14-Tetramethylpentadecan) oder Phytan (2,6,10,14-Tetramethylhexadecan) sind sehr wahrscheinlich einer terrestrischen Kontamination zuzuschreiben. An aromatischen Kohlenwasserstoffen wurden Benzol, Toluol, die Xylole, tert.-Butylbenzol und Naphthalin identifiziert.

Der sichere Nachweis von Alkoholen ist bislang ausgeblieben. Möglicherweise sind sehr geringe Mengen höherer aliphatischer Alkohole vorhanden.

Eine ganze Reihe von Fettsäuren konnte dagegen identifiziert werden. Es sind insbesondere jene mit 14 C-Atomen und der Bereich von 16 C- bis 20 C-Atomen vertreten. Hier ist ganz besonders das Vorkommen der Fettsäuren mit 17 C- und 19 C-Atomen interessant. Weiter die Fettsäuren mit 22, 24, 26, 27(!) und 28 C-Atomen. Das Spektrum der in Meteoriten erfaßten Fettsäuren ist jedenfalls deutlich verschieden von dem der terrestrisch bekannten, was besonders durch die Anwesenheit ungeradzahliger C-Atomanzahlen ihren Ausdruck findet.

Von Schwefelverbindungen hat man Kohlenstoffoxisulfid (COS) und Schwefelkohlenstoff (CS_2) identifiziert. Fallweise wurden auch Thiophene beobachtet, doch dürfte es sich dabei mit ziemlicher Sicherheit um Sekundärprodukte handeln, die während der analytischen Vorbehandlung beim Erhitzen des Probenmaterials gebildet wurden.

Auch einige halogenierte Produkte, wie m-Dichlorbenzol oder p-Dichlorbenzol, wurden entdeckt.

Ganz besonders von Interesse war jedoch die Gruppe der stickstoffhaltigen organischen Verbindungen. Hier konzentrierte man sich speziell auf die Aminosäuren, die man auch als Bausteine organischen Lebens bezeichnet.

Die Geschichte von ihrer Entdeckung bis zur Anerkennung als Produkte extraterrestrischen Ursprungs war einigermaßen wechselhaft. 1962 fanden Degens und Bajor erstmals Spuren von Aminosäuren in den Meteoriten Murray und Bruderheim. Die Anwesenheit von Aminosäuren im gewöhnlichen Chondrit Bruderheim war besonders überraschend und schon 1965 wiesen Hamilton, Oro und Skewes auf die Ähnlichkeit mit dem Spektrum der Aminosäuren aus Fingerabdrücken hin, die besonders auffällig bei den häufigsten Spezies nämlich Serin, Glycin und Alanin war. Im Jahre 1970 konnte jedoch Kvenvolden den sicheren Nachweis von Aminosäuren außerirdischen Ursprungs erbringen. Im Meteorit Murchison wurden u.a. Glutaminsäure, Prolin, Glycin und Alanin aufgefunden. Dabei konnten einige Verbindungen in Form ihrer Racemate nachgewiesen werden, d.h. als Mischungen ihrer optisch aktiven Enantiomeren. Biologische Kontamination war damit ausgeschlossen, da die terrestrischen Verbindungen nur aus den L-Enantiomeren bestehen.

Die Tabelle 25 enthält eine Zusammenstellung der wichtigsten bisher in Meteoriten identifizierten organischen Komponenten.

Tabelle 25: Wichtigste identifizierte organische Verbindungen in Meteoriten

Verbindung	Formel	Verbindung	Formel
Methan	CH_4	Asparaginsäure	$HOOC \cdot CH_2 \cdot CH(NH_2) \cdot COOH$
Äthylen	$CH_2{=}CH_2$	Glutaminsäure	$HOOC \cdot (CH_2)_2 \cdot CH(NH_2) \cdot COOH$
n-Kohlenwasserstoffe und verzweigte Kohlenwasserstoffe	CnH_{2n+2}	Adenin	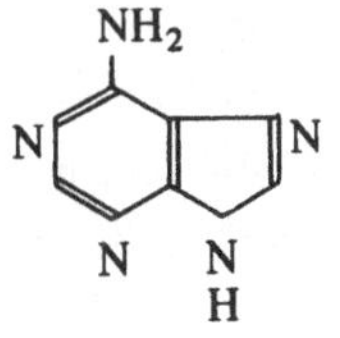
Benzol	C_6H_6		
Toluol	$C_6H_5 \cdot CH_3$		
Äthylbenzol	$C_6H_5 \cdot C_2H_5$	Guanin	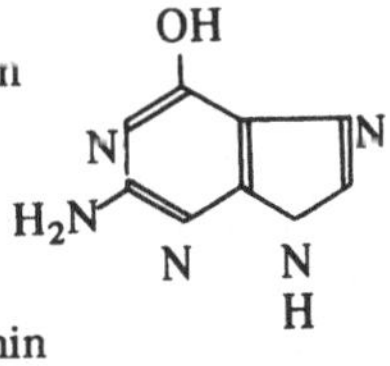
Thiophen	C_4H_4S		
Chlorbenzol	C_6H_5Cl		
Naphthalin	$C_{10}H_8$		
Glycin	$CH_2(NH_2) \cdot COOH$	Melamin	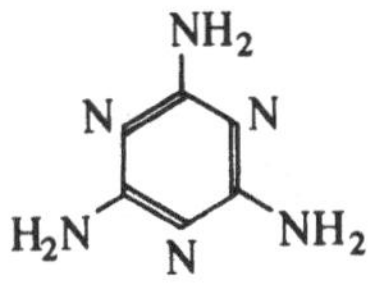
Alanin	$CH_3 \cdot CH(NH_2) \cdot COOH$		
Prolin	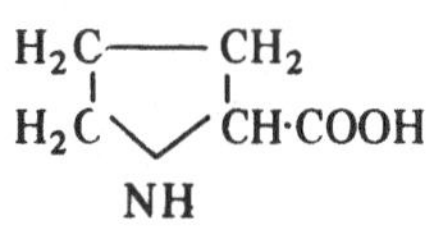		

Zur abiogenen Synthese dieser Verbindungen wurden bisher zwei Mechanismen vorgeschlagen. Im Jahre 1953 hat Miller die Synthese organischen Materials in einer frühen Atmosphäre der Erde durch die Einwirkung elektrischer Entladungen, UV- und γ-Strahlen auf ein Gemisch von Methan, Ammoniak und Wasser vorgeschlagen und auch experimentell ausgeführt.

1971 haben dann Anders und seine Mitarbeiter die Fischer-Tropsch-Synthese der organischen Komponenten im kosmischen Gas zur Diskussion gestellt, wobei ebenfalls eine Anzahl von Experimenten ausgeführt wurde, die aber infolge der extremen Druck- und Konzentrationsverhältnisse im kosmischen Gas unter approximierten Verhältnissen abliefen. Die Leistung des Arbeitsteams ist in Anbetracht dieser extremen Bedingungen nicht hoch genug einzuschätzen und stellte den ersten ernstzunehmenden Beitrag zur Simulation eines kosmischen Ereignisses dar.

Vor der Diskussion beider Reaktionsmechanismen sei jedoch gleich vorweggenommen, daß man hier nicht vor der Alternative entweder Miller-Reaktion oder Fischer-Tropsch-Reaktion steht, sondern daß beide Mechanismen die Bildung organischer Verbindungen erklären können. Die Miller-Reaktion ist eine in planetaren Atmosphären durchaus vorstellbare Möglichkeit der abiogenen Synthese organischen Materials, während die Fischer-Tropsch-Reaktion ein in kosmischen Gaswolken wirksamer Syntheseprozeß sein dürfte.

4.1. Die Miller-Synthese

Die Ausgangssubstanzen der Miller-Synthese organischen Materials sind, wie bereits erwähnt, Methan-Ammoniak-Wasser-Mischungen. Deshalb ist es von Bedeutung, die Strahlenchemie dieser Verbindungen zu beleuchten.

Bei Methan sind die Ionen CH_4^+, CH_3^+, CH_2^+, CH^+ und C^+ — nach abnehmender Häufigkeit geordnet — die wichtigsten Radiolyseprodukte. Bei höheren Drucken werden auch Ionen-Molekül-Reaktionen der Art

$$CH_3^+ + CH_4 \quad \rightarrow \quad C_2H_5^+ + H_2$$

beobachtet. Es wurden jedenfalls Ionen mit bis zu 7 C-Atomen identifiziert. Diese Ionen weisen jedoch stark verzweigte Kohlenstoffketten auf, wie der Nachweis von Isobutan und Isopentan zeigt.

Die höhermolekularen Ionen und Radikale kommen also, zumindest zum Teil, durch Additionsreaktionen, wie z.B.

$$C_2H_5^+ + CH_4 \quad \rightarrow \quad C_3H_7^+ + H_2$$

zustande.

Äthylen wird eventuell nach den Reaktionen

$$C_2H_5^+ + e^- \rightarrow C_2H_4 + H$$

bzw. $\quad 2CH_2^* \rightarrow C_2H_4$

gebildet und trägt möglicherweise auch zum Aufbau höhermolekularer Kohlenwasserstoffe durch Reaktion mit einem Kohlenwasserstoffradikal (R*) bei:

$$R^* + C_2H_4 \rightarrow R{\cdot}CH_2{\cdot}CH_2^* \rightarrow R\,(C_2H_4)_2^* \quad usw.$$

Obwohl Acetylen (C_2H_2) nicht als Reaktionsprodukt bei der Radiolyse reinen Methans auftritt, wird es doch als Ausgangsprodukt zur Synthese aromatischer Kohlenwasserstoffe und aromatischer Aminosäuren, wie Phenylalanin und Tyrosin, wichtig, die als Endprodukte der Miller-Reaktion auftreten. Offenbar wird bei der Bildung dieser höhermolekularen Verbindungen, zu denen auch Naphthalin und Phenanthracen gehören, der katalytischen Wirkung anorganischer Verbindungen Bedeutung zukommen.

Ähnlich zeigt das Spektrum der Ammoniakradiolyse die Ionen NH_2^+, NH_3^+ und NH_4^+ sowie die Moleküle N_2, H_2 und N_2H_4 (Hydrazin) an. Aus dem Hydrazin wird ebenso wie aus der Reaktion

$$NH_3^+ + NH_3 \rightarrow NH_4^+ + NH_2^*$$

das NH_2-Radikal produziert, welches sehr wahrscheinlich für die Aminogruppe in den Aminosäuren verantwortlich sein dürfte.

Die wichtigsten Ionen des Wassermoleküls sind schließlich H_2O^+, H_3O^+, OH^+ und H^+, doch die reaktivsten Spezies der radiolytischen Spaltung von Wasser sind das OH-Radikal und atomarer Wasserstoff. Daneben treten die Moleküle H_2 und H_2O_2 auf, die durch Rekombination der Wasserstoffatome und OH-Radikale gebildet werden. Alle Reaktionen in der Miller-Reaktion, die Wasser als Reaktanten zur Bildung benötigen, sind auf der Basis dieser reaktiven Spezies zu erklären.

Zur Diskussion der Entstehung der Aminosäuren nach der Miller-Reaktion beschränken wir uns auf die α-Aminosäuren; das sind jene Säuren, in denen die Aminogruppe an das α-Kohlenstoffatom gebunden ist, jenes C-Atom also, das auch die Carboxylgruppe (-COOH) enthält. Es ist sehr wahrscheinlich, daß α-Aminosäuren in wichtigsten Produkten beim Aufbau der Proteine am Anfang der Entwicklung organischen Lebens auf der Erde waren. Alle chemischen Experimente auf der Basis der Miller-Reaktion bestätigen diese Ansicht, die gefundenen Ausbeuten an α-Alanin waren durchwegs größer als jene von β-Alanin. Auch die Bildung von α-Aminonitrilen wird deutlich präferiert.

So existieren gegenwärtig vier Mechanismen, die zur Erklärung der Bildung der Aminosäuren nach der Miller-Reaktion postuliert wurden.

Nach dem Cyanhydrin-Mechanismus, von Miller selbst, reagiert ein Aldehyd mit Ammoniak und Cyanwasserstoffsäure vorerst zum Nitril

$$R \cdot CHO + NH_3 + HCN \rightarrow R \cdot CH(CN) \cdot NH_2 + H_2O \; .$$

Die Verbindung wird schließlich mit Wasser zur Aminosäure umgesetzt

$$R \cdot CH(CN) \cdot NH_2 + 2H_2O \rightarrow R \cdot CH(COOH) \cdot NH_2 + NH_3 \; .$$

Sowohl Aldehyde als auch Cyanwasserstoffsäure sind bekannte Produkte bei der Miller-Reaktion.

Nach Ponnamperuma werden jedoch α-Aminonitrile in Methan-Ammoniak-Mischungen durch elektrische Entladungen erzeugt, sodaß die intermediäre Bildung des Aldehyds nicht unbedingt erforderlich erscheint.

Sanchez hat auf die möglicherweise wichtige Funktion von Cyanacetylen $(NC \cdot C \equiv CH)$ hingewiesen, ein Produkt der Bestrahlung von Methan-Stickstoffmischungen. In Anwesenheit von Ammoniak und Cyanwasserstoff werden beachtliche Quantitäten Asparagin und Asparaginsäure aufgebaut

$$NC \cdot C \equiv CH + NH_3 \rightarrow NC \cdot CH = CH \cdot NH_2 + HCN \rightarrow NC \cdot CH_2 \cdot CH(NH_2) \cdot CN + 2H_2O$$

$$\xrightarrow{-NH_3} HOOC \cdot CH_2 \cdot CH(NH_2) \cdot CONH_2 + 2H_2O \xrightarrow{-NH_3} HOOC \cdot CH_2 \cdot CH(NH_2) \cdot COOH$$

Asparagin

Schließlich wurde von Abelson, Matthews und anderen auf den bedeutenden Einfluß der Polymere des Cyanwasserstoffs bei der Miller-Reaktion hingewiesen. Das trimere Produkt (Aminoacetonitril) sowie das tetramere Produkt des Cyanwasserstoffs, das Diaminomaleonitril ergeben bei Erwärmung in Wasser eine große Anzahl von α-Aminosäuren.

Wenn die für die Bildung der Aminosäuren nötigen Bedingungen tatsächlich in einem Frühstadium der Erdentwicklung gegeben waren, so ist es nicht leicht zu entscheiden, welcher der angeführten Reaktionswege dominierend war. Es ist dann sehr wahrscheinlich, daß jeder von ihnen seinen Beitrag zur abiogenen Entstehung der Aminosäuren leistete, jener einfachen Bausteine der Proteine, die in Verbindung mit den Nukleinsäuren die eminent wichtigen Biopolymere darstellen und daher als chemische Verbindungen gelten können, die die Entstehung von Leben erst ermöglichen.

4.2. Die Fischer-Tropsch-Synthese

Der Mechanismus der Fischer-Tropsch-Synthese der Kohlenwasserstoffe wurde von Anders zur Bildung der Kohlenwasserstoffe im solaren Nebel vorgeschlagen, nachdem klar wurde, daß in meteoritischem Material die langkettigen Kohlenwasserstoffe dominieren.

In einem Gas kosmischer Zusammensetzung ist die häufigste kohlenstoffhältige Verbindung das Kohlenmonoxid (CO). Mit fallender Temperatur setzt seine Umwandlung in Methan durch Reaktion mit Wasserstoff ein

$$CO + 3H_2 \rightarrow CH_4 + H_2O$$

Wie die Gleichung zeigt, ist die Reaktion druckabhängig und läuft bei den im solaren Nebel veranschlagten Drucken von 10^{-6} bis 10^{-2} atm vollständig in Richtung zu Methan, wenn Temperaturen von $450\,° - 750\,°K$ erreicht werden.

Von Studier wurde schließlich experimentell die Reaktion von Kohlenmonoxid und Wasserstoff in Anwesenheit von natürlichen Katalysatoren, wie z.B. meteoritischem Nickel-Eisen, Magnetit und wasserhältigen Silikaten, untersucht. Bei diesem Experiment wurden nach der Reaktion

$$n\,CO + (n + 0{,}5x)H_2 \rightarrow C_nH_x + n\,H_2O$$

tatsächlich u.a. n-Paraffine, Isoparaffine und aromatische Kohlenwasserstoffe gebildet. Es ist überdies interessant festzuhalten, daß die Reaktion bei drucklosem Arbeiten Kohlenwasserstoffe (d.i. das Fischer-Tropsch-Verfahren der Industrie), bei Arbeiten unter Druck sauerstoffhältige Kohlenwasserstoffe, etwa Alkohole (d.i. das technische Synthol-Verfahren) liefert. Darüber hinaus sind die bei dem technischen Verfahren benutzten Katalysatoren Eisen, Nickel, Kobalt und die Oxide der ersten und zweiten Hauptgruppe des Periodensystems, also die Alkali- und Erdalkalioxide. Gerade diese Komponenten sind auch die Bestandteile der Meteorite.

Von Studier wurden bei den Experimenten als Katalysatoren der Eisenmeteorit Cañon Diablo, der Kohlechondrit Cold Bokkeveld und der Chondrit Bruderheim eingesetzt, deren organische Substanzen, um Kontamination zu vermeiden, vorher ausgeheizt wurden. Um terrestrische Kontamination zu verhindern, wurde anstelle von Wasserstoff Deuterium bei der Reaktion eingesetzt.

Die Verteilung der organischen Reaktionsprodukte war nicht nur abhängig vom Wasserstoff/Kohlenmonoxid-Verhältnis, sondern auch von der Temperatur und von der Reaktionszeit. Das kosmische Verhältnis der drei an der Reaktion beteiligten Atomarten, Kohlenstoff, Wasserstoff, Sauerstoff,

$$C : H : O = 1 : 2000 : 1{,}7$$

wurde nur in einem Versuch annähernd eingestellt, es betrug

$$C : H : O = 1 : 500 : 1\ .$$

Auch der für das kosmische Gas repräsentative Druck von $\sim 10^{-4}$ atm wurde mit 10^{-2} atm nur annähernd erreicht. Bei einem Druck von 10^{-4} atm konnten keine Reaktionsprodukte festgestellt werden. Während die Einstellung der kosmischen Temperaturen kein Problem war, hat man doch auch bei der Reaktionszeit Abstriche machen müssen. Schwierigkeiten ergeben sich auch aus der Tatsache, daß im solaren Gas bei 700 °K die Reaktion

$$Fe \; + \; H_2S \quad \rightarrow \quad FeS \; (Troilit),$$

bei 400 °K die Umwandlung von Eisen in Magnetit erfolgt

$$3\,Fe \; + \; 4\,H_2O \quad \rightarrow \quad Fe_3O_4 \; + \; 4\,H_2\,.$$

Zwar ist Magnetit auch noch ein akzeptabler Katalysator der Fischer-Tropsch-Synthese, der Troilit ist jedoch als Katalysatorengift zu bezeichnen. Dies zeigt auch der experimentelle Befund, wenn Steinmeteorite als Katalysatoren im Einsatz waren. Für deren mangelhafte katalytische Wirkung ist offenbar der Schwefelgehalt ausschlaggebend. Auch eine andere Schwierigkeit sollte nicht unerwähnt bleiben. Sie betrifft das Problem der Isolierung der gebildeten organischen Verbindungen. Bei längerer Verweilzeit in der wasserstoffhältigen Umgebung werden nämlich die hochmolekularen organischen Substanzen zu Methan abgebaut, also wieder zerstört. Nach Vorstellungen von Anders sollten sie nach ihrer Entstehung sofort in die Kohlechondrite eingebaut werden. Doch käme auch eine starke Abnahme des solaren H_2/CO-Verhältnisses im Verlauf des T-Tauri-Stern-Stadiums der Sonne dem Schutz der organischen Substanz sehr entgegen. Während dieser Entwicklungsphase der Sonne wird ja bekanntlich der Großteil des Wasserstoffs aus dem Sonnensystem quasi ausgeblasen.

Die Arbeitsgruppe um Anders hat durch Einsatz von Ammoniak in der Fischer-Tropsch-Reaktion jedoch auch gezeigt, daß die Bildung der Aminosäuren möglich wird. Das Reaktionsgemisch bestand aus Kohlenmonoxid, Wasserstoff und Ammoniak. Auch bei diesen Experimenten entsprachen Druck, NH_3/CO- und CO/H_2-Verhältnis nicht den kosmischen Bedingungen. Neben den Kohlenwasserstoffen konnte eine Anzahl von Aminosäuren, Purine und Pyrimidine synthetisiert werden, wenn das Gasgemisch mit den geeigneten Katalysatoren bei ca. 400 °K zur Reaktion gebracht wurde. Auch hier hatte man durch Einsatz von deuteriertem Ammoniak (ND_3) und Deuterium anstelle von Ammoniak und Wasserstoff Vorsorge gegen eine terrestrische Kontamination getroffen.

Diesem Bildungsweg treten jedoch zusätzlich gewisse Schwierigkeiten entgegen, die die Konzentration der drei Reaktionsteilnehmer betreffen. Es ist nämlich von vornherein gar nicht so sicher, daß CO bzw. NH_3 in entsprechender Konzentration im solaren Nebel vorliegen; denn CO ist beispielsweise bei hohen Temperaturen und niederen Drücken stabil, NH_3 dagegen bei niederen Temperaturen und hohen Drücken, gemäß der Reaktion

$$N_2 \; + \; 3\,H_2 \quad \rightleftharpoons \quad 2\,NH_3$$

In einem solaren Gas der Zusammensetzung $H : O : C : N = 1000 : 1,7 : 1 : 0,2$ etwa liegt bei 600 °K und 10^{-3} atm nur rund 1 % des Kohlenstoffs und des Stickstoffs in Form der für die Reaktion nötigen Verbindungen CO und NH_3 vor. Die Aufrechterhaltung des chemischen Gleichgewichtes über den für die Bildung organischer Moleküle in Frage kommenden Temperaturbereich bereitet der Theorie somit die größten Probleme.

Dennoch ist die von Anders vorgeschlagene Fischer-Tropsch-Synthese im kosmischen Raum bislang der einzige Erklärungsversuch einer abiogenen Entstehung der in Meteoriten aufgefundenen organischen Substanzen. Es gibt nämlich bisher keinen Hinweis auf extraterrestrische biologische Aktivität in Meteoriten, daher sind Diskussionen über den biologischen Ursprung organischen Materials spekulativ, obwohl das Spektrum der Kohlenwasserstoffdaten durchaus über einen biologischen Prozeß erklärt werden könnte.

Es wurde außerdem schon früher festgestellt, daß die Kohlechondrite wohl nie Bestandteile eines größeren Himmelskörpers gewesen sein können, auf dem biologische Aktivität denkbar wäre.

Auch die Miller-Synthese kann die Verteilung der organischen Verbindungen in Meteoriten nicht erklären. Im solaren Gas muß ja die bevorzugte Bildung der normalen und Isoparaffine ermöglicht werden. Aufgrund ihrer Natur ist die Miller-Reaktion nämlich hochgradig unselektiv und gibt eine komplexe Mischung hochverzweigter Aliphaten.

Auch die komplexen aromatischen bzw. heterocyclischen Strukturen, die in meteoritischem Material aufgefunden werden konnten, werden nur bei der Fischer-Tropsch-Synthese beobachtet.

Sollte sich dennoch einmal die Fischer-Tropsch-Synthese als ungeeignet zur Erklärung der Bildung organischen Materials herausstellen, so wäre nur eine Reaktion denkbar, die bisher nicht ins Kalkül gezogen wurde. Sie hat aber nach Anders die dominierende Stellung der normalen und Isoparaffine im Spektrum der meteoritischen Kohlenwasserstoff-Fraktion zu demonstrieren. Als Ausgangsmaterial kommt naturgemäß nur CO oder Kohlenstoff selbst in Frage. Da es sich in jedem Fall um eine selektive Reaktion handeln wird, kann zusätzlich der Frage nach einem geeigneten Katalysator nicht ausgewichen werden. Man kann sich gegenwärtig jedenfalls nicht der Ansicht verschließen, daß die Fischer-Tropsch-Reaktion ein ziemlich allgemeiner Prozeß im Universum ist. Sie läuft sehr wahrscheinlich immer dann ab, wenn kosmisches Gas und Staub rasch von höheren Temperaturen abkühlen.

Literatur zu Teil II.

Abelson, P.H.: Proc.Natl.Acad.Sci.U.S. **55**, 1365 (1966)
Anders, E.: Accounts Chem.Res. **1**, 289 (1968)
Anders, E.: Ann.Rev.Astron.Astrophys. **9**, 1 (1971)
Anders, E., et al.: Geochim.Cosmochim.Acta **40**, 1131 (1976)
Blander, M., and Katz J.L.: Geochim.Cosmochim.Acta **31**, 1025 (1967)
Blander, M., and Abdel-Gawad, M.: Geochim.Cosmochim.Acta **33**, 701 (1969)
Cameron, A.G.W.: Scientific American **233**, 3, 33 (1975)
Clarke, jr., R.S., et al.: Smithson.Contr.Earth Sci. 5 (1970)
Degens, E.T., and Bajor, M.: Naturwiss. **49**, 605 (1962)
Ezer, D., and Cameron, A.G.W.: Can.J.Phys. **43**, 1497 (1965)
Fuchs, L.H.: Am.Mineral. **54**, 1645 (1969)
Fuchs, L.H.: Am.Mineral. **56**, 2053 (1971)
Griffiths, P.R., et al.: Geochim.Cosmochim.Acta **36**, 109 (1972)
Grossman, L.: Dissertation, Yale University (1972)
Grossman, L., and Larimer, J.W.: Rev.Geophys.and Space Physics **12**, 71 (1974)
Hamilton, P.B.: Nature **205**, 284 (1965)
Hayashi, C.: Ann.Rev.Astron.Astrophys. **4**, 171 (1966)
Hayatsu, R., et al.: Geochim.Cosmochim.Acta **35**, 939 (1971)
Hayatsu, R., et al.: Geochim.Cosmochim.Acta **39**, 471 (1975)
Hayatsu, R., et al.: Geochim.Cosmochim.Acta **41**, 1325 (1977)
Hayes, J.M.: Geochim.Cosmochim.Acta **31**, 1395 (1967)
Higuchi, H., et al.: Geochim.Cosmochim.Acta **40**, 1563 (1976)
Keil, K., and Fuchs, L.H.: Earth Pl.Sci.Lett. **12**, 184 (1971)
Kvenvolden, K., et al.: Nature **228**, 923 (1970)
Larimer, J.W., and Anders, E.: Geochim.Cosmochim.Acta **31**, 1239 (1967)
Larimer, J.W., and Anders, E.: Geochim.Cosmochim.Acta **34**, 367 (1970)
Larimer, J.W.: In: Cosmochemistry, Ed.: A.G.W. Cameron, D.Reidel Publ.Comp.,
        Dordrecht-Holland p. 103 (1973)
Lemmon, R.M.: Chem.Rev. **70**, 95 (1970)
Lewis, J.S.: Icarus **16**, 241 (1972)
Lord, H.C., III.: Icarus **4**, 279 (1965)
Malissa, jr., H.: Dissertation, Univ. Wien (1971)
Matthews, C.N., and Moser, R.E.: Proc.Natl.Acad.Sci.U.S. **56**, 1087 (1966)
Matthews, C.N., and Moser, R.E.: Nature **215**, 1230 (1967)
Miller, S.L.: Science **117**, 528 (1953)
Moser, R.E., et al.: Tetrahedron Letters **13**, 1605 (1968)
Oro, J., and Skewes, H.B.: Nature **207**, 1402 (1965)
Ponnamperuma, C.: Exobiology.North Holland Publ.Comp., Amsterdam (1972)
Reynolds, R.T., and Summers, A.L.: J.Geophys.Res. **70**, 199 (1965)
Sanchez, R.A., et al.: Science **154**, 784 (1966)
Spitzer, jr., L.: In: Origin of the Solar System. Eds.: R.Jastrow and A.G.W. Cameron,
        Academic Press, New York-London, p. 39 (1963)
Studier, M.H., et al.: Geochim.Cosmochim.Acta **32**, 151 (1968)
Studier, M.H., et al.: Geochim.Cosmochim.Acta **36**, 189 (1972)
Urey, H.C., and Craig, H.: Geochim.Cosmochim.Acta **4**, 36 (1953)
Wänke, H., et al.: Proc.4th Lunar Sci.Conf. 761 (1973)
Warren, R.G., et al.: Meteoritics **6**, 321 (1971)
Yoshino, D., et al.: Geochim.Cosmochim.Acta **35**, 927 (1971)

GLOSSAR

Å :   Angström = 10^{-8} cm.

AE :   Astronomische Einheit = $1{,}496 \cdot 10^{13}$ cm.

Agglomeration (Akkretion) :
Wachstumsvorgang von kleinen, millimeter- bis metergroßen Objekten, als Folge von Kollisionen, die durch chemische und/oder magnetische Kräfte beeinflußt werden.
Der Terminus Akkretion wird gelegentlich speziell für die gravitative Akkumulation von Material auf die Oberfläche eines größeren Körpers verwendet.

Anorthosit : Ein Ergußgestein, das sich vorwiegend aus Plagioklas–Feldspat aufbaut.

Aphel : Siehe Apsiden.

Apsiden : Unter Apsiden der elliptischen Bahn eines Himmelskörpers werden jene beiden Punkte verstanden, die einem in einem der Brennpunkte stehenden Himmelskörper am nächsten oder fernsten sind. Bei der Erdbahn heißen diese Punkte Perihel (Sonnennähe) oder Aphel (Sonnenferne). Bei der Mondbahn Perigäum (Erdnähe) und Apogäum (Erdferne); bei Doppelsternbahnen Periastron (Sternnähe) bzw. Apastron (Sternferne).

Brekzie : Als Brekzie wird ein Gestein bezeichnet, welches aus eckigen, groben Fragmenten besteht, die in eine feinkörnige Matrix eingebettet sind.

Curie–Temperatur :
Die Curie–Temperatur eines ferromagnetischen Materials ist jene Temperatur, oberhalb derer das Material seine magnetischen Eigenschaften verliert.

Differentiation :
Meist in Zusammenhang mit magmatischen Ereignissen. Als Differentiation bezeichnet man den Vorgang der Trennung eines homogenen Magmas in Fraktionen unterschiedlicher Zusammensetzung.
In Verbindung mit planetaren Ereignissen versteht man unter Differentiation die Ausbildung einer Inhomogenität durch vorwiegend thermische Prozesse, wobei der ursprünglich einheitlich, also homogen,

aufgebaute Himmelskörper in Regionen (Kern, Mantel, Kruste)
unterschiedlicher Zusammensetzung zerfällt. Der Terminus ist auch
zur Beschreibung von Phasentrennungen in kosmischen Gas- und
Staubwolken gebräuchlich. Vielfach wird dafür in der Literatur aber
auch der Terminus Fraktionierung gebraucht.

Doppler–Verschiebung der Spektral-Linien :
Die von einer sich entfernenden Lichtquelle hervorgerufene Verschiebung der Spektral-Linien nach dem längerwelligen Bereich
wird als Rotverschiebung, die von einer sich dem Beobachter nähern-
den Lichtquelle hervorgebrachte Verschiebung der Linie nach dem
kürzerwelligen Bereich wird als Violettverschiebung bezeichnet.
Der Effekt wird übrigens für jede Art von wellenförmigen Signalen
(etwa Schallwellen) beobachtet.

Druck :   Als Maße für den Druck werden die Atmosphäre (atm) bzw. das
Bar (bar) verwendet.

$$1 \text{ atm } = 1,013 \text{ bar}$$

Als Abkürzung für Millibar steht mbar oder mb
für Kilobar   kbar oder kb ($1 \text{ kb} = 10^3 \text{ b}$),
für Megabar   Mbar oder Mb ($1 \text{ Mb} = 10^6 \text{ b}$).

Dunit :   Als Dunit wird gewöhnlich ein Peridotit bezeichnet, der nahezu ausschließlich aus Olivin besteht und akzessorisch Chromit und Pyroxen
enthält.

Eklogit :   Ist ein dichtes, zähes und hartes Gestein, welches vorwiegend aus
Pyroxen und Granat besteht. Es ist in der chemischen Zusammensetzung einem Basalt sehr ähnlich.

Entweichungsgeschwindigkeit :
Ob ein Himmelskörper eine Atmosphäre halten kann oder nicht,
und welche chemische Zusammensetzung diese hat, hängt von der
Entweichungsgeschwindigkeit, von der Geschwindigkeit der Gas-
atome bzw. -moleküle und der Häufigkeit der chemischen Elemente
auf dem Himmelskörper ab. Die Geschwindigkeit, die ein Gasatom
oder Molekül aufweisen muß, um die Schwerkraft des Himmelskörpers zu überwinden, nennt man Entweichungsgeschwindigkeit (sie
beträgt z.B. für die Erde $v_e = 11,2$ km/sec). Die mittlere Geschwindigkeit (v_m) eines Gasatoms oder Moleküls

$$v_m = \sqrt{\frac{3 \cdot k \cdot T}{m}} = \sqrt{\frac{3 \cdot k \cdot T \cdot N_L}{M}} = 0,158 \cdot \sqrt{\frac{T}{M}} \text{ (km/sec)}$$

k = Boltzmann-Konstante $(1,38 \cdot 10^{-16}$ erg/Grad)
T = Gastemperatur $(°K)$
m = Masse des Atoms bzw. Moleküls = $\dfrac{M}{N_L}$
N_L= Loschmidt-Zahl $(6,023 \cdot 10^{23}$/Mol)
M = Atom- oder Molekulargewicht.

Das Kriterium dafür, daß eine Atmosphäre über einen Zeitraum von $\sim 10^9$ a existieren kann, ist durch die Bedingung

$$v_m < 0,2\, v_e$$

gegeben, wonach die mittlere Geschwindigkeit der Atome bzw. Moleküle kleiner als $\frac{1}{5}$ der Entweichgeschwindigkeit sein sollte.

Faraday—Effekt :
oder die Magnetorotation gehören in das Gebiet der Magnetooptik, wo ganz allgemein der Einfluß des magnetischen Feldes auf die Ausbreitung sowie die Emission und Absorption des Lichtes behandelt wird.

Gabbro :
Grobkörniges, dunkles magmatisches Gestein, welches vorwiegend aus Plagioklas (Labradorit) und Pyroxen besteht, daneben oft auch noch Olivin, Apatit und Ilmenit enthält.
Anorthositischer Gabbro ist ein Terminus für Mondgesteine mit 65—77 % Plagioklas. Gabbroitischer Anorthosit wird ein Mondgestein mit 77—90 % Plagioklas genannt.

IAU :
International Astronomical Union.

Intersertal : Hierbei handelt es sich um einen petrologischen Terminus zur Beschreibung eines magmatischen Gesteins, in dem geringe Mengen einer glasartigen Grundmasse zwischen großen (speziell unorientierten Feldspäten) verteilt auftreten.

Konzentrationsmaße :
Die Angabe des Gehaltes bzw. der Konzentration eines Stoffes in einer Mischphase wird durch Quotienten gleichartiger Größen angegeben. Die Angabe in %, Massen-% oder früher Gewichts-% eines Stoffes (i) berechnet sich aus der Masse des Stoffes (m_i) dividiert durch die Masse der Mischung

$$w_i\,(\%) \;=\; \frac{m_i}{m_1 + m_2 + \ldots m_i + \ldots} \cdot 100$$

Die Anzahl Mol eines Stoffes im Verhältnis zur Gesamtmolzahl einer Mischung wird als Molenbruch bezeichnet. Der Molenbruch des Stoffes 1

$$A_1 = \frac{n_1}{n_1 + n_2 + n_3 + \ldots}$$

wird durch Division der Molzahl des Stoffes 1 (n_1) durch die Molzahlen aller Komponenten der Mischung erhalten. Der 100fache Wert des Molenbruches sind die Mol-%. Unter Mol-% versteht man also die Anzahl der Mole des Bestandteiles in 100 Gesamtmol der Mischung.

Zur Umrechnung von Mol-% in Masse-% ein einfaches Beispiel:

Das Gemisch $Fe_2SiO_4 \cdot Mg_2SiO_4$ besteht zu 70 Mol-% aus Fayalit (Fe_2SiO_4). Wieviel Masse-% stellt dies dar?

$$\text{Molekulargewicht } Fe_2SiO_4 \cdot 70 = 203{,}8 \cdot 70 = 14266$$
$$\text{Molekulargewicht } Mg_2SiO_4 \cdot 30 = 140{,}7 \cdot 30 = \underline{4221}$$
$$18487$$

In 18487 g der Mischung sind demnach 14266 g Fayalit enthalten, d.s.

$$\frac{100 \cdot 14266}{18487} = \underline{77{,}17\,\%}$$

Ein Olivin enthält 2 % Eisen. Wieviel Mol-% Fayalit enthält er ?
In Olivin sind demnach 3,65 % Fayalit enthalten.
In 100 g der Mischung sind $\quad$ 3,65 g Fayalit $\quad$ = $\quad$ 0,0179 Mol
$\qquad\qquad\qquad\qquad$ bzw. 96,35 g Forsterit $\quad$ = $\quad$ $\underline{0{,}6848 \text{ Mol}}$
enthalten. $\qquad\qquad\qquad\qquad\qquad$ d.s. $\qquad$ 0,7027 Mol
In 0,7027 Gesamt-Mol der Mischung sind 0,0179 Mol Fayalit enthalten. In 100 Gesamt-Mol daher 2,55 Mol-% Fayalit, d.h. die Mischung besteht aus 2,55 Mol-% Fayalit bzw. 97,45 Mol-% Forsterit.

Olivin : $\qquad$ Die chemische Zusammensetzung der Olivine entspricht der Formel

$$(Mg_{1-x}Fe_x)_2\, SiO_4$$

Die beiden Grenzfälle x = 0 sind der Forsterit (Mg_2SiO_4) bzw. für x = 1 der Fayalit (Fe_2SiO_4). Diese beiden Endglieder der Olivinreihe sind miteinander vollständig mischbar. In der entsprechenden Mischkristallreihe unterscheidet man noch folgende Glieder:

x < 0,1	:	Forsterit
0,1 < x < 0,3	:	Chrysolith
0,3 < x < 0,5	:	Hyalosiderit
0,5 < x < 0,7	:	Hortonolith
0,7 < x < 0,9	:	Ferrohortonolith
0,9 < x	:	Fayalit

Opazität oder Undurchlässigkeit :
Eine sich kontrahierende kosmische Gaswolke wird optisch dick
(oder opak), wenn die dabei frei werdende Energie nicht mehr direkt aus dem ganzen Volumen nach außen abgestrahlt werden kann,
sondern erst durch einen Transportprozeß (wie etwa Strahlungs-
transport oder Konvektion) an die Oberfläche befördert werden
muß, ehe sie an den kosmischen Raum abgegeben werden kann.

Peridotit : Der Peridotit ist ein magmatisches Gestein, das sich überwiegend
aus Olivin und Pyroxen zusammensetzt, aber keinen Feldspat enthält.

Perihel : siehe Apsiden.

Plagioklas—Feldspat :
Die chemische Zusammensetzung der Plagioklasfeldspäte entspricht
der Formel

$$(NaAlSi_3O_8)_{1-x} \cdot (CaAl_2Si_2O_8)_x$$

wobei zwischen folgenden Gliedern unterschieden wird.

$$
\begin{array}{lll}
x < 0,1 & : & \text{Albit} \quad (NaAlSi_3O_8) \\
0,1 < x < 0,3 & : & \text{Oligoklas} \\
0,3 < x < 0,5 & : & \text{Andesin} \\
0,5 < x < 0,7 & : & \text{Labradorit} \\
0,7 < x < 0,9 & : & \text{Bytownit} \\
0,9 < x & : & \text{Anorthit} \quad (CaAl_2Si_2O_8)
\end{array}
$$

ppb : Konzentrationsmaß. Parts per billion — 1 ppb = 0,001 ppm.

ppm : Konzentrationsmaß. Parts per million — 1 ppm = 0,0001 %.

Pyroxene : Man unterscheidet zwischen den Orthopyroxenen und Klinopyroxenen. Erstere kristallisieren im orthorhombischen Kristallsystem,
letztere kristallisieren monoklin prismatisch.
Die chemische Zusammensetzung der Orthopyroxene entspricht der
Formel

$$(Mg_{1-x}Fe_x)\,SiO_3$$

mit den Gliedern:

$$
\begin{array}{lll}
x < 0,1 & : & \text{Enstatit} \\
0,1 < x < 0,3 & : & \text{Bronzit} \\
0,3 < x < 0,5 & : & \text{Hypersthen} \\
0,5 < x < 0,7 & : & \text{Ferrohypersthen} \\
0,7 < x < 0,9 & : & \text{Eulit} \\
0,9 < x & : & \text{Orthoferrosilit}
\end{array}
$$

Die chemische Zusammensetzung der Klinopyroxene entspricht der
Formel

$$R_1 R_2 [(Si,Al)O_3]_2$$

R_1 : Ca^{2+} bzw. Na^+
R_2 : Mg^{2+}, Fe^{2+}, Fe^{3+}, Ti^{4+}, Al^{3+}, Mn^{2+}, aber auch Cr^{3+} und Zn^{2+}.

Die Hauptglieder sind in jeder Weise durch Mischkristalle unterein-
ander verbunden und daher schwer gegeneinander abzugrenzen.
Die wichtigsten Vertreter sind der

Diopsid	$Ca\,Mg\,[Si_2O_6]$
Hedenbergit	$Ca\,Fe\,[Si_2O_6]$
Johannsenit	$Ca\,Mn\,[Si_2O_6]$
Augit	$Ca(Mg,Fe^{2+},Fe^{3+},Al,Ti^{4+})\,[(Si,Al)_2O_6]$

Schwerebeschleunigung (g) :
Darunter wird die zeitliche Änderung der Fallgeschwindigkeit verstanden. Für die Erdoberfläche beträgt nach 1 sec freien Falls die
Geschwindigkeit eines Körpers 9,81 m/sec. Die Schwerebeschleunigung
(in cm/sec^2) für die Erdoberfläche damit 981 cm/sec^2, für die Sonnenoberfläche $2,74 \cdot 10^4$ cm/sec^2.
Für einen Stern kann g sofort bei Kenntnis der Masse und des Radius
nach der Gleichung

$$g = \frac{G \cdot M}{R^2}$$

berechnet werden.

M	=	Masse in Gramm
R	=	Radius in Zentimetern
G	=	Gravitationskonstante ($6,684 \cdot 10^{-8}$ $cm^3/g \cdot sec^2$).

Seismische Wellen (P-Wellen, S-Wellen) :
Seismische Wellen pflanzen sich im Erdinneren als Kompressions-
Wellen (P-Wellen) oder Scherungs-Wellen (S-Wellen) fort. Dabei
schwingt jedes Teilchen der Materie nur um seine Ruhelage, entfernt sich also im Mittel nicht von seiner Position. Es pflanzt sich
lediglich der Schwingungszustand fort. Erfolgt nun diese Schwing-
bewegung der einzelnen Teilchen in der Fortpflanzungsrichtung der
Welle, spricht man von einer Kompressions-, Längs- oder Longitudinal-
Welle (P-Welle).
Erfolgt die Schwingung der Teilchen senkrecht zur Fortpflanzungsrichtung der Welle, so spricht man von einer Scher-, Quer- oder
Transversal-Welle (S-Welle). P-Wellen, bei denen praktisch nur Materieverdichtung und Verdünnung, d.h. also Volumänderungen auftreten, können sich in allen Stoffen fortpflanzen, die Volumelastizi-

tät besitzen. Das sind sowohl feste als auch flüssige und gasförmige
Körper.
Bei den S-Wellen kann die nötige Verschiebung der einzelnen Partikeln quer zur Fortpflanzungsrichtung nur durch Schubkräfte erzeugt
werden. S-Wellen pflanzen sich daher nur in festen Stoffen fort.

Zerfall (radioaktiver) von Atomkernen :

Der Zerfall von Atomkernen erfolgt unter Aussendung von α-, ß- und
γ-Strahlen. Es sind dies die wichtigsten Strahlenarten.
Beim α-Zerfall emittiert der Atomkern doppelt ionisierte Heliumatome.
Die Heliumkerne, welche zwei Protonen und zwei Neutronen enthalten, stellen eine sehr stabile Kernkonfiguration dar. Bei der Emission
von α-Teilchen verringert sich die Masse des Zerfallkernes um 4,
seine Ladung um 2 Einheiten. Als Beispiel sei der Zerfall von Radium
in das Edelgas Radon angeführt.

$$^{226}_{88}\mathrm{Ra} \quad \rightarrow \quad ^{222}_{86}\mathrm{Rn} + \alpha.$$

Beim ß⁻-Zerfall emittiert der Atomkern ein Elektron, welches bei
der Umwandlung eines Neutrons in ein Proton entsteht.
Der neu entstandene Kern besitzt eine um 1 höhere Kernladungszahl
als der zerfallene.
ß⁻-Emission tritt gewöhnlich dann auf, wenn im Kern des betreffenden Isotops ein Neutronenüberschuß gegenüber der stabilen Konfi-
guration des Elements vorhanden ist.
Als Beispiel sei die Umwandlung von Phosphor in Schwefel angeführt.

$$^{32}_{15}\mathrm{P} \quad \rightarrow \quad ^{32}_{16}\mathrm{S} + ß^-.$$

Enthält der Kern einen Protonenüberschuß, besteht die Möglichkeit
der Emission eines ß⁺-Teilchens (Positron), da dann im Kern ein
Proton in ein Neutron umgewandelt wird, Beispiel sei die Umwandlung
von Kohlenstoff in Bor

$$^{11}_{6}\mathrm{C} \quad \rightarrow \quad ^{11}_{5}\mathrm{B} + ß^+.$$

γ-Strahlen werden beim Übergang eines angeregten Atomkerns in
seinen Grundzustand emittiert. Angeregte Kernzustände treten im
allgemeinen nach Kernreaktionen auf.

SACHVERZEICHNIS